Radios der 50er Jahre

Band 2

Dipl.Ing (FH) Eike Grund

Radios der 50er Jahre
Band 2

Detaillierte Anleitungen zur Fehleranalyse:

Messen, Signalverfolgung und Hilfsmittel

Vorderseite des Einbandes:
UKW-Vorstufe im SABA-Wildbad W5-3D, Modelljahr 1954/55
Rückseite des Einbandes:
Stationsspeicher der Motorabstimmung bei GRUNDIG 1954/55

Bibliografische Information der Deutschen Nationalbibliothek:
Die Deutsche Nationalbibliothek verzeichnet diese Publikation in der Deutschen
Nationalbibliografie; detaillierte bibliografische Daten sind im Internet über
http://dnb.dnb.de abrufbar.

Herstellung und Verlag:

BoD – Books on Demand, Norderstedt

ISBN 978-3-7357-3484-6

Inhaltsverzeichnis

Anhang

Ein Radio wird stets entzücken, wenn
Lorenz-Röhren es bestücken.
LORENZ

Vorwort

Der vorliegende zweite Band entstand aus dem Stoff der Leserseminare zum ersten Band und den Fragestellungen der Seminarteilnehmer.

Um Wiederholungen zu vermeiden, werden Hinweise auf die Seiten des ersten Bandes Ausgabe 2004 *in Kursivschrift* eingefügt, die Verweise auf Seiten des vorliegenden Bandes erscheinen in Normalschrift. Um häufiges Blättern zu ersparen, gibt es auch eine Mehrfachnennung von Maßnahmen.

Das Studium des ersten Bandes ist keine zwingende Voraussetzung für das Verständnis der folgend beschriebenen Maßnahmen, wenn entsprechende Grundkenntnisse bereits vorhanden sind.

Auch der zweite Band wendet sich überwiegend an den Praktiker.

Obwohl in größerem Umfang auf elektrotechnische Grundlagen eingegangen wird, werden Lehrbücher dadurch nicht überflüssig.

Band 1 gibt Hinweise zur Wiederinbetriebnahme alter Radios, einschließlich erforderlicher Reparaturmaßnahmen an defekten Baugruppen. Das umfasst sowohl das Innenleben als auch das äußere Erscheinungsbild. Die Funktionen der verschiedenen Baugruppen werden beschrieben und einige Grundlagen vermittelt. Im Fokus des ersten Bandes stehen die Geräte der Mittelklasse mit einer Standardröhrenbestückung. Band 1 wendet sich vor allem – aber nicht nur – an motivierte Einsteiger. Es ist ein Nachschlagewerk, die Reihenfolge der Kapitel gibt nicht den Arbeitsablauf vor.

Band 2 beschreibt ergänzend die Maßnahmen, die bei der systematischen Suche nach Fehlerursachen unterstützen. Es hilft vor allem den Radiofreunden, die sich nach ersten Erfolgen mit einfacher Technik an die komplexeren Geräte der Oberklasse bis hin zu den Flaggschiffen der Modelljahre heranwagen. Die Reihenfolge der Abschnitte des vorliegenden Buches entspricht einer sinnvollen Reihenfolge der Arbeitsschritte: Beginnend mit der Stromversorgung, wird der Empfänger im Stromlaufplan *(Schaltbild)* von rechts nach links geprüft, vom Lautsprecher bis zur Antenne. Das Verständnis von Stromlaufplänen wird anhand von Beispielen vermittelt. Es gibt Übungen zur Messtechnik, die ihre eigenen Geheimnisse hat. Der Leser soll dadurch ertüchtigt werden, eigene Vorgehensweisen zu entwickeln, denn Fehler lassen sich nicht in ein Schema fügen. In den komplexen Geräten der Oberklasse lassen sich Fehlerursachen mit einem Multimeter allein nicht mehr feststellen.

Band 2 befasst sich mit nachrichtentechnischen Grundlagen, Messtechnik, Niederfrequenz, Hochfrequenz und mit besonderen Funktionen. Dazu zählt zum Beispiel die Elektronik der SABA Automatik-Modelle, die im letzten Abschnitt eingehend besprochen wird. Der Autor hofft, damit den für Hilfestellungen bei der Sanierung dieser Technik geleisteten Zeitaufwand reduzieren zu können.

Ein weiteres Anliegen ist die Vermittlung von Vorgehensweisen, die auch ohne teure Messapparaturen möglich sind. Das betrifft auch den Hochfrequenzteil der Geräte.

Manchem Leser mag das vorliegende Buch stellenweise zu detailliert oder als nicht zielführend erscheinen. Aber der Band 2 möchte verschiedene Lesergruppen ansprechen:

- den mit dem Umgang mit Messgeräten eher unerfahrenen Leser,
- den diesbezüglich fortgeschrittenen Leser und
- den an nachrichtentechnischen Grundlagen in Theorie und Praxis interessierten Leser, der evtl. altes Wissen auffrischen möchte.

Fachausdrücke werden gelegentlich in der in den 50er Jahren üblichen Form verwendet. Man wusste zum Beispiel damals noch nicht, dass der runde Knopf zum Einstellen der Lautstärke kein Regler ist.

Die Oszillogramme wurden mit IrfanView, die Schaltskizzen mit Paint und Micrografx Picture Publisher bearbeitet.

Für weitere Informationen, Reparaturhinweise und Leserfragen:

www.radios-der-50er-Jahre.de

Sicherheitshinweise:

Bei Verwendung von Messgeräten mit Netzanschluss müssen Allstromgeräte über einen Trenntransformator angeschlossen werden.

Die in vorliegendem Band 2 beschriebenen Referenzbaugruppen mit eigener Spannungsversorgung dürfen nur bei entsprechenden Fachkenntnissen der Elektrotechnik aufgebaut werden. Sie müssen über eine Betriebsanzeige verfügen, dürfen nicht unbeaufsichtigt eingeschaltet bleiben, wenn weitere Personen Zugang haben können. Spannungsführende Teile müssen gegen Berührung geschützt werden.

Die allgemeingültigen Sicherheitshinweise, die dem ersten Band vorangestellt sind, liegen hier nochmals im **Anhang C** bei.

Danksagungen sind an dieser Stelle üblich und bleiben dem Leser nicht erspart:
Sie gelten der Ehefrau des Verfassers für unendliche Geduld, Rat und Motivation,
Ulrich Jaschek für das Lektorat und
Michael Ritter für die kritische Durchsicht aus der Perspektive eines Seminarteilnehmers.

1. Messgeräte

Multimeter, Oszilloskop und Funktionsgenerator sind zusammen für ca. 800,- € zu haben. Damit wäre man perfekt ausgestattet. Allerdings ist die Preisskala nach oben offen. Man kann jedoch auch mit einfachen Mitteln sehr weit kommen. Je einfacher die Messverfahren sind, desto geringer ist die Messfehlerquote. Aber erst mit zunehmender Erfahrung und Wissen erschließen sich die einfachen und trotzdem zielführenden Maßnahmen. Das klingt ziemlich paradox, ist es aber keineswegs: Der noch ungeübte Radiofreund kann durch fehlerhafte Messergebnisse verunsichert werden. Hat er schließlich Erfahrungen und Wissen gewonnen, wird er oft mit einfachen, aber gezielt angesetzten Prüfungen erfolgreich sein oder sich selbst Hilfsmittel, wie zum Beispiel Referenzbaugruppen, aufbauen.

1.1 Multimeter

Ohne ein Multimeter, das Gleich- und Wechselspannungen, Ströme und Widerstände misst, geht nichts. Hier sollte man sich beim Kauf nicht an der unteren Preisgrenze orientieren, damit man nicht später einen dringend benötigten Temperaturfühler vermisst. Zum Messen von Kapazitäten eignet sich ein gesondertes Kapazitätsmessgerät – oder gleich ein LCR-Meter – besser als ein entsprechend ausgestattetes Multimeter. Man vermeidet häufiges Umstöpseln. Messungen von Induktivitäten werden selten erforderlich, sind aber mit einem LCR-Meter möglich. Kondensatoren, die Sorgenkinder in alten Radios, stehen im Mittelpunkt der durchzuführenden Maßnahmen. Man prüft nicht nur die im Gerät verbauten, sondern auch die Ersatzkondensatoren vor dem Einbau.

Darüber hinaus kann ein analoges Drehspulinstrument im Bereich 0 bis ca. 150 mA hilfreich sein, um den Verlauf des Anodenstroms während der Einschaltphase und des Testbetriebs anzuzeigen (siehe hierzu im *Band 1, Seite 63*).
Bereits mit den im Abschnitt 1.1 beschriebenen Mitteln lässt sich ein lange nicht benutztes Radio soweit in Betrieb nehmen, dass man es nun für weitere Untersuchungen eingeschaltet lassen kann. Die mindestens durchzuführenden Maßnahmen wurden im Band 1 beschrieben. Sehr viele Radiogeräte, insbesondere solche mit Standardröhrenbestückung (s. *Band 1, Seite 65*), erfordern keine weiteren Maßnahmen.
Zwei weitere Messgeräte können kostenlos hinzugewonnen werden: Der Tonverstärker mit dem Lautsprecher und die Abstimm-Anzeigeröhre, die aber meistens ersetzt werden muss. Fehlt die Anzeigeröhre, misst man die Regelspannung mit dem Multimeter oder mit dem Qszilloskop. Erweist sich der Tonverstärker als defekt, kann dieser ebenfalls mit einem Multimeter so weit

gebracht werden, dass wieder Töne zu hören sind. Damit wird der Tonverstärker noch nicht zum Messgerät, denn ein möglicherweise nur krächzender Lautsprecher eignet sich nicht zur Untersuchung und Lokalisierung von sonstigen Verzerrungen. Der Weg zu einem verzerrungsfreien Tonteil ist oft nur mit einem Oszilloskop und einem Generator von sinusförmigen Signalen bis ca. 20 MHz möglich. Das gilt insbesondere dann, wenn wir es mit einem Gegentaktverstärker und / oder mit mehreren Vorstufen zu tun haben.

1.2 Oszilloskop

Ein analoges Zweistrahloszilloskop bis 30 MHz reicht für unsere Zwecke aus. Wir betreiben eine Reparaturwerkstatt und kein Entwicklungslabor. Zwei Tastköpfe gehören zum Lieferumfang, darüber hinaus ist die Beschaffung eines Demodulatortastkopfes sinnvoll. Auch ein Verlängerungskabel für einen Tastkopf und ein nicht abgeschirmtes Anschlusskabel mit Klemmen können nützlich sein. Tastköpfe werden vor dem Einsatz geeicht. Dazu gibt es eine Anschlussöse am Oszilloskop. Tastköpfe sollten sorgsam behandelt werden, sie neigen zu Kontaktproblemen. Der Innenleiter des Kabels ist hauchdünn, weshalb bei der Aufhängung möglichst große Krümmungsradien gewählt werden sollten. Am Besten ist eine lange gerade Aufhängung an einem entsprechend hoch montierten Halter.
Ein Oszilloskop ermöglicht die Ablenkung eines Elektronenstrahls in zwei Richtungen: waagerecht (x-Achse) und senkrecht (y-Achse).

Meistens benutzt man das Gerät zur Abbildung des zeitlichen Verlaufs eines Signals. Dazu wird der Strahl mit der eingebauten Zeitbasis in der x-Richtung abgelenkt, die Geschwindigkeit ist mit einem Wahlschalter einstellbar. Der schnelle Rücklauf des Strahls wird nicht sichtbar. Beide Eingänge (Kanäle) stehen jetzt für die y-Richtung zur Verfügung. Ein Eingang kann invertiert abbilden, beide Eingänge können addiert oder abwechselnd dargestellt werden. Nun sorgt man noch dafür, dass der Strahl zum richtigen und immer gleichen Zeitpunkt durchläuft, denn nur dann bleibt das Bild stehen. Man hat die Wahl, welches der an den Eingängen liegende Signal den Startvorgang (Trigger) auslösen soll und kann dies fein justieren. Das Triggersignal kann auch extern zugeführt werden oder mit der Netzfrequenz synchronisiert werden. Weitere Details entnimmt man der Bedienungsanleitung.

Der Betrieb des Oszilloskops im so genannten x-y-Betrieb ermöglicht andere interessante Messungen. Dazu wird die interne Zeitbasis abgeschaltet, der Wahlschalter steht auf "x-y". Der Strahl steht jetzt still, es leuchtet ein grüner

Punkt. Dieser Zustand sollte nicht zu lange gehalten werden, bzw. reduziert man die Helligkeit. An den beiden Eingängen findet man auch die Bezeichnungen "x" und "y". Legt man nun ein Signal an den x-Eingang, erscheint ein waagerechter Strich, entsprechend ein senkrechter Strich am y-Eingang. Im Abschnitt 4.2.1 findet man Gelegenheit, sich mit dieser Betriebsart vertraut zu machen und sich auf das Wobbeln, das ebenfalls im x-y-Betrieb durchgeführt wird, vorzubereiten.

1.3 Funktionsgenerator

Funktionsgeneratoren liefern verschiedene Signalformen. Für unsere Zwecke wird überwiegend ein sinusförmiges Signal benötigt. Im Tonfrequenzbereich eignet sich auch ein Rechteckpuls zur Signalverfolgung. Der Anschluss an den Signalausgang ist einfach, die Buchsen sind entsprechend beschriftet und das Signal ist am Oszilloskop sichtbar.

Der Frequenzbereich sollte über 10 MHz hinausgehen, um auch die Zwischenfrequenz im UKW-Bereich einspeisen zu können. Oft verfügen diese Generatoren auch über eine Wobbelfunktion, die aber nicht unbedingt erforderlich ist. Wir haben es in der Regel mit einem so genannten Nachgleich zu tun. Bis auf wenige Ausnahmen ist die Kopplung der Bandfilterkreise fest eingestellt. Je einfacher die erforderlichen Messungen sind, umso weniger Messfehler können auftreten.

Messungen im unteren Tonfrequenzbereich können noch ohne Koaxialkabel durchgeführt werden, im Hochfrequenzbereich werden diese jedoch unerlässlich. Oszilloskop und Generator sollten laut Bedienungsanleitung in betriebswarmem Zustand benutzt werden und daher ca. 30 Minuten vor einer Messung eingeschaltet werden. Weil man aber auch beim Messen von Punkt zu Punkt fortschreitet, mit den einfachen Messpunkten beginnend, zunächst nur wissen möchte ob die Signale vorhanden sind, kann man sofort anfangen. 30 Minuten vergehen schnell.

Die Verwendung der Wobbelfunktion erfordert einige Aufmerksamkeit bei den Kabelverbindungen. Zur Klärung des Begriffs, der ausnahmsweise nicht aus dem Englischen stammt, schauen wir in MEYERS Lexikon (10) nach:

***Wobbelsender:** In der Nachrichtentechnik ein Sender (meist ein Meßsender), bei dem die Frequenz in einem bestimmten Frequenzband fortwährend vom Bandanfang bis zum Bandende oder vom Anfang bis zum Ende und wieder zurück durchgestimmt (durchgewobbelt) wird; diese Frequenzvariation wird zu Meßzwecken periodisch (mit der Wobbelfrequenz) wiederholt.*

Die Wobbelfrequenz steht an einer Buchse des Generators (sweep out) zur Verfügung und wird mit dem x-Eingang des Oszilloskops verbunden.

1.4 Scheinbar einfache Messungen

Den neuen Generator probiert man zunächst mit einfachen Versuchen auf dem Arbeitstisch aus, bevor man an das Radio herangeht. Man gewinnt Sicherheit und Beurteilungsvermögen.

Dazu baut man sich einen Schwingkreis auf oder öffnet ein Bandfilter. **Drosselspulen mit vielen Windungen**, oder Trafowicklungen haben auch ohne einen Kondensator aufgrund der Eigenkapazität eine Resonanzfrequenz im unteren Frequenzbereich, was für einen ersten Versuch geeignet ist. Es ist vorteilhaft, mit einer eisenlosen Spule zu beginnen. Die Ankoppelung des Signals muss über einen Widerstand vorgenommen werden, damit das Messobjekt nicht durch den niedrigen Innenwiderstand des Generators (z.B. 50 Ω) bedämpft wird.

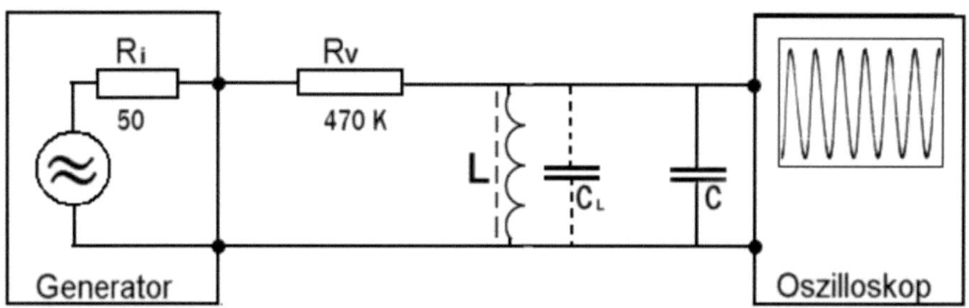

Die Drosselspule hat eine Eigenkapazität (C_L). Es wird nun die Resonanzfrequenz gesucht, bei der die Amplitude des vom Generator gelieferten und am Oszilloskop abgebildeten sinusförmigen Signals ein Maximum hat.

In den Anleitungen zum Abgleich des Hf-Teils der Radios (s. *Band 1, Abschnitt 5.02*) wird das Signal über einen Koppelkondensator an das Gitter einer Röhre gelegt. Damit ist eine Entkopplung zum nachfolgenden Schwingkreis an der Anode gewährleistet. Bei unserem hier beschriebenen Messvorgang würde ein Koppelkondensator die zu messende Resonanzfrequenz verändern. Den gleichen Effekt hat der Anschluss des Oszilloskops über einen Tastkopf, wie gezeigt werden kann: Die Resonanzfrequenz zeigte sich bei einem Versuch mit einer Spule ohne Eisen bzw. Kern zunächst mit 85 kHz, nach Umschalten des Tastkopfes auf "1:10" wirkt auch eine geringere Kapazität, die Resonanzfrequenz betrug jetzt 115 kHz. Bei Verwendung eines Demodulatortastkopfes wurde die Resonanzfrequenz mit 113 kHz gemessen. Normale umschaltbare Tastköpfe haben Kapazitätswerte von ca. 45/15 pF, ein guter Hf-Tastkopf hat nur noch ca. 5 pF. Die Kapazität des Tastkopfes rechnen wir einfach der Eigenkapazität zu. Aber wir haben schon einen ersten Hinweis auf das zu erwartende Ergebnis: Weil die Änderung der Kapazität durch Umschaltung des Tastkopfes auf "1:10" eine deutliche Änderung der Resonanzfrequenz bewirkt (30%), kann angenommen werden, dass die Eigenkapazität C_L auch im unteren pF-Bereich liegt. In vielen Quellen findet man den Hinweis, dass die Induktivität einer Spule durch Bestimmung der Resonanzfrequenz mit einem parallel geschalteten Kondensator bestimmt werden kann. Aber das ist rechnerisch nicht so einfach. Wählt man die Kapazität des zugeschalteten Kondensators wesentlich größer als die Eigenkapazität, liegt der durch die Eigenkapazität bedingte Fehler im Bereich der Messgenauigkeit, man erreicht eine für unsere Arbeit in den meisten Fällen ausreichende Genauigkeit, wenn die Spule mit diesem größeren Kondensator verwendet werden kann.

1.4.1 Die Eigenkapazität einer Spule

kann ermittelt werden. Dass dieser Abschnitt etwas ausführlich gefasst wurde, liegt nicht daran, dass wir täglich die Eigenkapazität von Spulen ermitteln müssten. Die hier beschriebenen möglichen Probleme gelten generell für ähnliche Messungen, die in den folgenden Abschnitten beschrieben werden, also eine Übung zum Warmlaufen. Auch am Umgang mit den wichtigsten mathematischen Formeln kommen wir nicht immer vorbei. Erst mit ausreichender Erfahrung entwickelt man eigene Strategien zur Aufspürung seltener versteckter Mängel, die in keinem Buch beschrieben sind.

Die Resonanzbedingung folgt der bekannten Formel: (s. rechts und $\quad \omega L = \dfrac{1}{\omega C}$
im *Band 1, Abschnitt 3.09*). Lösen wir diese Gleichung nach L auf
und setzen für C beliebige Werte ein, so können wir diese Ausdrücke $\quad L = \dfrac{1}{\omega^2 C}$
gleichsetzen, weil L eine konstante Größe ist, was uns der Ausdruck
rechts zeigt. Setzen wir nun einmal die noch unbekannte Eigenkapazität
der Spule und dann eine parallel zugeschaltete Kapazität C ein und lösen nach C_L
auf, so kommen wir zu folgendem Ausdruck:

C_L: Eigenkapazität der Spule
f_L: Eigenresonanzfrequenz der Spule $\qquad C_L = C \dfrac{f^2}{f_L^2 - f^2}$
f: Resonanzfrequenz mit zugeschaltetem Kondensator C

Die Messung der Resonanzfrequenz f_L ist wegen der Einflüsse der Zuleitungen problematisch. Nun soll man aber niemals den eigenen Messergebnissen trauen. Mann kann sich verrechnen oder Fehler im Versuchsaufbau gemacht haben. Die Durchführung einer Messreihe ist daher zweckmäßig. Mit einem Testobjekt wurde eine Messreihe mit 10 verschiedenen Kondensatoren C aufgenommen, die Streuung der Ergebnisse für C_L lag bei 3%. Die Messgenauigkeit sollte immer kritisch betrachtet, aber nicht übertrieben werden. Viele in unseren Radios verbaute Bauteile haben eine Toleranz im zweistelligen Bereich, da kann man auch mit einer Messgenauigkeit von 5% sehr zufrieden sein. Der Wert der

Eigenkapazität der hier untersuchten Spule ergab sich zu $C_L = 59{,}6$ pF, was die vorher geäußerte Vermutung bestätigt.

Diese Messungen erfüllen als Übungen ihren Zweck, sind aber zeitraubend, weil wir ja die Eigenkapazität nicht kennen. Ist $C \gg C_L$, geht C_L in der Messgenauigkeit unter, ist $C < C_L$, liegt C möglicherweise im Bereich der Leitungskapazitäten.

Setzen wir in der Formel oben $C = C_L$, können wir mit dem Ausdruck $f = \dfrac{f_L}{\sqrt{2}}$ arbeiten: Wir bestimmen die Resonanzfrequenz der Spule (f_L), schalten einen variablen Kondensator C (s. Abschnitt 1.5.2) parallel und suchen mit diesem die vorher eingestellte Resonanzfrequenz f. Dann ist $C = C_L$.

Im Hf-Bereich sind die Eigenkapazitäten wesentlich kleiner, hier kann es vorteilhaft sein, mit zwei zugeschalteten Kondensatoren C_1 und C_2 zu arbeiten. Die Formel muss entsprechend umgebaut werden. Man bestimmt die Resonanzfrequenz einmal für C_1 und einmal für C_2. Aber das beseitigt die genannten Probleme kaum. Die Eigenkapazitäten interessieren uns aber gerade bei den Schwingkreisen im Hf-Bereich, weil das Verhältnis der nicht veränderbaren Kapazitäten zu den Trimmern oder Drehkondensatoren den einstellbaren Frequenzbereich des Schwingkreises beeinflusst. Damit werden wir uns im Abschnitt 8.2.3 befassen.

Eine andere, sehr anschauliche Methode zur Ermittlung der Eigenkapazität einer Spule finden wir **im Telefunken Laborbuch Band 1** (1) beschrieben.

Bild rechts: Messtechnisches Ermitteln der Spulen-Eigenkapazität *(nach Telefunken Laborbuch Band 1* (1)

Man legt der Spule nacheinander Kondensatoren mit verschiedenen bekannten Kapazitäten parallel. Für jeden Kondensator misst man die Resonanzfrequenz f_0 der Parallelschaltung. Aus der Resonanzfrequenz berechnet man deren reziproken Wert oder die Resonanzwellenlänge (λ_0). Dann trägt man – abhängig von den Werten der der Spule parallel geschalteten Kapazitäten – die Quadrate der reziproken Werte der Resonanzfrequenz oder die Quadrate der Resonanzwellenlängen auf. Die so erhaltenen Punkte liegen auf einer Geraden. Diese Gerade wird bis zu ihrem Schnittpunkt mit der Kapazitätsachse (Abszissenachse) verlängert. Zum Schnittpunkt gehört der Wert der gesuchten Eigenkapazität. (Bild1) (Ende des Telefunken –Textes.)

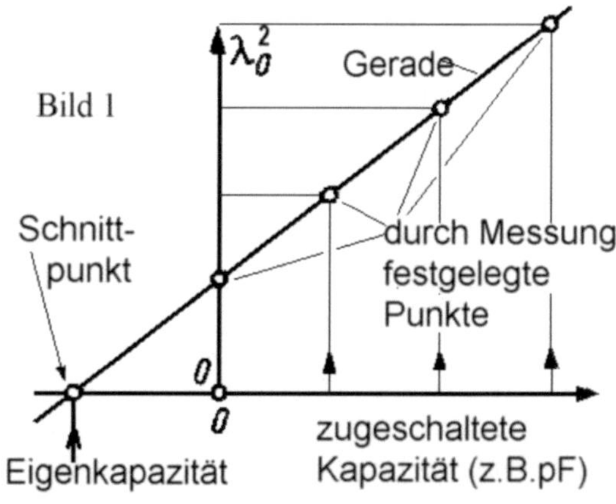

Die Messungen nach dieser Methode eignen sich besonders zur Übung, weil die Messpunkte sehr genau auf einer Geraden liegen und Messfehler sofort erkannt werden. Die beschriebenen Messverfahren setzen eine möglichst genaue Messung der Kapazitäten der verwendeten Kondensatoren voraus. Generell ist zu beachten, dass Kabel (Messschnüre) so kurz wie möglich gehalten werden müssen und spätestens im MHz-Bereich mit abgeschirmten Kabeln gearbeitet werden sollte. Messungen im Hf-Bereich werden später besprochen.

Der Wert der um die Eigenkapazität bereinigten Induktivität lässt sich nun wie gewohnt berechnen:

$$L = \frac{1}{39,5 * f_L^2 * C_L} \qquad (2\pi)^2 = 39,5$$

Wenn wir nun diese Formel etwas umbauen, erkennen wir den Verlauf der Geraden (s. im Bild S.16) mit der Steigung 39,5 x L:

$$\frac{1}{f^2} = 39,5 * L * (C_L + C)$$

Misstrauen bezüglich der erwarteten Ergebnisse ist auch bei der Verwendung von Formeln angebracht, besonders dann, wenn man eigene Lösungen sucht. Eine Kontrollmöglichkeit bei selbst abgeleiteten Formeln besteht durch die Mitschrift der Dimensionen:

Betrachten wir die zuletzt gezeigte Formel, so gehören zu den rechts gezeigten Größen die Dimensionen Vsec/A und Asec/V, da bleibt sec^2 übrig, was dem Ausdruck $1/f^2$ genügt.

Und dann gibt es noch einen natürlichen Feind: Die Zehnerpotenzen. Diese müssen immer mitgeschrieben werden, damit rechtzeitig gekürzt werden kann. Man findet auch Formeln, bei denen dies schon impliziert ist, dann muss aber die Größenordnung der einzugebenden Werte vorgeschrieben werden.

Ein Beispiel zum vereinfachten Umgang mit Formeln findet man im Röhrenhandbuch von Ludwig Ratheiser (3), hier für die Resonanzbedingung, die Wellenlänge und Resonanzwellenlänge gezeigt.

$$f_{res} = \frac{159}{\sqrt{LC}} \qquad \lambda = \frac{300000}{f} \qquad \lambda_{res} = 59,4\sqrt{LC} \qquad L_{res} = \frac{25300}{C * f^2} \qquad C_{res} = \frac{25300}{L * f^2}$$

$$(Hz)(H)(\mu F) \qquad (m)(kHz) \qquad (m)(mH)(pF) \qquad (\mu H)(pF)(MHz) \qquad (pF)(\mu H)(MHz)$$

Wichtige Konstanten sollte man griffbereit haben, z.B:

$$c = 3 \times 10^8 \text{ m/sec}, \quad \pi = 3,14 \ldots$$

1.4.2 Darstellung der Resonanzfrequenz mit der Wobbelfunktion

Resonanzfrequenz
gewobbelt

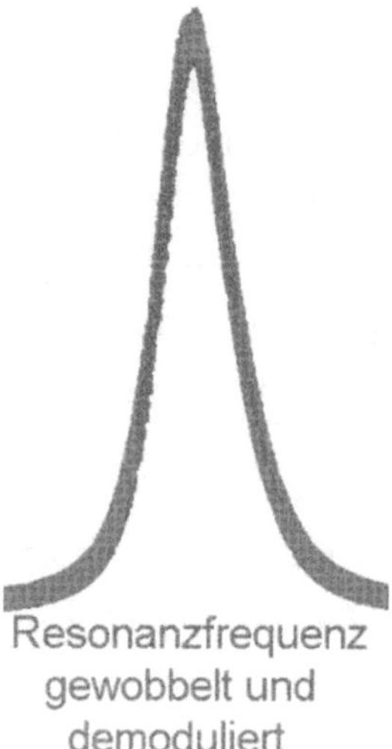

Resonanzfrequenz
gewobbelt und
demoduliert

Auch diese Übung eignet sich zum Warmlaufen für spätere Messungen im Hochfrequenzbereich. Man beginnt wieder mit einer Spule oder einem Bandfilter auf dem Tisch, bevor man dies an einem Radio versucht. Am Einstellknopf des Oszilloskops für die horizontale Ablenkspannung findet man die Position "x-y" (s. Abschnitt 1.2). In dieser Betriebsart wird die horizontale Ablenkspannung, die jetzt der Funktionsgenerator liefert ("sweep out"), an den mit "x" bezeichneten Kanal gelegt. An den anderen Kanal ("y") wird der Tastkopf angeschlossen.

Wir probieren den normalen Tastkopf *(s. im* **Bild links***)* und den Demodulatortastkopf *(s. im* **Bild rechts***)* aus. Die Wobbelfrequenz sollte grundsätzlich nicht zu hoch eingestellt werden, um Wechselwirkungen mit anderen Frequenzen zu vermeiden. Wir beginnen im unteren Hf-Bereich, um ein frühes Erfolgserlebnis sichern zu können.

Funktionsgeneratoren sind universell einsetzbare Geräte, also nicht speziell zum Wobbeln von Rundfunkgeräten konzipiert. Man muss daher mit den Einstellungen experimentieren. Man verbindet zum Beispiel den Ausgang des Funktionsgenerators im Wobbelbetrieb direkt mit dem Oszilloskop im Normalbetrieb (mit horizontaler Ablenkung) und beobachtet das sich in der Frequenz ändernde Signal. Die Wobbelfrequenz wird entsprechend niedrig gewählt. Nun kann man die Einstellung des Frequenzbereichs prüfen, indem man die Frequenzanzeige beobachtet. Nach der gleichen Methode schaut man sich das Signal "sweep out" an, damit man weiß, ob – und was der Funktionsgenerator liefert.

Man kann versuchen, einen Wobbelsender "von früher" zu erwerben. Dieser ist etwas größer, schwerer und vermutlich ohne technische Unterlagen, mindestens mit anderen Anschlussbuchsen, für die entsprechende Übergänge beschafft werden müssen. Vielleicht hat man auch einen zusätzlichen Sanierungsfall.

Man kann es auch mit einem Selbstbauprojekt *(s. im Band 1 Abschnitt 5.03)* versuchen. Diese findet man zum Beispiel bei www.elektor.de oder in der Fachliteratur der 50er / 60er Jahre.

1.5 Hilfsmittel und Referenzbaugruppen

sind keine Messgeräte im engeren Sinn, können aber bei Funktionsprüfungen unterstützen. Dazu gehören die im Band 1 beschriebenen Prüflampen, ein Röhrensatz, mit Anschlussklemmen versehene Bauteile (z.B. zwei 5 Ω Lastwiderstände) und auch anschlussfertig aufgebaute Brettschaltungen.

1.5.1 Anschlusskabel für Messungen im Hf-Bereich

Auf den Einfluss von Anschlusskabeln und Tastköpfen auf die Messergebnisse wurde im Abschnitt 1.4.1 hingewiesen. Für Messungen im Hochfrequenzbereich kann man die Signale induktiv / kapazitiv ein- oder auskoppeln. Man entfernt am Ende eines Koaxialkabels auf einige cm Länge die Abschirmung und überzieht das Ende oder die ganze Länge mit einem Schrumpfschlauch. Im **Bild rechts** sind zwei Exemplare zu sehen, eines mit – und eines ohne Masseklemme. Links im Bild liegt ein Anschlusskabel mit einem 50 Ohm Abschlusswiderstand (diese einfache Montage genügt bis 10 MHz), einem Widerstand 470 kOhm und einem Kondensator 33 pF.

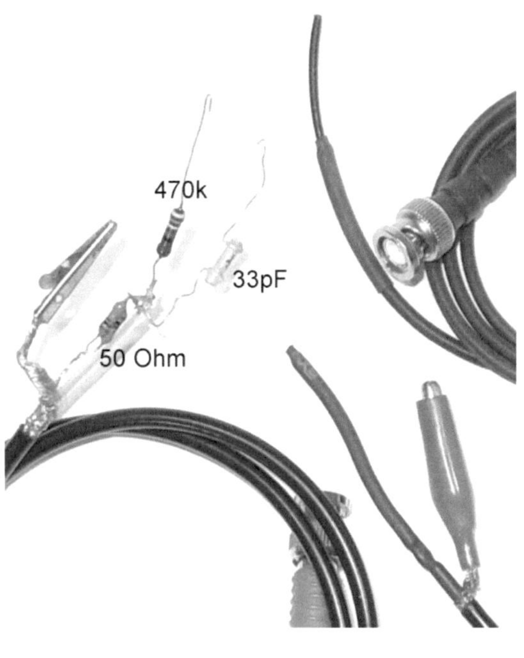

Zum berührungslosen Aufspüren sowohl von Hf- als auch von Nf-Feldern kann man sich einen Fühler mit einer Suchspule am Ende des Koaxialkabels anfertigen. Hier wird ein Beispiel gezeigt, bei dem CuL-Draht 0,1 mm auf einen Abgleich-

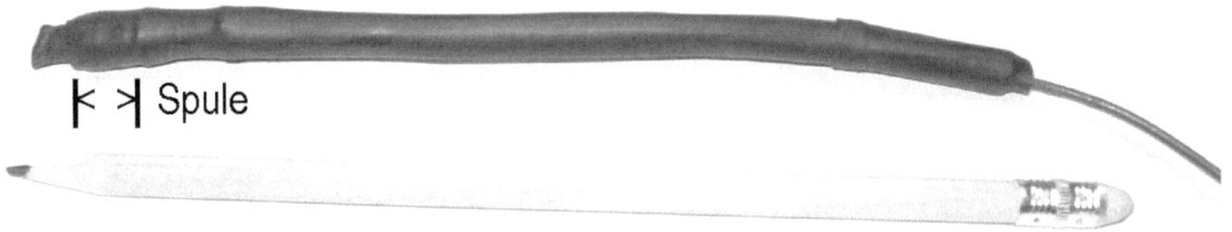

halm (SIEMENS) gewickelt und mit Schrumpfschläuchen überzogen wurde. Der Gleichstromwiderstand beträgt ca. 36 Ω. Mit Kabelummantelungen, ebenfalls mit Schrumpfschläuchen überzogen, wurde ein flexibler Griffbereich gebildet. Mit dieser Spule lassen sich Streufelder von Transformatoren und Nf-Signalen nachweisen. Das Werkzeug kann auch als Signalgeber, zum Beispiel zum gezielten Einstreuen der Zwischenfrequenzen eingesetzt werden. Sehr nützlich ist die Anwendung beim Aufspüren unerwünschter Schwingungen im Tonverstärker (s. Abschnitt 4.7). Für den Hf-Bereich probiert man Spulen mit geringerer Windungszahl aus (s. S. 122). Eine einfache Möglichkeit zum Aufspüren von Streufeldern im Nf-Bereich hat man, wenn man einen Fühler – wie hier gezeigt – an den Eingang des im Abschnitt 4.4 vorgestellten Tonverstärkers anschließt.

1.5.2 Anschluss von Bauteilen

für die Praxis mit fliegendem Aufbau. Hier geht es um Messungen, die auf dem Tisch mit verschiedenen Bauteilen durchgeführt werden. Man verbindet diese mit Messschnüren, probiert verschiedene Bauteile aus und hat es auch mit hohen Spannungen zu tun, wenn zum Beispiel der Ersatz des Selengleichrichters durch eine Si-Brücke vorbereitet werden soll. Solche Anordnungen werden schnell unübersichtlich, die Widerstände und Kondensatoren müssen nicht nur herausgesucht werden, sie sollten anschließend auch wieder dorthin wo sie hergekommen sind. So geht viel Zeit verloren, man hat Sand im Getriebe. Hier kann eine Brettschaltung nützlich sein, auf der häufig benutzte Bauteile, insbesondere solche die bei Messungen unter hohen Spannungen wichtig sind, fixiert werden. Die hier vorgestellte Lösung kann als Anregung für eine eigene Variante dienen, orientiert man sich doch auch an dem vorhandenen Material.

Auf diesem Brett wurden folgende Bauteile fixiert: Zwei Drahtpotentiometer 250 Ohm/10 Watt und 10 kOhm/ 10 Watt. Diese eignen sich für Untersuchungen an Endstufen als Kathoden- (250 Ω) und Anodenwiderstand (10 kΩ). Ein "normales" Potentiometer 2 MOhm und ein 12-stufiger Schalter, mit 12 auswählbaren Kondensatoren im Bereich von 50 pF bis 47 nF *(Damit ließen sich die Messungen zur Bestimmung der Eigenkapazität einer Spule im* Abschnitt 1.4.1 *zügig durchführen).* 2 x 4 Hochlastwiderstände 100 bis 470 Ohm / 10 Watt, das sind typische Werte für den Ersatz eines Selengleichrichters durch eine Siliziumbrücke.

Wie schon im Band 1 *(Abschnitt 7.02)* beschrieben, bevorzugt der Autor die Anordnung zweier Widerstände vor den Wechselstromanschlüssen des Brückengleichrichters. Weiter gibt es 2 Hochlastwiderstände 39 Ohm / 50 Watt, die als Vorwiderstände zur Reduzierung der Netzspannung bei fehlender Umschaltmöglichkeit auf 240 Volt versuchsweise verwendet werden können. Die Widerstände sind auf asiatischem Hartholz mit einem spez. Gewicht ≈1 aufgebaut

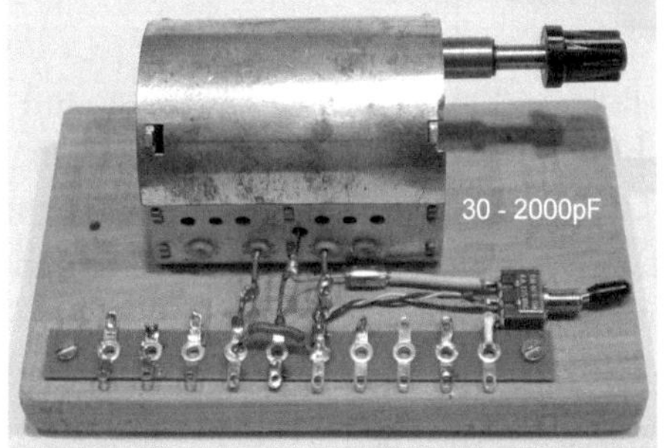

und werden deutlich unter der Nennlast betrieben (*Zementwiderstände sind deutlich preiswerter, die hier gewählten Bauteile waren vorhanden*). Das Hartholz ermöglicht eine ausreichende Wärmeableitung.

Ist man erst von der analogen Technik aus dem vorigen Jahrtausend infiziert, wird man auch den Weg zu eigenen Projekten finden. Versuchsschaltungen, Referenzbaugruppen, einzelne Bauteile wie im **Bild rechts**: Eine von 30 bis 1000 pF und 1000 bis 2000 pF beliebig erweiterbare kontinuierlich einstellbare Kapazität. Nicht mehr handelsübliche Bauteile gewinnt man aus Schrottchassis für wenige Euro, Ebay ist voll davon.

Das nächste Beispiel zeigt einige Hochpässe, die man als Phasenschieber für beliebige Phasenwinkel – abhängig von der Frequenz – verwenden kann. Ganz rechts im Bild ist der Phasenwinkel von 45° dargestellt, der für die Frequenz, bei der $R_R = R_C$ ist (und damit auch $U_R = U_{RC}$), entsteht. Über Phasenschieber und die Wechselstromtechnik wird noch zu sprechen sein (s. im Abschnitt 10.4)

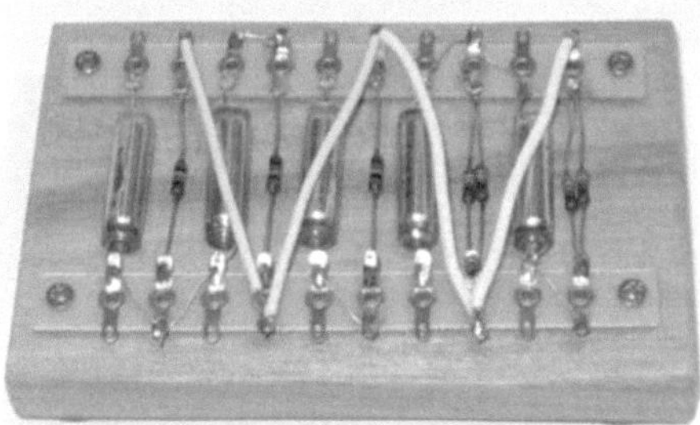

Hochpässe als Phasenschieber

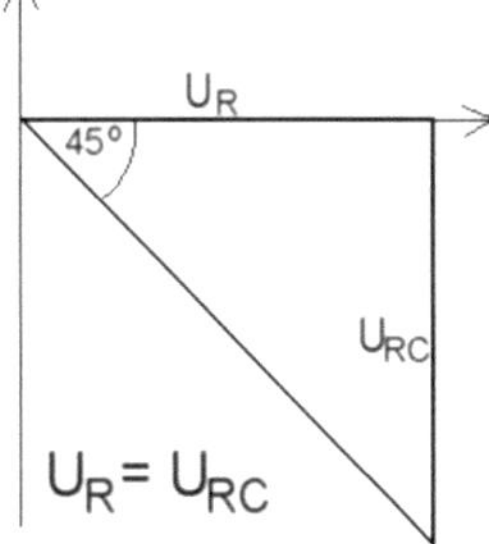

1.5.3 Referenzbaugruppen

Referenzbaugruppen werden in den folgenden Abschnitten beschrieben:

Referenzbaugruppe Stromversorgung   s. Abschnitt 3.2.1
Das Lastbrettchen   s. Abschnitt 3.2.2
Referenzbaugruppe Tonverstärker   s. Abschnitt 4.4
Referenzbaugruppe FM / AM – Demodulator   s. Abschnitt 6.5
10,7 MHz Generator, quarzstabilisiert   s. Abschnitt 6.6.1

Oszillator 86 bis ...MHz   s. Abschnitt 8.2.4
UKW-Referenztuner   s. Abschnitt 8.2.6
Quarzoszillator 1 MHz   s. Abschnitt 9.5.2
Motorprüfstand   s. Abschnitt 10.4.1

Die in diesem Buch gezeigten Brettschaltungen sind als Beispiel, als **Anregung für eine eigene Lösung** zu verstehen. Messungen und Versuche lassen sich leichter durchführen als am Radiogerät und fördern somit das Verständnis der verschiedenen Module. Es ist sinnvoll, mit kleinen Projekten zu beginnen. Es ist aber keine Schande, wenn man nach gewonnenen Erfahrungen eine bereits realisierte Schaltung nochmals – ganz anders – aufbaut.

Der Aufbau wird sich immer nach den vorhandenen Teilen richten. Dazu gehört auch die Entscheidung, ob eine Baugruppe eine eigene Spannungsversorgung bekommt oder diese von einer anderen Baugruppe bezieht.

Weitere Hilfsmittel sind der bereits beschriebene (*s. Band 1, Seite 68*) Taschen-empfänger in analoger Technik zum Nachweis der Oszillatorschwingungen im Empfänger *(dessen Oszillator aber auch als Sender dienen kann)*, ein tragbares Abspielgerät als Tonquelle im TA-Betrieb, ein externer Lautsprecher (besser zwei), oder einfache selbst aufgebaute Hf-Generatoren (s. *Band 1, Abschnitt 5.03* und Abschnitte 6.6.1 / 8.2.4 / 9.5.2).

Nun folgt endlich ein Foto von dem oft erwähnten **Taschenradio** des Verfassers:

1.5.4 Referenzröhrensatz

Schon im ersten Band wurde der Begriff "Standardröhrensatz" verwendet, der sich an der Novalserie orientiert. Typisch ist die Verwendung der Röhren ECC85 (bzw. 2 x EC92) im UKW-Tuner, der Röhre ECH81 als Misch- und Zf-Röhre, der EF89 als Zf-Röhre, der EABC80 zur Demodulation und Nf-Vorverstärkung, einer EL84 als Endpentode und einer Anzeigeröhre EMxx. In der ersten Hälfte der 50er Jahre kommen auch äquivalente Röhren der Rimlockserie zur Anwendung. Es kann empfohlen werden, für die häufig vorgefundenen Exemplare Referenzröhren mit guten Werten zu bevorraten.

Auf die **"U"- Röhren für Allstromgeräte** wird hier nicht extra hingewiesen, sie sind selbstverständlich in alle Betrachtungen eingeschlossen.

Bei den oft sehr teuren **Abstimmanzeigeröhren** wird sich der Vorrat in Grenzen halten. Für einen schnellen Test kann man sich eine einfache Prüfschaltung aufbauen, wenn man nicht über ein Röhrenprüfgerät verfügt. Man kann für jede der gebräuchlichsten Röhren einen Sockel verdrahten oder auch Unterschiede bei gleichen Sockeln mit einem Umschalter ausgleichen. Die negative Steuerspannung sollte variabel und messbar sein. Hat man nur gelegentlich mit diesem Thema zu tun, reichen die verschiedenen, mit der Heizspannung versorgten Fassungen, die bei Bedarf in fliegendem Aufbau beschaltet werden. Die Referenzbaugruppe Stromversorgung (s. Abschnitt 3.2.1) hat eine so vorbereitete Novalfassung.

Das Bild rechts zeigt eine Lösung von *Michael Ritter* in der Draufsicht:
Es lassen sich auch UM 35, EM81, EM87, EM800 und EM85 E prüfen. Die beiden Regler sind für Helligkeit / Ul und Schattenwinkel. Eingebaut sind 3 Trafos.

Das Gerät verfügt über eine eigene Stromversorgung.

1960:

2. Einschalten und loslegen?

Besser nicht. Bei einer Ersteinschaltung von Geräten, die viele Jahre, sogar Jahrzehnte nicht in Betrieb waren, kann folgende Vorgehensweise (*s. Band 1*) empfohlen werden:

a: Begutachtung der Bauteile und Verdrahtung, Prüfen der Sicherung(en) und Lautsprecher.

b: Austausch der wichtigsten (oder aller) Wickel- (Teer-, Papier-) Kondensatoren

c: Formieren der Siebelkos im Netzteil. Diese Maßnahme kann entfallen, wenn das Gerät bereits eingeschaltet wurde.

d: Kurzzeitiges Einschalten und Messen des Anodenstromes und der Spannung.

Diese Schritte sind Gegenstand des ersten Bandes und werden hier nur gelegentlich vertieft. Nach den Maßnahmen a bis d lassen wir das Gerät eingeschaltet, hören auf den Lautsprecher und beginnen mit der Prüfung und der Suche nach möglichen Fehlerursachen. Aber auch die Nase ist im Einsatz: Auch wenn der (Gesamt-) Anodenstrom im grünen Bereich liegt, kann es passieren, dass ein Widerstand abraucht. Und das sieht und riecht man. Weil die Anodenspannung – und damit auch der Strom – infolge der Alterung des Gleichrichters im Normalfall unter den im Schaltplan vermerkten Werten liegt, kann sich hier eine relativ geringe Stromerhöhung verstecken. Weil diese sich meistens mit einer hörbaren Fehlfunktion bemerkbar macht, ist man vorgewarnt und hat seine erste Baustelle gefunden. Der Schaden wird sich infolge des relativ geringen Stromes in Grenzen halten, Folgeschäden bleiben meistens aus.

Liegen Spannung und Strom am Ausgang des Gleichrichters nicht mehr als 20% unter dem Sollwert, kann man eine Korrektur auf später verschieben, wenn Spannungen und Ströme aller Funktionseinheiten geprüft worden sind. Das ist auch eine Vorsichtsmaßnahme gegen noch versteckte Fehler in der Strom- bzw. Spannungsversorgung.

Die unter **a)** genannte Maßnahme ist also sehr wichtig, weil man überlastete Widerstände an der Verfärbung erkennt. Um solche Risiken zu minimieren, kann man die Stärke der Netzsicherung vorübergehend oder generell reduzieren (s. Abschnitt 2.2).

2.1 Weitere Vorsichtsmaßnahmen bei der Ersteinschaltung

Findet man sichtbar verkohlte Widerstände in einem Gerät mit sehr komplexer Spannungsversorgung, oder stellt man einen stark überhöhten Anodenstrom fest, wäre das Ablöten einzelner Drähte zur Eingrenzung potenzieller Fehler mühsam, bzw. nur zum Teil durchführbar *(z. B. bei einem* SABA *Freiburg Automatic).* Hier kann eine Fehlerlokalisierung wie folgt durchgeführt werden:

Ergänzend zu den in den *Abschnitten 2.02 und 2.03* des ersten Bandes beschriebenen Maßnahmen, klemmt man eine Prüflampe *(10 bis 25 Watt – in Abhängigkeit von der Leistungsaufnahme des Gerätes)* an den Sicherungshalter vor dem Netztrafo an, so dass wegen der noch zu niedrigen Heizspannung kein Anodenstrom fließen kann. Die Gleichspannung an den Siebelkos ist noch eine Leerlaufspannung, daher schon im Bereich zwischen 50 und 80 Volt. Mit dieser Einstellung kann man nun prüfen, ob diese Spannung auch an allen Röhren *(Anoden und Schirmgitter)* ankommt. Auch die Gitterspannungen *(Steuergitter)* der Röhren hinter Koppelkondensatoren können schon in eine erste Prüfung einbezogen werden.

Ein Verdacht bei Fehlern in der Stromversorgung gilt immer den Elkos, und diese zeigen ihre Fehler oft erst bei hohen Spannungen. In Geräten der Oberklasse gibt es neben den Siebelkos weitere gut versteckte Elektrolytkondensatoren im Bereich der Spannungsversorgung. Man kann diese wie folgt prüfen: Um Folgen eines möglichen Kurzschlusses zu verhindern, schaltet man nun eine Prüflampe 7 bis 10 Watt zwischen den Gleichrichterausgang und den ersten Siebelko, steckt die Netzsicherung wieder ein und schaltet das Gerät ein. Nun liegt für kurze Zeit an allen Bauteilen im Bereich der Anoden-Gleichspannung die sehr hohe Leerlaufspannung (>300 Volt$_=$). Spannungsüberschläge bzw. Durchschläge sind hörbar. Davon können alle Arten von Kondensatoren betroffen sein. Man hält einen Sicherheitsabstand zum Gerät und **arbeitet mit Schutzbrille** (s. auch Sicherheitshinweise im Anhang C). Möchte man die Prüfung bei hoher Gleichspannung länger aufrecht halten, zieht man die Röhren *(das macht man sowieso am Anfang, um die Kontaktstifte zu reinigen)*. Spannungsüberschläge können auch an verschmutzten oder verschobenen Kontakten auftreten. Die Skalenlampe(n) sollten unbedingt funktionieren und im Gerät verbleiben, damit auch hier wieder der Betriebszustand "Gerät am Stromnetz" angezeigt wird.

Lokalisiert man die verkohlten Widerstände im Schaltplan, lässt sich auch abschätzen, welche Bauteile als Ursache in Frage kommen. Auch wenn es nicht gelingt, eine Fehlfunktion festzustellen, sollte man diese Bauteile *(meist Kondensatoren)* vorbeugend ersetzen.

Ist man nicht ganz sicher, kann man die Arbeit mit einer Glühlampe am

Gleichrichterausgang länger fortsetzen. Einen unerwartet auftretenden Kurzschluss erkennt man dann am Aufleuchten der Glühlampe. Dadurch steigt auch der Widerstand des Glühfadens, wodurch ein Kurzschlussstrom begrenzt wird. Der Widerstand des Glühfadens beträgt im heißen Zustand (bei Nennstrom) ca. das 10-fache gegenüber dem kalten Zustand.

Zweckmäßig ist der Einsatz des "Lastbrettchens" (s. Abschnitt 3.2.2), weil bei der Verwendung von Glühlampen der Vorwiderstand durch Drehen der Lampen leicht variiert werden kann.

Sicherheitshinweis: Weil bei den hier beschriebenen Versuchen unter Leerlaufspannung noch kein Anodenstrom fließt, bleiben die hohen Gleichspannungen an den Siebelkos noch einige Zeit stehen, wenn man das Gerät vom Netz genommen hat. Die Elkos müssen unbedingt entladen werden!

Auch dazu eignen sich die bereits beschriebenen Prüflampen (260 Volt).
Anschließend kann nach **d)** (s. S.24) weiter verfahren werden.

Vor mehr als 55 Jahren:

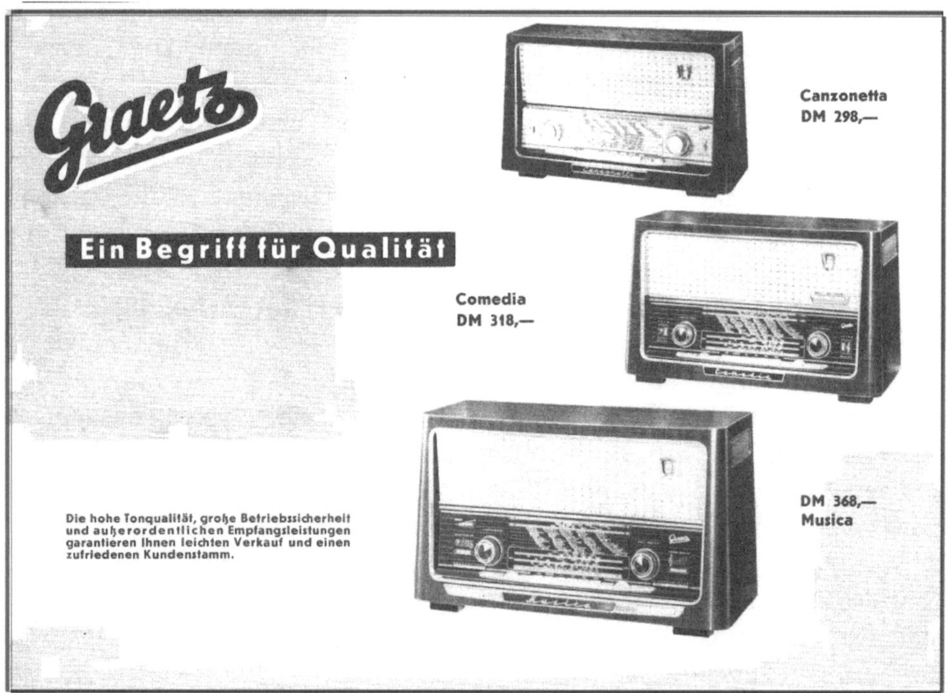

2.2 Korrektur der Netzsicherung

Die Netzsicherungen der 50er Radios wurden im Hinblick auf die schlechte Netzqualität bis zu 100% überdimensioniert gewählt. Damit hat man kein Frühwarnsystem mehr, was man doch in der Einschaltphase dringend braucht.

Während der Prozedur der Wiederinbetriebnahme wählt man den niedrigsten möglichen Wert, später gibt man dann einen Sicherheitszuschlag hinzu. Es dürfen nur träge Sicherungen verwendet werden, damit diese den vom Netztransformator verursachten Einschaltstromstoß überleben. Möchte man die Grenze empirisch ermitteln, muss man mehrmals aus- und einschalten, weil die Intensität des Einschaltstromstoßes auch vom zeitlichen Verlauf der Netzspannung zum Zeitpunkt des Schaltvorganges abhängt.

Man orientiert sich an der *(nicht immer)* auf der Rückwand in Watt angegebenen Leistungsaufnahme oder misst den vom Gerät aufgenommenen Wechselstrom.

Man findet relativ häufig eine Netzsicherung vor, deren Wert noch deutlich über dem Sollwert liegt. Ein Vorbesitzer hat solange probiert, bis die Sicherung nicht mehr auslöste. Der vom Verfasser beobachtete Rekord lag bei einem 10-fach überhöhten Wert, bis der Vorbesitzer schließlich wegen deutlicher Rauchzeichen aufgab. Die Schadensbilanz war beträchtlich.

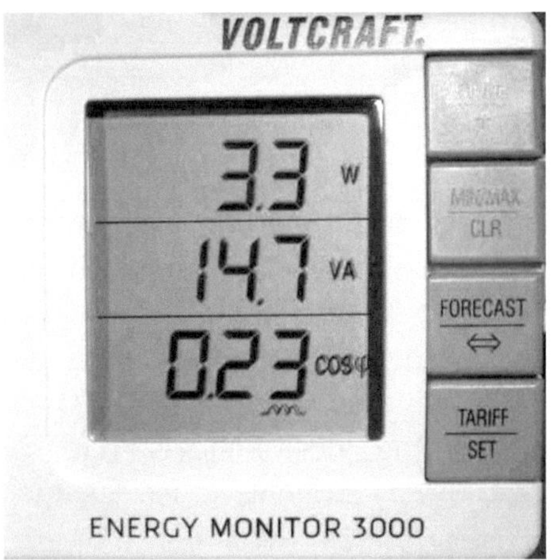

Das **Bild links** zeigt ein so genanntes Wattmeter, nichts anderes als ein Energiemonitor für den Hausgebrauch. Wichtig ist die Anzeigemöglichkeit des Cosinus φ (hier = 0,23 / φ=76,5^0), und ein möglichst kleiner Wert der unteren Grenze des Messbereiches. Das Bild zeigt das Ergebnis einer Messung der Leistungsaufnahme eines Netztrafos von einem Gerät der Mittelklasse mit Standardröhrenbestückung im Leerlauf. Diese Messung hilft, einen eventuellen Windungsschluss festzustellen, weil sich dabei die Werte für die Leistungsaufnahme und den Phasenwinkel deutlich verändern.

Die in unseren Radios verbauten Netztrafos haben einen Wirkungsgrad von ca. 80% (1), eine Stromerhöhung in den Sekundärwicklungen wird deutlich in der Primärwicklung nachweisbar, was dann zur Auslösung der Netzsicherung führen sollte.

2.3 Formierung der Siebelkos

Dieser Schritt kann entfallen, wenn das Gerät bereits eingeschaltet wurde. Wir haben es aber meistens mit Geräten zu tun, die einige Jahre oder Jahrzehnte nicht in Betrieb waren. In der FUNKSCHAU Heft 20/1953 wird im Abschnitt "Werkstattpraxis" empfohlen, bereits nach einer Lagerzeit von 3 bis vier Monaten eine Nachformierung unter Vorschaltung eines 5 kΩ Widerstandes vorzunehmen. Die (Nach-)Formierung ist ein Regenerationsvorgang.

Eine einfache Vorgehensweise zur Formierung wird im *Band 1 (Seite 80)* beschrieben: Das Anklemmen einer Prüflampe 7 Watt / 260 Volt an die Kontakte der Halterung für die Netzsicherung. Dieses Verfahren reicht aus, um den Leckstrom (Reststrom) für 2 x 50 µF deutlich unter 10 mA zu bringen. Durch Ziehen einiger Röhren kann die Spannung weiter erhöht werden. Bei Gleichrichterröhren wird eine Si-Diode in die Röhrenfassung gesteckt, bei Zweiweggleichrichtung reicht dafür eine Anodenstrecke. Der als Kathode gekennzeichnete Diodenanschluss wird auch an den Kathodenanschluss des Röhrensockels gesteckt. Das **Bild rechts** zeigt ein Beispiel für den Röhrentyp EZ80 bzw. EZ81.

Eine sehr schonende Möglichkeit der Nachformierung bietet ein Solarpanel, das direkt an den Elko angeschlossen werden kann. Die Spannung wird durch Abdecken oder Beleuchten des Paneels gesteuert.

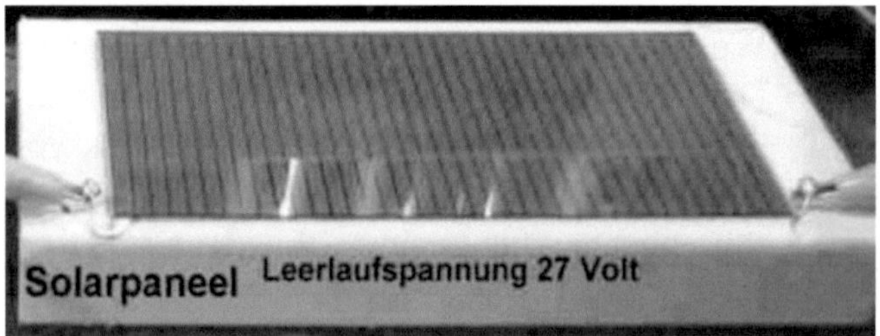

Klemmt man die Spannungsquelle ab, so darf sich die Spannung am Elko nur sehr langsam abbauen. Wird annähernd die Leerlaufspannung des Paneels (ca. 27 Volt) erreicht, so ist das auch schon ein positiver Hinweis zur Qualität des (der) Elkos, weil der maximal mögliche Strom bei künstlicher Beleuchtung aus dem Paneel nur ca. 2 mA beträgt. Diese Methode verwendet der Verfasser bei sehr alten Geräten (<1950) und generell bei Allstromgeräten. Man vermeidet damit, dass Netzspannung führende Teile längere Zeit auf dem Arbeitstisch liegen.

Im Band 1 (*Abschnitt 1.06, S. 28*) wird darauf hingewiesen, dass nicht festgezogene Schraubsockel der Siebelkos Netzbrummen verursachen können.

3. Die Stromversorgung ...

...umfasst den Netztransformator, den Gleichrichter und die Siebkette. Die Maßnahmen in Stichpunkten:

a) Reinigen der Kontaktflächen des Sicherungshalters

b) Prüfung des Netzschalters

c) Austausch aller (Wickel-) Kondensatoren im Bereich der Netzspannung und der Anodenwicklung des Netztransformators *(siehe Sicherheitshinweise)*.

d) Prüfung des Gleichrichters und der Siebelkos *(s. Band1, Abschnitt 2.08)*.

Das Bild rechts zeigt die Kondensatoren, die unbedingt aus Gründen der Sicherheit ausgewechselt werden müssen. Auf eine ausreichende Wechselspannungsfestigkeit ist dabei zu achten. Viele Geräte kommen ohne diese Kondensatoren im Bereich des Netztransformators aus. Mit der Spannungsversorgung der SABA Automatik-Modelle werden wir uns im letzten Teil des Buches nochmals befassen.

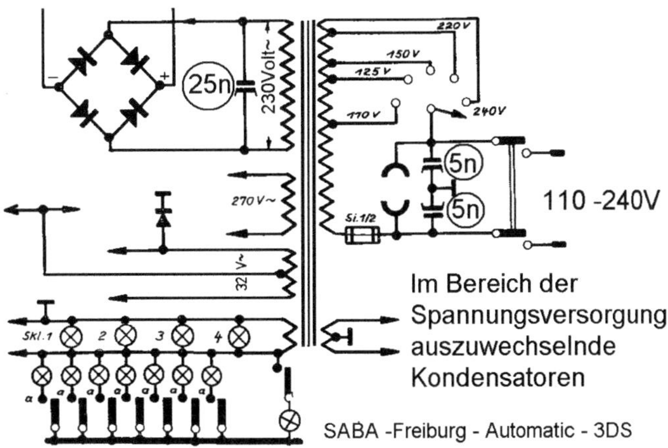

SABA -Freiburg - Automatic - 3DS

Man hat damals sehr genau gewusst, welche Umwelteinflüsse die Lebensdauer der Kondensatoren beeinflussen *(z.B. Betriebsstunden, Temperatur, Feuchte, Gleich- und Wechselstromlast)*, aber die Bauteile für kommerzielle Anwendungen waren zu teuer für die Konsumelektronik.

3.1 Der Netztransformator ...

...ist selten völlig zerstört, mit infolge fehlerhafter Überlastung durchgebrannter oder miteinander verschmolzenen Wicklungen. Sofern es sich nicht um eine modellspezifische Ausführung handelt, kann oft Ersatz gefunden werden, weil die Hersteller nach Möglichkeit für ein oder auch mehrere Modelljahre den Netztrafo unverändert ließen und auch in möglichst vielen Modellen verwendeten. Schwierig wird es auch, wenn der Netztrafo noch funktioniert, aber eine Fehlfunktion vermutet wird. Solche Vermutungen werden meistens durch eine hohe Temperatur des Netztrafos ausgelöst. Diese kann aber auch dann noch im grünen Bereich liegen, wenn man sich schon die Finger verbrennt. Kritisch wird es aber, wenn es riecht. Die oft gestellte Frage lautet:

"Wie heiß darf mein Netztransformator werden?"

3.1.1 Grundlagen

Mittelklassegeräte mit Standardröhrenbestückung *(6 Röhren, eine Skalenlampe)* der Novalserie haben meist einen Netztrafo mit Eisenkernblechen EI78 *(Dynamoblech III)*. Dieser Größe entspricht einer maximalen Verlustleistung, durch Wirkungsgrad und Sekundärleistung bestimmt. Im Telefunken Laborbuch Band 1 wird dazu eine maximale Dauer-Übertemperatur von 55^0C bei Nennlast angegeben. Die Nennlast (Sekundärleistung) für einen Trafo dieser Größe wird mit 35 VA angegeben.

Das bedeutet, dass diese Trafos auch Temperaturen im Bereich der siebziger Grade ohne Folgeschäden überstehen würden. Eine Betriebstemperatur von ca. 60^0C an der Wicklung ist noch nicht besorgniserregend. Zur Ermittlung der Sekundär(schein)leistung müssen Gleichspannung und Strom in den Wechselstrom bzw. in die Spannung der Sekundärwicklung umgerechnet werden. In seltenen Fällen sind in den Schaltplänen auch alle Wechselspannungen und Ströme vermerkt. Für Selen-Brückengleichrichter gelten folgende Richtwerte: $U_= = 1{,}16$ x $U_\sim$ /, $L_\sim = 1{,}6$ x $I_=$ und $P_\sim = 1{,}4$ x $P_=$. Ermittelt man die Sekundärleistung des Netztrafos eines Radiomodells der Mittelklasse, wird man feststellen, dass die Sekundärleistung deutlich über 35 VA, eher bei 45 VA liegt. Des Rätsels Lösung: Die Wärmeableitung bei Chassismontage. Die Netztrafos unserer Röhrenradios wurden aus Kostengründen nicht überdimensioniert, im Gegenteil: Man ging bis an die Grenzen. Die sich dadurch ergebenden hohen Temperaturen der Netztrafos variieren wegen unterschiedlicher Leistungsdaten und konstruktiver Lösungen. Außerdem muss eine Exemplarstreuung bei der Qualität unterstellt werden. Die endgültige Betriebstemperatur des Netztrafos wird erst nach 2 bis 3 Stunden erreicht.

Stimmen Strom und Spannung am Gleichrichterausgang, der Gleichrichter ist geprüft bzw. der sekundäre Wechselstrom vor dem Gleichrichter gemessen und man möchte sich trotzdem nicht an die hohe Temperatur des Netztrafos gewöhnen, helfen folgende einfache Messungen: Im Stromlaufplan bzw. auf der Rückwand ist meistens die Leistungsaufnahme in Watt vermerkt. Diese *(Wirk-)*Leistung misst man mit einem Wattmeter. Man weiß oft gar nicht, dass man eines hat: Die Steckdosengeräte zur Messung des Energieverbrauchs (s. Abschnitt 2.2).

Sehr aufschlussreich zum Zustand des Netztrafos ist die Messung der Leerlaufleistung, ebenfalls mit einem Wattmeter. Man muss den Trafo nicht ausbauen, man unterbricht die Stromkreise der Sekundärwicklungen. Im Heizstromkreis reicht auch das Ziehen aller Röhren und Lampen. Vorsichtshalber prüft man im Stromlaufplan, ob nicht doch noch ein Strom fließen kann. Mit der Leerlaufleistung wird die Magnetisierung des Eisens abgedeckt, sie beträgt bei den hier besprochenen Trafos ca. 3 – 5 Watt, der cos φ liegt bei ca. 0,2 (s. Abschnitt 2.2). Schon eine geringe Last durch Schäden ließe den Wert deutlich ansteigen (im Bild rechts bei Volllast: cos φ = 0,9 / 22^0).

Ein Netztrafo wird im Leerlauf bei Chassismontage im Gerät nicht warm.

Aber **eine fehlende Umschaltmöglichkeit auf 240/250 Volt**

kann das Fass zum Überlaufen bringen, wenn der Trafo schon bei 220 Volt im Grenzbereich des magnetischen Flusses *(die primäre Nennspannung liegt im allgemeinen an der Grenze zur magnetischen Sättigung)* betrieben wurde, was einen überproportionalen Anstieg des Primärstromes und der Eisenverluste zur Folge haben kann. Daher steigt auch die Temperatur des Transformators deutlich.

Hier kann der Einbau eines geräuscharmen kollektorlosen Lüfters *(ein Vorwiderstand reduziert das Geräusch)* erwogen werden, das ist möglich ohne Spuren zu hinterlassen. Das **Bild rechts** zeigt, dass eine fehlende Umschaltmöglichkeit die Leistungsaufnahme deutlich erhöht, die Temperatur des Netztrafos stieg

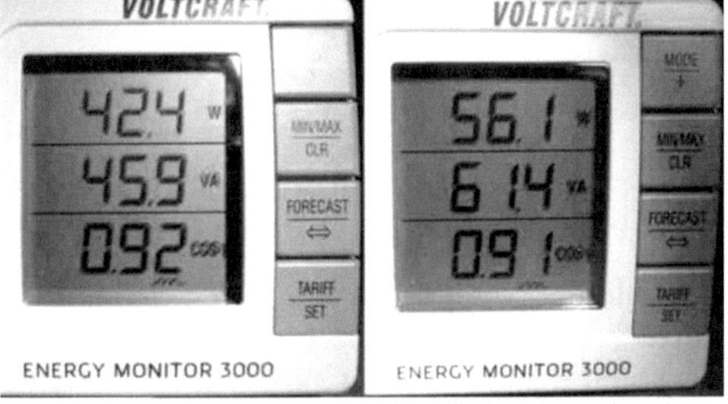

S&H Schatulle H52: Links mit 240/250 Volt Einstellung - rechts mit 220 Volt Einstellung des Spannungswählers

dabei von 51^0 auf 61^0. Der magnetische Fluss wird in den Lehrbüchern der Elektrotechnik ausführlich abgehandelt.

Einen nützlichen Beitrag zu "Messungen an Transformatoren" findet man unter: http://www.energie.ch/messungen-an-transformatoren (2014).

Bei Geräten, die für den täglichen Gebrauch vorgesehen sind und deren Heizspannung wegen fehlender Umschaltmöglichkeit deutlich über 7 Volt liegt, darüber hinaus teure, schwer beschaffbare Röhren verbaut sind, kann man einen Vorwiderstand in die Heizkreise einfügen. Das wirkt sich aber auf die Temperatur des Netztrafos kaum aus. Die Heizspannung für die Röhren liegt schon im Betrieb mit 220 Volt meistens etwas höher als die erforderlichen 6,3 Volt, weil man eher die Folgen einer Unterversorgung der Röhrenheizung fürchtete und die schlechte Netzqualität berücksichtigen musste. Die Heizfäden sind robust und halten eine Überspannung aus. Es wird empfohlen, die Heizspannung bei indirekter Heizung mit +/- 10% konstant zu halten (4), +10% entspricht einem Wert von ca. 7 Volt.

Dann bleibt noch die Möglichkeit, die Wechselspannung an der Primärwicklung des Netztrafos durch einen Vorwiderstand anzupassen. Dabei muss auf eine gute Wärmeableitung und auf einen Berührungsschutz geachtet werden, eventuell erforderliche Anschlusskabel müssen so verlegt werden, dass kein Netzbrummen durch Einstreuung entsteht. Es ist zweckmäßig, eine größere Belastbarkeit als rechnerisch erforderlich zu wählen, um die Wärme auf eine größere Fläche zu verteilen und damit die Temperatur im noch anfassbaren Bereich zu lassen. Man hat die Wahl zwischen Chassismontage und Luftkühlung. Bei freier Montage kann z.B. der links abgebildete Widerstand (180 Ω) dreifach parallel geschaltet werden, daraus ergibt sich ein Gesamtwiderstand von 60 Ω, woraus bei einem Strom von 200 mA ein Spannungsabfall von 12 Volt resultiert. Der rechts abgebildete Widerstand ist für Chassismontage vorgesehen, man sucht sich dafür einen noch wenig wärmebelasteten Bereich.

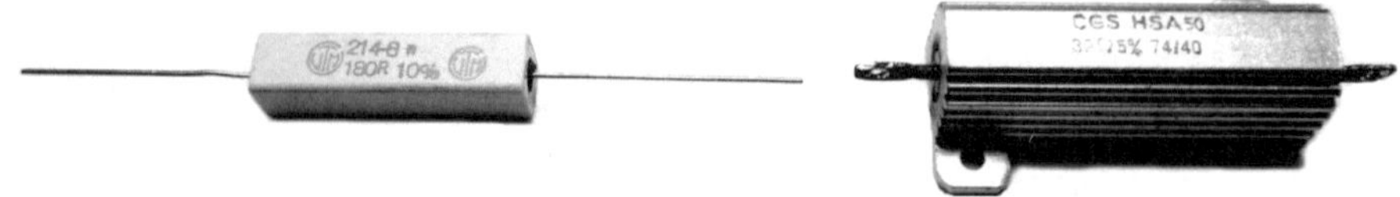

Die klassische Bauform der Hochlastwiderstände, die wir auch aus den Allstromgeräten kennen, ist im Abschnitt 3.3.1 (s. S. 36) abgebildet.

Bauteile der Stromversorgung (Netztrafo, Gleichrichter) findet man überwiegend am rechten Rand des Chassis (von hinten gesehen) vor, dort, wo auch die Endröhre reichlich Wärme spendet. Ein heißes Beispiel ist die Allstromphiletta, die dort zusätzlich noch überschüssige 110 Volt verbrennt. Das Kunststoffgehäuse wird an dieser Stelle entsprechend warm.
Diese ungünstige Anordnung der Komponenten schien den Konstrukteuren das kleinere Übel zu sein, um die Einstreuung der Netzfrequenz vermeiden zu können. Nur den gleichstrombelasteten Siebelko nahm man gerne aus dem Wärmenest heraus. Man findet auch Geräte, bei denen der Netztrafo ganz links am Chassis verbaut wurde. Die Anschlusskabel wurden dabei mit langen Umwegen verlegt.

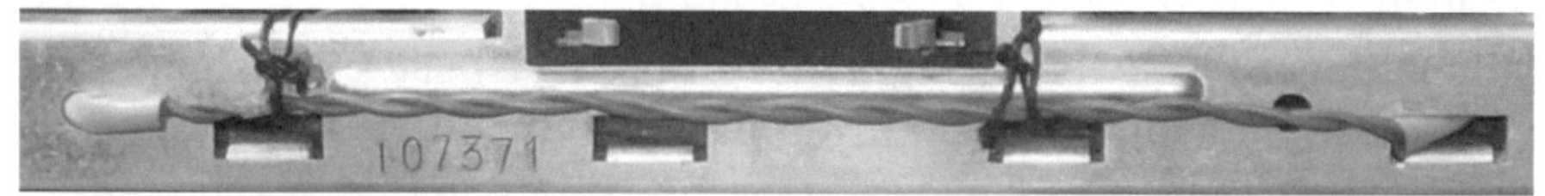

Das sieht man hier am Chassis einer Jubilate 8, der luftgekühlte Gleichrichter wurde an den linken (kühleren) Bereich des Chassis versetzt, die Anschlusskabel liegen gut abgeschirmt außen am Chassis.

3.2 Arbeiten im Bereich der Stromversorgung ...

...sind gefährlich und erfordern daher Konzentration und Sorgfalt, hat man doch bald ein Gewirr von Messleitungen mit Klemmen auf dem Tisch. Es kann daher sinnvoll sein, sich für solche Arbeiten eine universell einsetzbare Brettschaltung aufzubauen. Das **Bild rechts** zeigt einen solchen Aufbau mit verschiedenen Baugruppen, die sowohl miteinander verbunden oder auch als Referenz bei der Prüfung der im Radio verbauten Teile verwendet werden können:

3.2.1 Referenzbaugruppe Stromversorgung

1) Netztransformator, nur mit 2 Schrauben gesichert, Austausch leicht möglich.

2) Sicherungen für Primär- und Sekundärwicklungen, das erleichtert auch die Messung der Ströme.

3) Elektrolytkondensator, 2 x 47 µF, 450 Volt.

4) Netzdrossel (SABA)

5) Novalfassung, Heizspannung mittels Schalter (8) zuschaltbar. Die weiteren 7 Anschlüsse sind an eine Lötleiste herangeführt. Durch Wahl einer geeigneten Röhre kann die Feinabstimmung der Last im Heizstromkreis vorgenommen werden, auch kann eine Röhre oder z.B. ein Ausgangstrafo mit der Endpentode geprüft werden.

6) Silizium Brücke, in Verbindung mit dem Lastbrettchen können die überschlägig berechneten Vorwiderstände bei Einsatz einer Si-Brücke als Ersatz vor dem Einbau nochmals geprüft werden.

7) Dreheiseninstrument 150 mA, umschaltbar zw. Sekundärwicklung und Siebkette.

8) Drei Schalter für 220 bzw. 240 Volt Anschluss des Trafos, Dreheiseninstrument und Röhrenheizung.

Sinnvoll ist die Montage einer Anzeigelampe *(Glimmlämpchen)* für die Netzspannung, noch vor der Sicherung, damit immer der Zustand "Netzstecker steckt" angezeigt wird. Unabhängig davon sollte immer eine schaltbare Steckdosenleiste mit Anzeigelämpchen verwendet werden (s. Sicherheitshinweise, Anhang C).

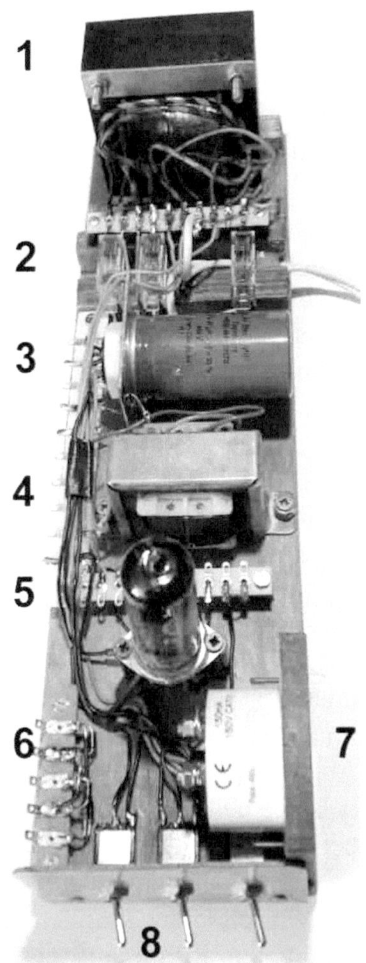

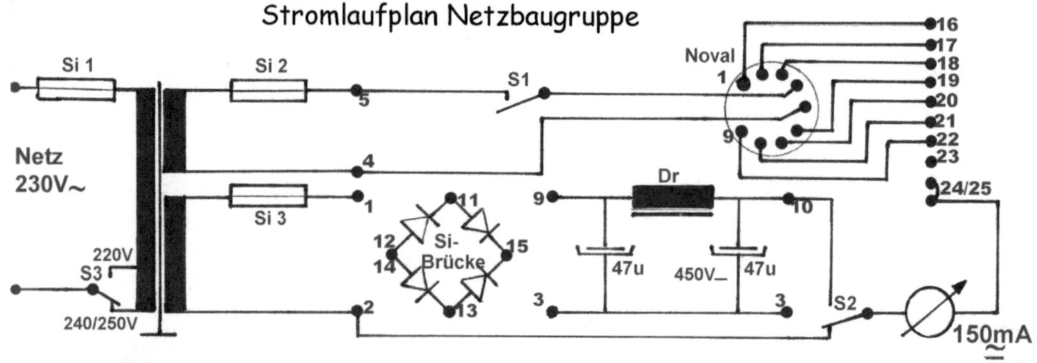

Es wurden drei Lötösenleisten mit insgesamt 25 Anschlussmöglichkeiten verbaut, von denen einige für spätere Änderungen frei blieben. Um völlig frei in der Anwendung zu bleiben, wurden auch keine Masseverbindungen festgelegt, bzw. verbunden. Die Anschlüsse werden mit den üblichen Messschnüren hergestellt.

Mit dieser Brettschaltung können alle Bereiche der Stromversorgung geprüft bzw. simuliert werden, bzw. kann ein Radiogerät mit defektem Netzteil während der weiteren Prüfung versorgt werden. Denn es kann sinnvoll sein, eine aufwändige Reparatur der Stromversorgung erst dann durchzuführen, wenn man sicher ist, dass keine weiteren schwerwiegenden Defekte in den übrigen Baugruppen vorliegen. Die relativ aufwändige Siebkette wurde gewählt, weil bei der Untersuchung einer Endstufe mit einer EL84 die Brummkompensation *(s. Seite 119, Band 1)* eventuell noch nicht voll wirksam ist und eine SABA Netzdrossel vorhanden war. Versorgt man einen "Patienten" mit Hilfe dieser Brettschaltung, ersetzt die hier verbaute Siebkette nur den ersten Elko des Gerätes, mit dem Dreheiseninstrument kann die Stromaufnahme überwacht werden.

Die hier gezeigte Brettschaltung muss nicht genau so nachgebaut werden, sie ist als Anregung für eine individuelle Variante zu verstehen.

3.2.2 Das Lastbrettchen (s. Bild rechts) dient zur Einstellung beliebiger Lastprofile im Heiz- oder Anodenkreis. Eine H4 Autolampe, beide Systeme in Reihe, belastet den Heizkreis mit ca. 2,4 Ampere bei 6,3 Volt. Das ist ein typischer Wert bei einer Standardröhrenbestückung in Geräten der Mittelklasse. Durch Zuschaltung einer geeigneten Röhre auf der oben gezeigten

Brettschaltung kann die Last im Heizkreis weiter erhöht bzw. abgestimmt werden.

Handelsübliche 260 Volt Lampen *(Sockel E14)* verschiedener Stärken simulieren eine Gleich- oder Wechselstromlast. Dabei ist darauf zu achten, dass nicht die für nur 12 Volt geeigneten Spielzeugfassungen verwendet werden.

Bei Messungen im Heizstromkreis ist zu beachten, dass sich der Widerstand der Zuleitungen auswirkt wenn diese zu lang oder zu dünn gewählt werden. Das trifft auch für die Anschlusskabel im Heizkreis dieses Lastbrettchens zu.

3.3 Der Ersatztransformator

Prüfung eines beliebigen Netztrafos auf Eignung für einen Ersatz: Man wird zunächst mit Hilfe des Ohmmeters versuchen, die einzelnen Windungen zu lokalisieren. Der Wert des gemessenen Gleichstromwiderstandes ist dabei wenig aufschlussreich, weil gleiche Wicklungen meist übereinander gewickelt werden und daher unterschiedliche Widerstandswerte aufweisen. Man wird unschwer die Heizwicklung am Drahtdurchmesser erkennen. Auch die Primärwicklung erkennt man, weil diese zuerst gewickelt wird. Die Primärwicklung wird entweder in einem Stück mit herausgeführten Anzapfungen ausgeführt – dabei wird für die erste Hälfte ein größerer Drahtdurchmesser verwendet, um der größeren Stromstärke bei Betrieb mit 110 / 125 Volt gerecht zu werden – oder auf zwei getrennte Wicklungen mit gleicher Windungszahl und gleichem Drahtdurchmesser aufgeteilt. Bei Betrieb mit 110 / 125 Volt werden die Wicklungen parallel geschaltet, der höhere Strom wird dadurch auf beide Wicklungen verteilt. Im letzteren Fall ergibt die Messung der Gleichstromwiderstände beider Wicklungen jedoch unterschiedliche Werte, wenn die Wicklungen übereinander gewickelt werden. Das **Bild unten**

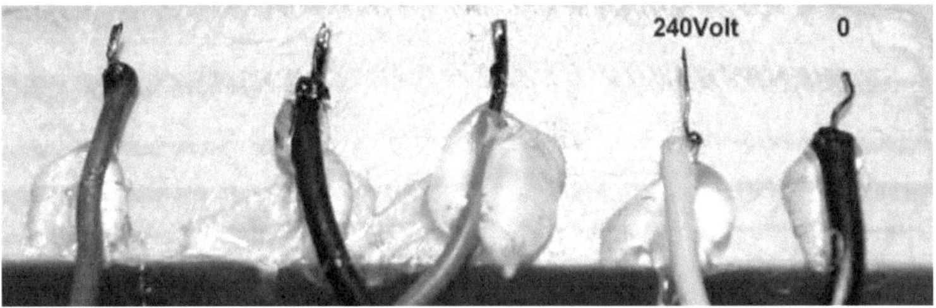

zeigt die herausgeführten Enden einer Primärwicklung. Rechts im Bild sieht man jeweils nur einen Draht, das sind die Enden. Bei den Anzapfungen werden beide Drahtenden herausgeführt, die zum Messen miteinander verlötet werden müssen. Dann misst man die Leerlaufleistung des Trafos (s. Abschnitt 2.2), um sicher zu gehen, dass keine inneren Schlüsse vorliegen. Legt man nun 6,3 Volt *(zum Beispiel von der oben gezeigten Brettschaltung)* an die Heizwicklung, kann man die ungefähren Wechselspannungen der übrigen Wicklungen prüfen. Die dann auf der

Primärseite gemessenen Spannungswerte liegen deutlich unter den Sollwerten, weil die Windungszahlen der Sekundärseite um mindestens 10% erhöht werden, um Transformatorverluste und Netzschwankungen auszugleichen. Hier gibt es keinen einheitlichen Wert, dieser Faktor fällt sehr unterschiedlich aus, weil auch die an den Sekundärwicklungen gemessenen Spannungen oft etwas über den in den Plänen angegebenen Sollwerten liegen (s. 3.1.1, Seite 31).

Das **Bild rechts** zeigt das Wicklungsschema des Netztrafos einiger Mittelklassegeräte des Modelljahres 57/58 von NORDMENDE. Hier kann der Zuschlag zum errechneten Spannungsverhältnis nachvollzogen werden.

Wer sich sicher ist, wird gleich die Netzspannung an die Primärwicklung legen und die oben beschriebenen Messungen im Leerlauf und unter Last durchführen. Unübersichtlich kann es werden, wenn mehr als eine Heizwicklung oder zwei Anodenwicklungen für Zweiweggleichrichtung vorhanden sind

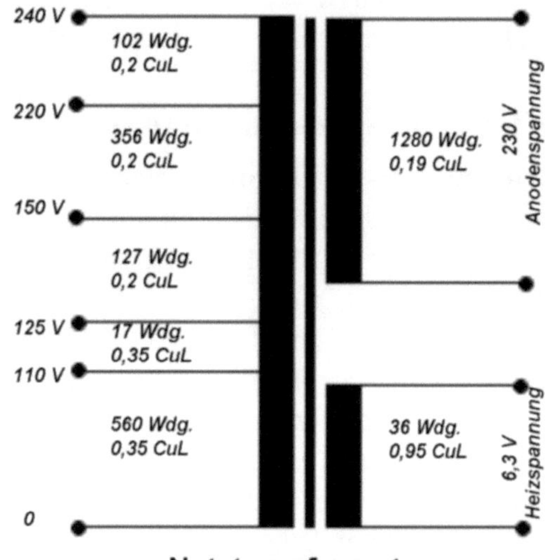

Netztransformator

3.3.1 Ersatz ohne Netztransformator

kann es bei Allstromgeräten geben. Die Vorwiderstände für den 220 Volt-Betrieb findet man hin und wieder durchgebrannt vor. Das **Bild rechts** zeigt einen möglichen Ersatz:

Hochlastdrahtwiderstände mit verstellbarer Abgreifschelle Typ Krah ZS gibt es mit verschiedenen Werten und Belastungen von 20, 50 und 100 Watt (z.B. bei Bürklin, 2013). Ausführung zementiert, Toleranz 10%.

Das Foto zeigt eine 20 Watt Ausführung, Durchmesser: 15mm
Länge: 62mm

4. Der Tonverstärker

Eigentlich gibt es nur Eintaktverstärker und Gegentaktverstärker. Zur Zeit der Röhrenradios war die Fachsprache noch deutsch, heute lässt man die Endstufen von Tonverstärkern gerne mal einzeln oder doppelt enden. Auf Englisch natürlich, aber dadurch wird der Klang auch nicht besser. Bei Geräten der Mittelklasse dominiert der Eintaktverstärker mit einer EAB<u>C</u>80 als Vorverstärker und einer EL84 als Endpentode. Beide Varianten findet man in fast unendlicher Vielfalt vor. Die Unterschiede sind bei den Klangregelnetzwerken und in der Höhe der Ausgangsleistung zu finden. Das trifft vor allem für Gegentaktendstufen zu, die sich zusätzlich noch in der Betriebsart der Endstufe und der Anzahl der Vorstufen mit den Phasenumkehrstufen unterscheiden können. Einsteiger sollten sich erst an Gegentaktendstufen heranwagen, wenn sie mit den Eintaktverstärkern auf Augenhöhe sind. Der Weg zum vollen verzerrungsfreien Klang, auch der Bässe, kann beim Gegentaktverstärker mit komplexen Klangregelnetzwerken zur unendlichen Geschichte werden.

4.1 Der Eintaktverstärker ...

…wird immer in der so genannten A-Einstellung des Arbeitspunktes verwendet. Der Arbeitspunkt liegt in der Mitte des aussteuerbaren Bereiches, sonst wäre keine Vollaussteuerung möglich. Das wird in den Fachbüchern an Hand einiger Grafiken mit so genannten Kennlinien verdeutlicht. Trotzdem messen wir an der Anode eine hohe Gleichspannung, deren Wert nur wenig unter der Batteriespannung (s. S. 40) liegt. Das liegt daran, dass der Innenwiderstand der Röhre und der Außenwiderstand *(der Ausgangstrafo)* für Gleichstrom *(der Ruhestrom)* in Reihe geschaltet sind. Der Innenwiderstand der EL84 beträgt, je nach Lage des Arbeitspunktes ca. 5-8 kΩ, der Gleichstromwiderstand der Primärwicklung des Ausgangstrafos hat den Wert von einigen hundert Ohm. Für Wechselstrom ist zusätzlich der induktive Widerstand (ωL) wirksam, der Außenwiderstand liegt jetzt jedoch parallel

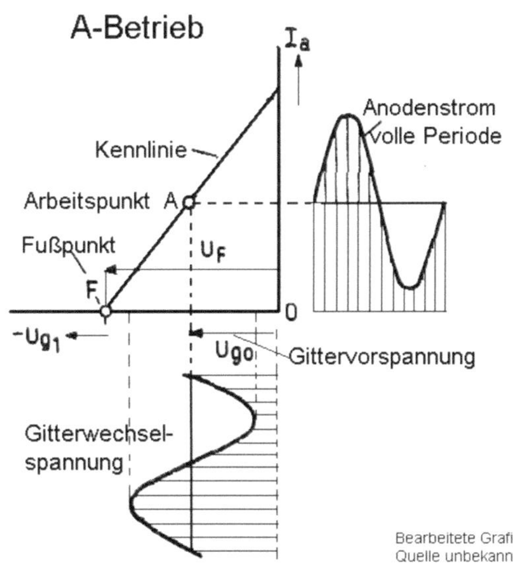

Bearbeitete Grafik
Quelle unbekannt

zum Innenwiderstand der Röhre, weil die Batteriespannung wechselstrommäßig auf Masse liegt. Die Siebkondensatoren bewirken einen Kurzschluss. Für eine Leistungsanpassung, bei der eine maximale Leistungsübertragung erreicht wird, müssen Innenwiderstand und Außenwiderstand gleich sein ($R_a = R_i$). Diese Bedingung wird für einen bestimmten Wert

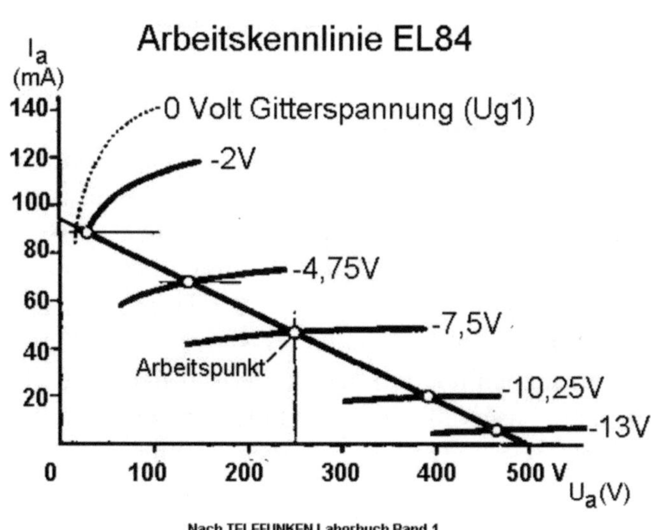

der Frequenz erreicht, meistens wird hier die untere Grenzfrequenz mit 50 Hz berücksichtigt. Am Oszilloskop wird die Signalspannung als der Anodengleichspannung überlagert sichtbar, die maximale Amplitude ist fast so groß wie die Anodengleichspannung. Schließt man statt des Ausgangstrafos einen ohmschen Widerstand von ca. 5 kΩ ($R_a = R_i$) an, so liegt die Anodengleichspannung bei der Hälfte des ursprünglichen Wertes, erwartungsgemäß in der Mitte des aussteuerbaren Bereiches.

Beide Grafiken zeigen auch, dass bei Vollaussteuerung der scheinbar mögliche Bereich nicht ganz ausgenutzt wird. Damit werden Verzerrungen im Grenzbereich zur Gittervorspannung "0" vermieden.

4.1.1 Der Ausgangstransformator

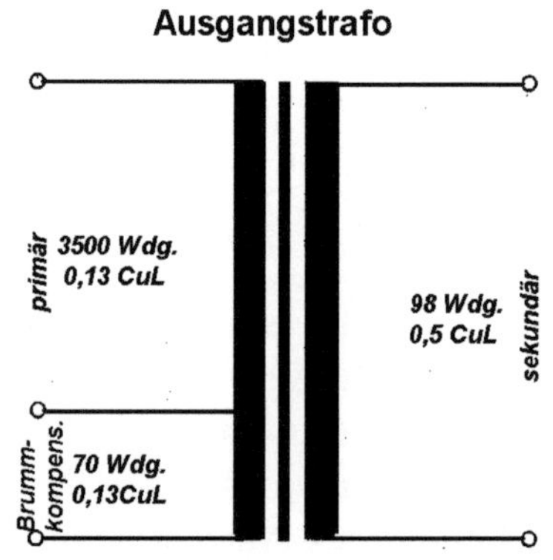

passt den niedrigen Widerstand des – bzw. der Lautsprecher an den im kOhm-Bereich liegenden Ausgangswiderstand der Endpentode an. Die damit verbundene Transformation der Wechselspannungen wird hier nicht betrachtet. Das rechts gezeigte Wicklungsschema gehört zu einem Gerät der Mittelklasse des Modelljahres 57/58 von NORDMENDE. Eine Prüfung auf Windungsschlüsse kann in ähnlicher Weise wie beim Netztrafo (s. Abschnitt 3.3) erfolgen. Davon ausgehend, dass eventuelle Schäden meist in der Primärwicklung auftreten, legt man die Heizspannung von 6,3 Volt an die Sekundärwicklung und misst die

Spannung auf der Primärseite. Die Wicklung zur Brummkompensation hat nur einen Gleichstromwiderstand von wenigen Ohm. Sollte diese unterbrochen sein, kann erwogen werden, auf diese zu verzichten und gfs. die Siebkette aufzurüsten. Manche Transformatoren haben eine weitere Sekundärwicklung, um die Gegenkopplungsspannung zu erzeugen. Weil diese kaum belastet wird, ist sie mit einem dünnen Draht gewickelt.

Die Windungszahlen im Bild rechts unten (s. S. 38) können wie folgt rechnerisch betrachtet werden: Der nach dem gezeigten Wicklungsschema verbaute Ausgangstrafo wurde mit den folgenden Strom/Spannungswerten betrieben:

$$U_a=245 \text{ Volt}, \quad I_a=37 \text{ mA}$$

Daraus errechnet sich der Innenwiderstand der Röhre (EL84) wie folgt:

$$R_i=6{,}6 \text{ kOhm} \quad \text{und} \quad R_i/R_a=1320 \qquad \textit{(Ra=5 Ohm)}$$

Und das Verhältnis der Windungszahlen zu

$$W_2 = W_1 \sqrt{\frac{R_a}{R_i}} = 3500 \sqrt{\frac{5}{6622}} = 96$$

Das hilft evtl. bei der Auswahl eines Ersatztrafos aus der Trafokiste, für ein Neubauprojekt ist mehr erforderlich. Ein Berechnungsbeispiel für einen Eintakt-Ausgangstransformator findet man in der FUNKSCHAU 1958/Heft 5. Die digitalisierte Form dieses Beitrags ist im Radiomuseum.org (Anhang B, L3) abgelegt. Ebenfalls dort zu finden ist die digitalisierte Form eines Beitrages zu Ausgangstransformatoren aus dem Telefunken Laborbuch Band 1 (1, L4).

Die Materie ist ziemlich komplex. Wer nicht bereits über Erfahrungen zur Dimensionierung von Transformatoren verfügt, sucht besser erst nach einem Trafo und passt dann die Schaltung an diesen an.

Weitere Messungen am Ausgangstransformator lassen sich einfacher an der Referenzbaugruppe Tonverstärker (s. Abschnitt 4.4) durchführen.

4.1.2 Die Fehlersuche in der Endstufe

ist eher einfach, hat man es doch mit wenigen Bauteilen zu tun:

a) Die Endröhre (Endpentode) prüft man zuerst. Dass am Ausgangstrafo die Gleichspannung vom ersten Siebelko liegt, weiß man schon von der Prüfung der Stromversorgung, auch dass ein Strom fließt wurde schon festgestellt. Bei stark überhöhtem Anodenstrom beobachten wir das so genannte Anodenglühen. Das sieht gut aus, aber man schaltet besser sofort ab.

b) Die wichtigste Maßnahme, die Prüfung bzw. der **Austausch des Koppel-kondensators** zum Gitter, gehört zur Standardprozedur und sollte ebenfalls erledigt sein. Das gilt auch für Kondensatoren, die im Bereich der Anoden-spannung, z.B. von der Anode gegen Masse, verbaut sind (siehe dazu auch Anhang E1). Vorsichtshalber sollte auch nach dem Austausch des Koppel-kondensators das Potential am Steuergitter nochmals geprüft werden, weil dies auch durch Röhrenfehler oder Verschmutzung verfälscht werden kann.

c) Prüfung der Spannungen an der Anode, am Schirmgitter und an der Kathode: Die Spannung an der Kathode ist auch ein Indikator für den Anodenstrom, hier fließt die Summe von Anoden- und dem wesentlich geringeren Schirmgitterstrom. Kathodenwiderstand und vor allem der **Kathodenelko** sind für Überraschungen gut.

d) Gibt es **Störgeräusche** aus dem Lautsprecher, legt man das Gitter der Endröhre versuchsweise auf Masse. Bleibt der Lautsprecher still, macht man die Fingerprobe (mit einem Schraubendreher) am Gitter oder legt ein Signal vom Tongenerator (z.B. 800 Hz) oder von der Referenzbaugruppe über einen Koppel-kondensator direkt an das Gitter.

e) Mit Anzeige der Kathodenspannung tauscht bzw. prüft man nun die Endröhre gegen **eine Referenzröhre**.

f) Es folgt die **Prüfung des Ausgangstrafos,** sofern dieser nicht von Anfang an als defekt galt. In diesem Fall wäre es sinnvoll, zuerst die Reparaturchancen auszuloten.

Messungen unter Spannung sind nur sinnvoll, wenn sekundärseitig mit 5 Ohm belastet wird. Im Leerlauf bildet der Ausgangstrafo eine überwiegend induktive Last, hat eine ausgeprägte Eigenresonanz, was über die ohnehin hohe Leerlauf-spannung hinaus, mit steigender Frequenz zu sehr hohen Spannungen führen kann. Man kann den Transformator ohne Ausbau gegen einen ca. 5-6 kΩ Lastwiderstand tauschen, indem man den Trafoanschluss von der Anode trennt und diese über den Lastwiderstand mit dem ersten Siebelko verbindet. Bei der Verwendung eines ohmschen Widerstandes steht für das Signal (Uss) maximal die **Batteriespannung** (das ist die Gleichspannung am ersten Siebelko) zur Verfügung. Wir bleiben jedoch deutlich darunter, um keine Verzerrungen durch Begrenzung in den Randbereichen zu erhalten. Im **Bild links** wurde an der Anode eine Spannung Uss von 150 Volt / 800 Hz eingestellt, die Spannung am Gitter wurde

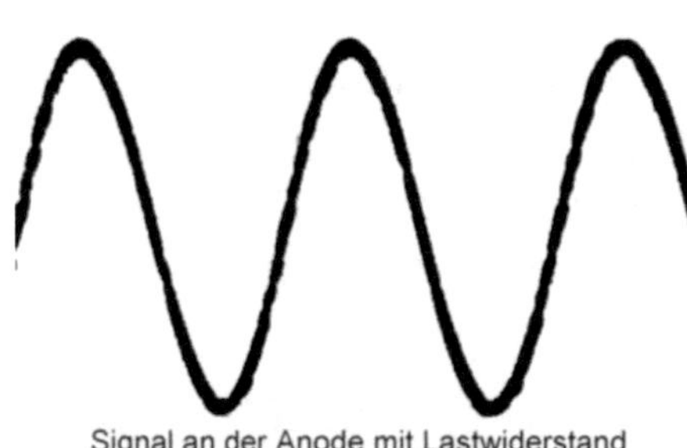

Signal an der Anode mit Lastwiderstand

mit 4 Volt Uss gemessen.

Ein Ausgangstransformator aus der Kiste ist für diese Messung ebenfalls geeignet, der aussteuerbare Bereich ist dann wieder deutlich größer (s. Abschnitt 4.1, S. 38).

Nach dieser Prüfung kennt man die nächste Baustelle: **Endstufe oder Trafo**.

4.1.3 Funktionsüberprüfung mit dem Oszilloskop

Man kann einen einfachen Tonverstärker – eine EL84 mit einer EABC80 – ohne Oszilloskop in Betrieb nehmen. Hat man alle Spannungen und Ströme gemessen, Lautstärke und Klangfarben sind einstellbar, der Klang ist auch bei größerer Lautstärke akzeptabel, kann man es dabei belassen. Es ist aber kaum möglich, die Endstufe bei Vollaussteuerung nach Gehör zu prüfen, wenn Lautsprecher und Gehäuse an ihre Grenzen kommen und Geräusche verursachen können. Die Vollaussteuerung prüft man besser mit einer ohmschen Last (5 Ohm). Weil man aber dann nichts mehr hört, ist man auf ein Oszilloskop angewiesen.

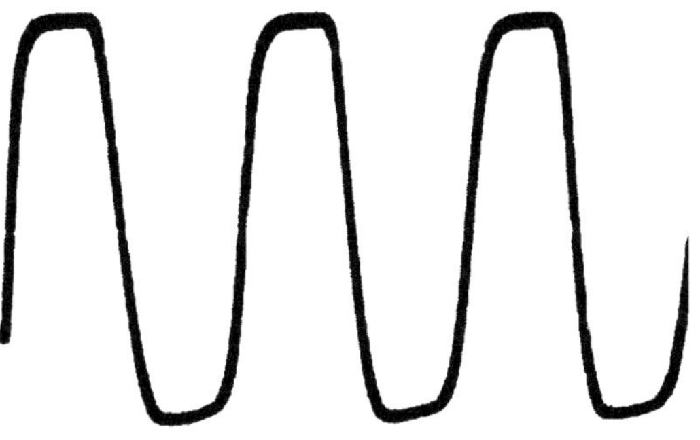

Starke Übersteuerung (EL84 / 800Hz)

Die Übersteuerung sollte oben und unten gleichmäßig sichtbar werden (s. im **Bild rechts**). In der unteren Hälfte, wo sich die Gittervorspannung der Null nähert (s. Abschnitt 4.1), tritt zuerst eine kaum sichtbare Verformung auf. Eine Begrenzung des Signals durch Übersteuerung ist hörbar, aber ohne Oszilloskop weiß man ja nicht, woran es liegt.

Man prüft jetzt auch die Signalspannung am Gitter, um auszuschließen, dass schon hier eine Abweichung von der Sinusform vorliegt. Das Signal an der Anode ist in der Phase gegenüber dem Gitter um $180°$ verschoben (s. im **Bild rechts**). Aber nur, wenn man nicht versehentlich den Eingang des Oszilloskops auf "invertiert" eingestellt hat. Die Spannung am Lautsprecheranschluss erscheint am Oszilloskop gegenphasig zur Spannung an der Anode, weil das (im Schaltplan)

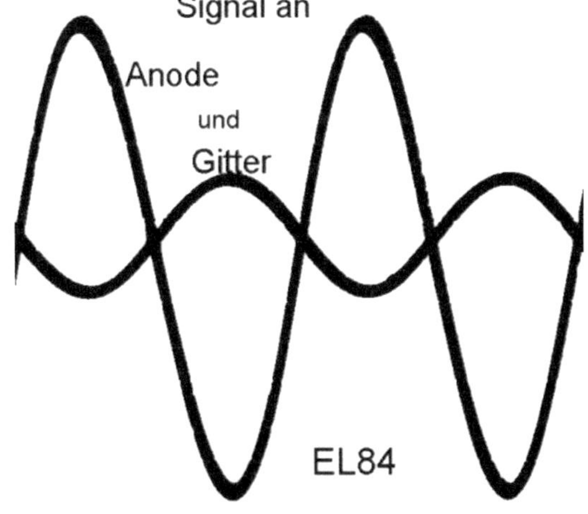

"obere" Ende der Sekundärwicklung auf Masse gelegt wird.

Eine hörbare Übersteuerung ist dem Begriff "Verzerrungen" zuzuordnen, in diesem Fall eine so genannte nichtlineare Verzerrung. Ein Schwerpunktthema der Fachliteratur, für uns leider auch sehr wichtig, daher folgt ein neuer Abschnitt:

4.2 Frequenzgang, Phasenlagen und Verzerrungen

Bisher haben wir uns nur mit sinusförmigen Signalen beschäftigt. Aber davon sieht man im normalen Betrieb des Radios nichts, denn Sprache und Musik sehen anders aus:

Ein periodisches Signal kann für die Periodendauer in sinusförmige Schwingungen zerlegt werden. Das Werkzeug dazu verdanken wir Jean-Baptiste-Joseph **Fourier** (1768-1830). Die Fourier-Analyse ist ein anschauliches, mathematisch leicht verständliches Verfahren, dessen Beschreibung in keinem einschlägigen Fachbuch / Lehrbuch oder Lexikon (10, 11) fehlt. Die Glieder einer so genannten Fourier-reihe könnten wie folgt aussehen:

$$\sin \omega t + \frac{1}{2}\sin 2\omega t + \frac{1}{3}\sin 3\omega t + \frac{1}{4}\sin 4\omega t$$

Wer sich mit Musikinstrumenten beschäftigt hat, weiß, dass das Klangspektrum jedes Instrumentes aus einem Grundton und dessen Oberwellen (Ober-schwingungen), das sind ganzzahlige Vielfache der Grundschwingung, besteht. Um den Klang eines Instrumentes naturgetreu wiedergeben zu können, muss der Tonverstärker auch alle Oberwellen mit dem gleichen Verstärkungsfaktor übertragen. Weil unsere Ohren nicht im Schallabor entwickelt wurden, sondern auf die Geräuschpegel in freier Wildbahn abgestimmt wurden, ist deren Frequenzgang nicht linear. Auch die Akustik des Raumes beeinflusst den Klang. Unsere Ohren sind, was das Frequenzspektrum betrifft, relativ großzügig. Versuche haben ergeben, dass nur sehr wenige Menschen in der Lage sind, den Qualitäts-unterschied zwischen mit unterschiedlichen Abtastraten (s. "Abtasttheorem" in der Fachliteratur) digitalisierter klassischer Musik zu erkennen.
Zur **Korrektur des Frequenzganges** wurden in den Tonverstärkern unserer Radios Klangregelnetzwerke realisiert. Dank Fourier können wir den Verstärker

über den gesamten Frequenzbereich mit sinusförmigen Signalen untersuchen.
Der Tonverstärker beeinflusst nicht nur die Amplitude der Oberwellen in Abhängigkeit von der Frequenz, sondern auch deren **Phase**, hauptsächlich durch die reichlich verbauten RC-Glieder verursacht. Zum Glück ist das unseren Ohren egal. Nicht egal ist das bei Verstärkern für digitale Signale, weil zum Beispiel Rechteckimpulse nicht mehr so gut aussehen, wenn die Phasenlage der Oberwellen verändert wird. **Nicht egal** sind Phasenlagen auch für die Polung der Lautsprecher, wenn für einen Raumklang oder Stereowiedergabe mehrere Lautsprecher verwendet werden.

Im **Bild rechts** sehen wir das sinusförmige Eingangssignal am TA-Eingang und das in der Phase verschobene Ausgangssignal an der mit einem 5 Ohm Widerstand belasteten Sekundärwicklung des Ausgangstrafos. Ein Gerät der Mittelklasse mit einer EABC80 und einer EL84 im Tonverstärker. Die Eingänge des Oszilloskops wurden so eingestellt, dass beide Spannungen gleich groß 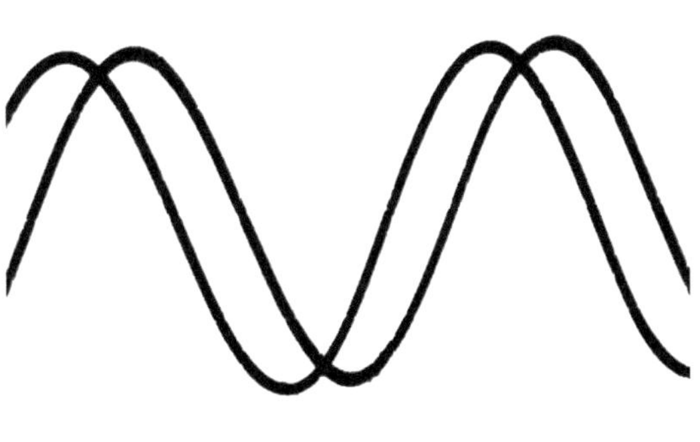 abgebildet werden. Das Ausgangssignal wird hier **invertiert** dargestellt und sollte daher gleichphasig zum Eingangsignal erscheinen. Wenn da nicht die RC-Glieder wären, die eine frequenzabhängige Phasenverschiebung bewirken. Addiert man beide Schwingungen (Add-Funktion am Oszilloskop), so erscheint wieder eine sinusförmige Spannung.

Nun müssen wir die Kinder noch beim Namen nennen:
Lineare und nichtlineare Verzerrungen. Werden die Bestandteile der Tonfrequenzen (die Harmonischen des Grundtons) ungleichmäßig verstärkt, verändert sich die Klangfarbe. Das passiert aber auch, wenn wir die Knöpfe und Tasten der Klangregelnetzwerke betätigen. Wir stellen den Klang ein, der für unsere Ohren angenehm klingt. Also kein Kriegsschauplatz. Auch die nicht wahrnehmbaren Phasenverschiebungen für verschiedene Frequenzen zählen zu den linearen Verzerrungen.
Nicht so harmlos sind die nichtlinearen Verzerrungen, die an gekrümmten Kennlinien entstehen, vor allem in den schon erwähnten Grenzbereichen der Röhren bei Übersteuerung. Weiter oben (S. 41) haben wir gesehen, was bei starker Übersteuerung passiert: Eine Abweichung von der Sinusform – und genau so definieren wir die nichtlinearen Verzerrungen. Durch die Abweichung von der

Sinusform entstehen neue Oberwellen. Für jede sinusförmige Teilschwingung eines Klangs entstehen neue Oberwellen. Der Anteil der neu entstehenden Harmonischen am Gesamtsignal ist maßgebend für die Berechnung des **Klirrfaktors**. Andersherum: Der Klirrfaktor drückt den Anteil der unerwünschten Harmonischen am Gesamtsignal aus, er wird in % angegeben.

Schon bevor die Endröhre bei starker Übersteuerung das Signal sichtbar begrenzt, (s. Seite 41), beginnt eine Verformung des sinusförmigen Signals, die schwer zu erkennen ist. Man vergleicht das noch rein sinusförmige Eingangssignal mit dem Signal am Verstärkerausgang. Das **Bild links** zeigt wieder das Eingangssignal am TA-Eingang und das Ausgangssignal am Lautsprecherausgang, wie im Bild auf Seite 43. Die Amplitude des Eingangssignals ist größer dargestellt. Man sieht im Bild, dass die Endröhre langsam schlapp macht. Maxima und Minima der Schwingung beginnen sich zu verformen, was man im Vergleich zum Eingangssignal gut sehen kann. Bei Verstärkern mit komplexen Klangregelnetzwerken kann es gelingen, durch Veränderung der Frequenz und der Höhen- und Tiefenregler beide Signale zur Deckung zu bringen. Hat man eine 180^0 Phasenverschiebung (π), erledigt die Taste zur invertierten Darstellung den Rest.

Eine andere Möglichkeit bietet die addierte Darstellung am Oszilloskop. Die Addition sinusförmiger Signale führt, unabhängig von der Phasenlage, wieder zu einem sinusförmigen Signal bzw. zur Auslöschung bei gleicher Amplitude und einer Phasenverschiebung von 180^0. Die Kennzeichnung **"a"** im **nebenstehenden Bild** zeigt das Signal am Gitter der Endröhre (sin...) und das Signal an der Anode (-sin...) bei mittlerer Aussteuerung. Die Summe beider Signale sollte, bei genauer Justierung, eine Gerade ergeben (**"b"**), hier ist nur noch eine

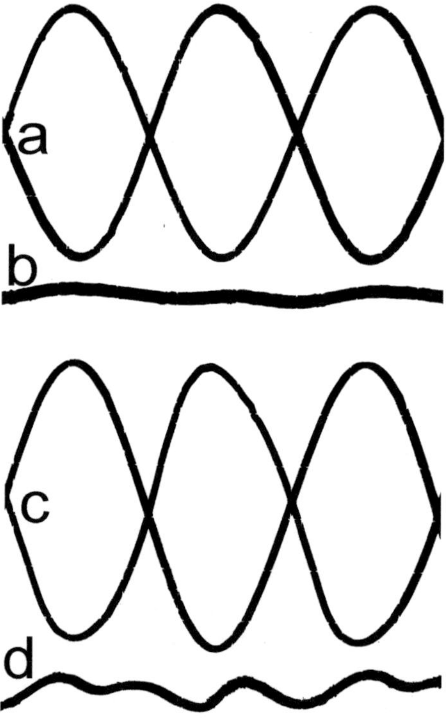

geringe Welligkeit übrig geblieben.

"c" zeigt beide Signale bei Vollaussteuerung, die Abweichung von der Sinusform wird sichtbar. In der Summendarstellung (**"d"**) ist die Abweichung von der Sinusform noch deutlicher zu sehen, es sind bereits Oberschwingungen erkennbar.

Es gibt auch Störgeräusche, deren Ursache man vergeblich in der Schaltung sucht: Resonanzgeräusche loser Teile, die manchmal von den signalbedingten Verzerrungen kaum zu unterscheiden sind. Das können Zierblenden aus Kunststoff, der Stoff auf der Schallwand oder Teile des Lautsprechers sein. Die Störquellen sind manchmal gut versteckt und schlecht zugänglich.

4.2.1 Phasenlagen im x-y-Betrieb des Oszilloskops darstellen

Zur Darstellung von Phasenlagen kann man im x-y Modus des Oszilloskop (s. Abschnitt 1.2) wie folgt vorgehen: Von den zu vergleichenden sinusförmigen Signalen legt man eines an den x-, das andere an den y-Eingang. Wieder hilft uns dabei ein französischer Physiker (und Mathematiker): Jules Antoine Lissajous (1822-1880). Denn das, was wir jetzt am Oszilloskop sehen, sind Lissajoussche Figuren. Allerdings eine leicht verdauliche Form, haben wir es zwar mit Phasenunterschieden zu tun, aber beide Signale haben die gleiche Frequenz und sind synchron. Das Thema wird in den Physiklehrbüchern abgehandelt. Eine ausführliche Abhandlung zur Bestimmung der Phasenlagen zweier Signale finden wir in den Funktechnischen Arbeitsblättern Mv01 des Funkschau-Jahrgangs 1960 (6).

Die Darstellung und Messung von Phasenlagen mit Hilfe der Lissajouschen Figuren sieht auf den ersten Blick wie eine nette Spielerei aus. Die Genauigkeit der Ergebnisse bzw. der daraus zu ziehenden Schlüsse übertrifft für einige Fälle die bisher gezeigten Untersuchungen im normalen Zweikanalbetrieb des Oszilloskops. Wir betrachten folgend einige Fälle. Dabei ist darauf zu achten, dass vor Umschaltung auf den x-y-Betrieb für beide Signale die gleiche Amplitude eingestellt wird:

a) Phasenunterschied 0^0 – bzw. 180^0

Sind beide Signale in Frequenz und Phase identisch, erscheint am Bildschirm eine Diagonale (s. im **Bild rechts**). Man merkt sich, an welchem Eingang das Bezugssignal liegt, damit es beim Vergleich mit einer Messung bei 0^0 bzw. 180^0 keine Fehlschlüsse gibt. Denn bei einer Phasendifferenz von 180^0 zeigt sich

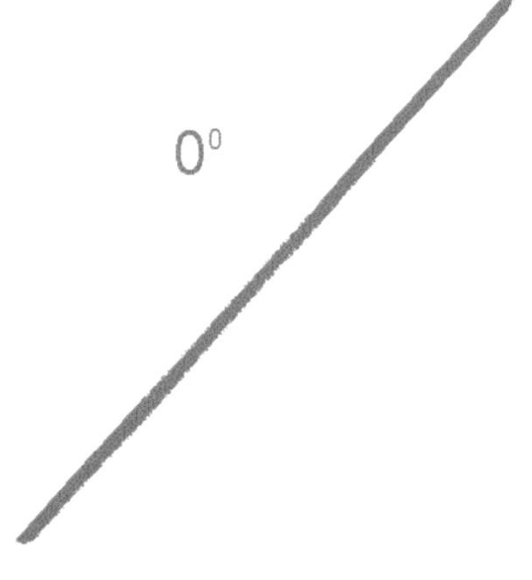

ebenfalls eine diagonale Gerade, diese steht jedoch rechtwinklig zu der bei 0^0 gezeigten Geraden. Ändern wir die Amplitude eines der beiden Signale, so ändert sich lediglich die Steigung der Geraden. Das Verfahren eignet sich daher zu einer schnellen Feststellung der Phasenlagen beim Anschluss von Lautsprechern (bei mehreren Lautsprechern, insbesondere bei Stereobetrieb) und – nach Aus- und Wiedereinbau des Ausgangstransformators – zur Feststellung der richtigen Polung der Sekundärwicklung.

b) Phasenunterschied $>0^0$ und $<90^0$

Schon bei einer geringen Phasendifferenz fängt die Gerade an, sich zur Ellipse aufzublähen, bis diese bei 90^0 zu einem Kreis entartet. Die Richtung der Achse bleibt erhalten, es sei denn, man verändert die Amplituden der Signale zu unterschiedlichen Werten.

c) Der Sonderfall 90^0

Der Kreis ist nur ein Sonderfall der Ellipse, eine entartete Ellipse. So ist die Aussage, dass grundsätzlich eine Ellipse entsteht, verständlich. Woher nimmt man eine Phasenverschiebung von 90^0? Es wurde gezeigt, dass sich zwischen dem Ausgang und dem Eingang des Tonverstärkers durch frequenzabhängige Schaltglieder Phasenverschiebungen ansammeln. Man sucht einfach die Frequenz, die eine Phasenverschiebung von 90^0 verursacht.

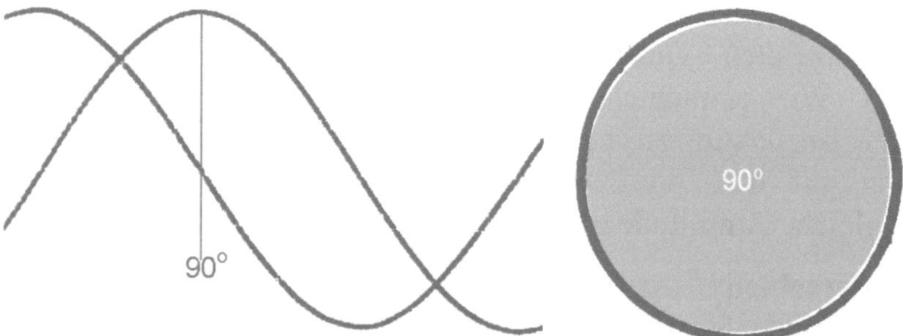

Die Darstellung **links im Bild oben** zeigt die gewohnte Darstellung zweier Signale, von denen eines um 90^0 nacheilt. Schaltet man in den x-y-Betrieb um, so zeigt sich die Darstellung rechts.

Damit man die erzielbare Genauigkeit der eigenen Messapparaturen beurteilen kann, zeichnet man in das Oszillogramm des Kreises eine genaue Kreisfläche (im Bild grau unterlegt). Denn auch der Kreis reagiert bereits deutlich sichtbar schon bei kleinen Veränderungen der Phasendifferenz. Wir stoßen hier an die Grenzen der Einstellgenauigkeit. Was in der Sinus-Darstellung kaum genauer einstellbar ist, wird im Kreis deutlich sichtbar: Man erkennt bereits eine geringe Abweichung von der Kreisform. Es ist sinnvoll, den "Eichkreis" für die verwendete Messapparatur (s. S. 46) nicht an einer Verstärkerschaltung, sondern mit einem Phasenschieber aus RC- Gliedern zu erzeugen. Diesen baut man aus zwei hintereinander geschalteten Hochpässen (s. Seite 21) mit der Dimensionierung $R=1/\omega C$ (8) auf. Man ist damit sicher, dass sich keine nichtlinearen Verzerrungen eingeschlichen haben.

Verändert man die Amplituden der Signale zu unterschiedlichen Werten, streckt sich der Kreis zur Ellipse, die aber nun mit der langen Achse senkrecht oder waagerecht erscheint (s. im **Bild rechts**). Geht die Amplitude eines der beiden Signale (x oder y) gegen null, verbleibt von dem anderen Signal die Darstellung einer waagerechten oder senkrechten Linie, die aber mit Lissajous nichts mehr zu tun hat.

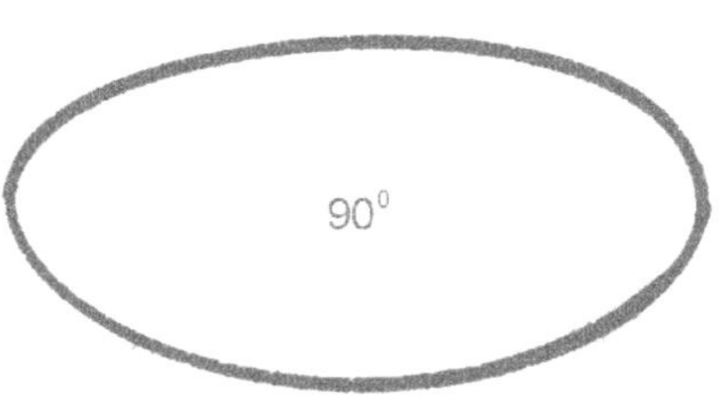

d) Phasenunterschied >90^0 und <180^0

In diesem Bereich bildet sich wieder eine Ellipse aus, deren große Achse jetzt senkrecht auf der des Bereiches <90^0 steht, bis bei 180^0 wieder eine Gerade übrig bleibt.

e) Nachweis von nichtlinearen Verzerrungen

Die folgende Abbildung zeigt, wie sich bereits geringe nichtlineare Verzerrungen in der Darstellung des Kreises auswirken. Links sehen wir wieder die gewohnte Darstellung, der markierte (<) Signalverlauf zeigt bereits eine Abweichung von der Sinusform bei großer Aussteuerung.

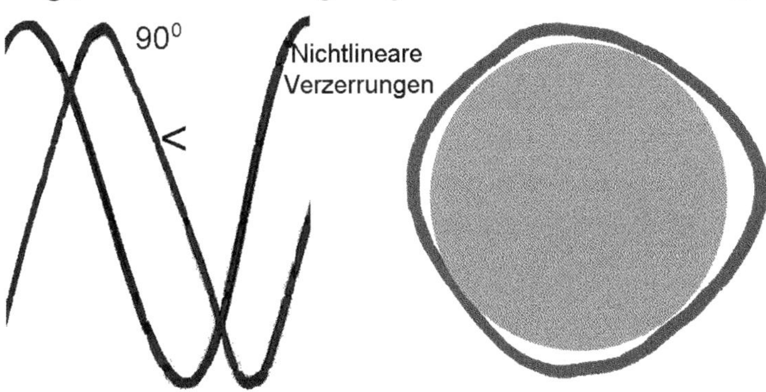

Fassen wir noch einmal die für uns wichtigsten Regeln zum Thema "Lissajous" zusammen:

> Legt man zwei sinusförmige Signale gleicher Frequenz, aber mit einer Phasendifferenz >0^0 und <180^0 an die x-y-Eingänge des Oszilloskops, so

entsteht immer eine Ellipse.

> Haben beide Signale die gleiche Amplitude, so hat die lange Achse der Ellipse zwischen 0 und 90 Grad Phasendifferenz immer die Neigung von 45^0, bzw. 135^0 bei Phasendifferenzen zwischen 90^0 und 180^0.

> Bei einer Phasendifferenz von 0 oder 180 Grad entarten die Ellipsen zu einer Geraden, **bei der Phasendifferenz 90^0 zu einem Kreis**.

> Jede Abweichung von der Sinusform – das Merkmal nichtlinearer Verzerrungen – bewirkt schon bei geringer Ausprägung eine deutlich sichtbare Abweichung von den oben genannten Formen.

Daraus lässt sich schließen, dass diese Methode zum Nachweis nichtlinearer Verzerrungen auch als schnell durchführbare Prüfung einsetzen lässt, indem man den Frequenzbereich kontinuierlich durchmisst und / oder das Maß der Aussteuerung verändert. Weil nichtlineare Verzerrungen vor allem in der Endstufe entstehen, prüft man zunächst nur diese mit einer Messung am Steuergitter und an der Sekundärwicklung des Ausgangstransformators. Eine ständige Nachjustierung der Signalamplitude ist nicht erforderlich, weil diese nur den Neigungswinkel verändert. Das kann an den folgend dargestellten Oszillogrammen gezeigt werden, die wieder mit der "Referenzbaugruppe Tonverstärker" aufgenommen wurden:

f) Phasendifferenz 0 Grad

Es wird die Frequenz gesucht, bei der die Phasenlagen übereinstimmen. Durch die Umpolung der Sekundärwicklung kann alternativ die Phasendifferenz 180° gewählt werden. Im **Bild 1** wurden links die Signale am Steuergitter und am Lautsprecherausgang zur Deckung gebracht, rechts zeigt sich die Gerade mit der Neigung von 45°. Damit haben wir unsere Messeinrichtung quasi auf "0" justiert. Der Grad der Aussteuerung entspricht einer normalen Zimmerlautstärke.

Bild1

g) Phasendifferenz 180 Grad, leichte Übersteuerung

Wir erhöhen die Aussteuerung bis in den Grenzbereich, aber noch nicht bis zu einer sichtbaren Begrenzung. Wir wählen dazu die Phasendifferenz 180°, die auch durch die "invert" – Taste am Oszilloskop hergestellt werden kann. In der gewohnten sinusförmigen Darstellung links im **Bild 2**

Bild 2

ist die leichte Verzerrung des Ausgangssignals kaum feststellbar, wohl aber im Bild rechts an der Geraden.

h) Phasendifferenz 180 Grad, Übersteuerung bis zur Begrenzung

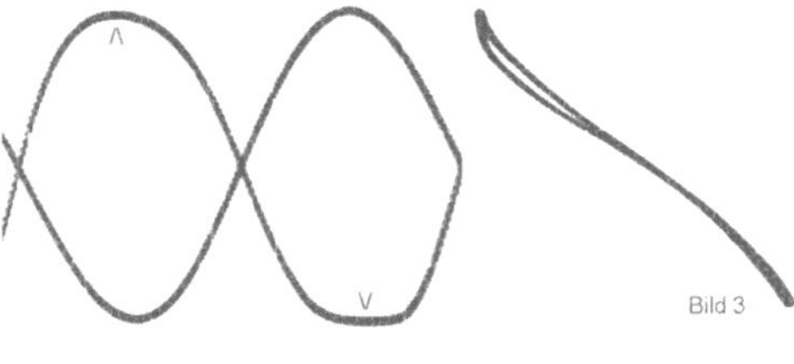

Die Übersteuerung wird nun auch bei der sinusförmigen Darstellung links im **Bild 3** deutlich sichtbar. Die Bilder 1 bis 3 wurden mit der Frequenz f = 1500 Hz aufgenommen, weil hier eine Abweichung von dem Verlauf einer Geraden gut erkennbar war.

i) Geringe Phasendifferenz, mittlere Aussteuerung

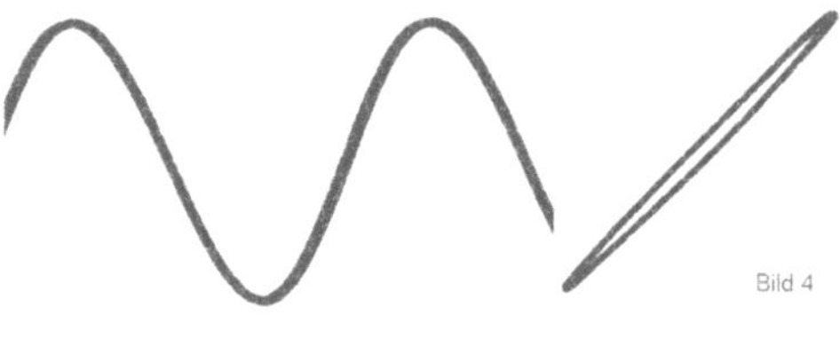

Bei einer Frequenz von 800 Hz tritt eine geringe Phasendifferenz auf, die bei der sinusförmigen Darstellung, beide Signale liegen deckungsgleich übereinander, kaum erkennbar ist. Wohl aber an der Ellipse rechts im **Bild 4**.

j) Phasendifferenz ca. 45° +180°, leichte Übersteuerung

Bezieht man den, bzw. die Vorverstärker mit ein, wird man eine Phasendifferenz zwischen 0° und 90°, bzw. – je nach Polung – zwischen 90° und 180° haben. Die Ellipse zeigt Verformungen, f = 800 Hz.

k) Phasendifferenz ca. 45° + 180°, starke Übersteuerung

Das Ausgangssignal (f = 2 kHz) zeigt starke Verformungen über den gesamten Verlauf, so dass sich auch die Phasendifferenz kaum ermitteln lässt. Die Ellipse ist stark verformt, an der linken oberen Ecke deutet sich eine kleine Schleife an.

l) Phasendifferenz ca. 45° + 180°, starke Übersteuerung bei höherer Frequenz

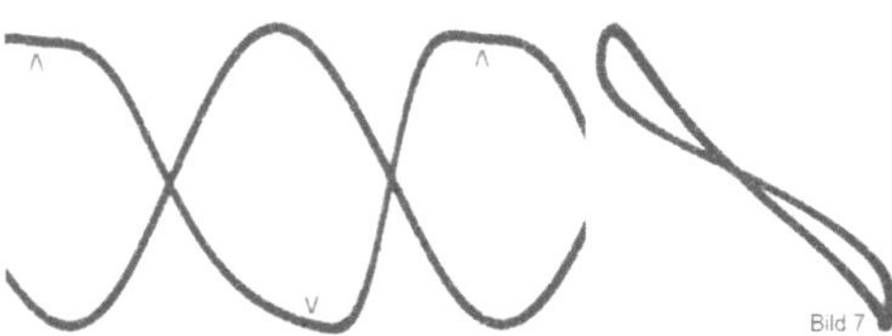

Bild 7 wurde bei einer Frequenz von 7 kHz aufgenommen. Die sinusförmige

Darstellung links im **Bild 7** lässt bereits einen deutlichen Oberwellenanteil vermuten. Die Lissajousche Figur rechts im Bild 7 zeigt jetzt eine Schleife in der Mitte. Liegen am x- und y- Eingang des Oszilloskops Signale mit gleicher Frequenz, gibt es innerhalb des Kurvenzugs keine Schnittpunkte. Liegen unterschiedliche Frequenzen an den Eingängen, gibt es Schnittpunkte. Wir haben also den Nachweis über das Vorhandensein von Oberschwingungen gefunden. So haben wir auch für die beginnende Schleifenbildung bei k) eine Erklärung.

Die bisher gezeigten Beispiele sollen die für unsere Zwecke geeigneten Möglichkeiten der Messungen im x-y-Betrieb des Oszilloskops aufzeigen. Nun gibt es sicher auch Leser, die die Darstellungen in diesem Abschnitt (4.2.1) für Spielerei halten. Das ist es auch ein bischen. Aber viele wichtige Dinge im Leben lernen wir spielend.

Zum Ausgleich arbeiten (messen) wir noch etwas: Das Telefunken Laborbuch Band 2 (2) hilft uns dabei im Kapitel "Nf-Verstärkerdaten und ihre Messung".
Wir gehen nochmals zum Anfang des Abschnittes 4.2.1 und legen eine sinusförmige Spannung (800 Hz) an den y-Eingang. Erwartungsgemäß sehen wir einen senkrechten Strich entsprechend der doppelten Amplitude der Spannung (U_{SS}). Am x-Eingang ergibt das gleiche Signal entsprechend eine waagerechte Linie. Wir stellen die Eingänge am Oszilloskop so ein, dass beide Linien gleich lang sind. Wichtig ist die Eichung der Tastköpfe für diese Frequenz, so wie es im Abschnitt 1.2 beschrieben wurde. Legen wir jetzt das Signal parallel an beide Eingänge des Oszilloskops, sehen wir erwartungsgemäß (siehe Darstellung **a** - S. 45) eine um 45^0 geneigte Gerade, die sich zur Ellipse aufbläht (siehe Darstellung **b**), wenn das Signal an einem Eingang eine Phasenverschiebung erfährt. Das geht mit dem im Abschnitt 1.5.2 beschriebenen Phasenschieber sehr einfach. Das in der Phase verschobene Signal legen wir an den x-Eingang,

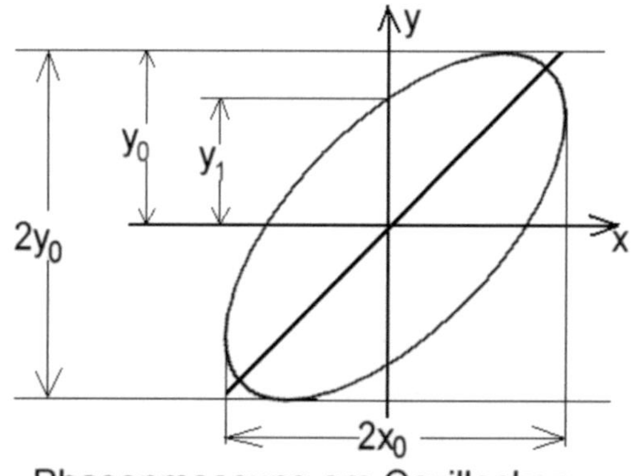

Phasenmessung am Oszilloskop

weil der Maßstab des y-Kanals unbedingt erhalten bleiben muss. Nur dann können wir jetzt an der y-Achse den $\sin\varphi$ als Quotienten des Ausdrucks y_1/y_0 ablesen:

$$\sin\varphi = y_1/y_0$$

Die y-Achse kann jetzt linear in Werten des $\sin\varphi$ geeicht werden.

Man darf die Messungen mit den Lissajouschen Darstellungen im x-y-Betrieb des Oszilloskops bei den Tonfrequenzen nicht übertreiben. Die Genauigkeit dieser Methode übertrifft im Bereich der Tonfrequenzen manchmal die Anforderungen.

Nun gönnen wir uns zur Entspannung etwas Musik. Genauer gesagt: Einen Sekundenbruchteil Musik. Da zeigen die Lissajouschen Figuren was sie können (aber das kann ein kleines Kind auch). Ändert man die Amplituden, die Phasenlagen und die Frequenzen, völlig zufällig, ist eine Interpretation der Darstellung nicht mehr möglich. Das Oszillogramm sieht einfach nur aus. Das Literaturverzeichnis im Anhang B gibt Hinweise auf weiterführende Literatur zu den Möglichkeiten und den mathematischen Grundlagen der Lissajouschen Figuren (L2).

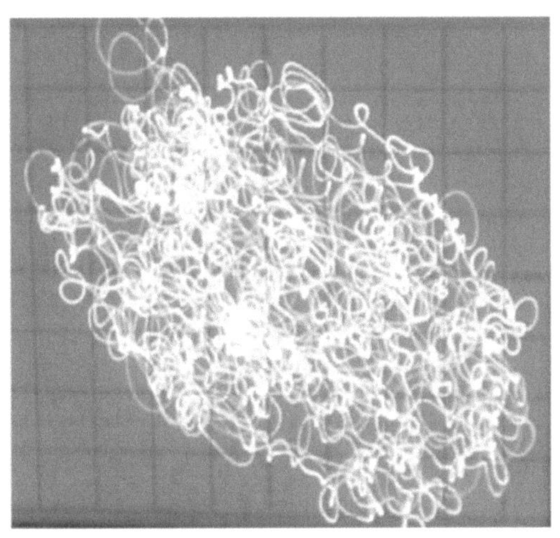

4.2.2 Vergleichende Frequenzmessung im x-y-Betrieb

Haben wir die Auswirkung von Oberschwingungen auf die Lissajous-Figuren bisher als Warnsignal verstanden, können wir daraus eine weitere Messmethode ableiten. Wir haben eine sinusförmige Schwingung, die wir mit einem weiteren sinusförmigen Signal, das in keiner Phasenbeziehung zum Bezugssignal steht, vergleichen. Die am Oszilloskop sichtbaren Figuren stehen nicht still. Zunächst vergleichen wir zwei Signale gleicher Frequenz, die bei einem Phasenunterschied von 90^0 als Kreis am Oszilloskop sichtbar werden. Wenn die Figur zum Stillstand kommt, sind beide Frequenzen gleich. Wenn der Kreis diese Bezeichnung nicht verdient, weicht das zweite Signal von der Sinusform ab.

Die Bestimmung einer Frequenz durch Vergleich mit einem Bezugssignal gleicher Frequenz, werden wir später (im Abschnitt 8.1) noch einmal als Prinzip der Schwebung kennen lernen. Hier werden wir das Bezugssignal mit Signalen vergleichen, deren Frequenz ein geradzahliges Vielfaches der Bezugsfrequenz ist. Wie erwartet, gibt es einen Schnittpunkt. Hinter der Figur im **Bild rechts** 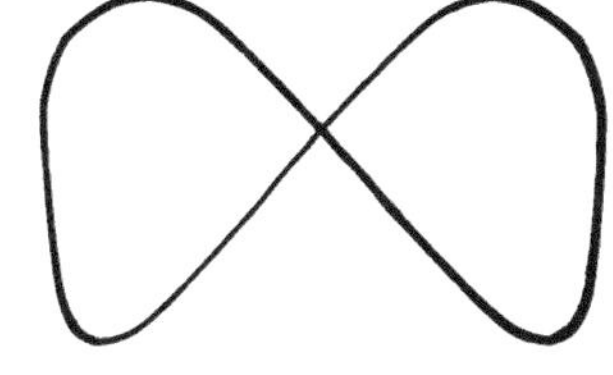 verbergen sich zwei Signale mit den Frequenzen 50 Hz und 100 Hz. Das 50 Hz. Signal wurde an den Heizfäden der Röhren abgegriffen, die dort üblich geringe

Abweichung von der Sinusform zeigt sich durch eine Unsymmetrie in der y-Richtung.

Die nächsten Figuren zeigen Signale mit den Frequenzen **50 Hz / 200 Hz (oberes Bild)** und **50 Hz / 500 Hz (unteres Bild)**. Sobald man den tanzenden Reigen zum Stillstand gebracht hat, zählt man die Maxima des Kurvenzugs und hat damit das Vielfache der Frequenz bestimmt.

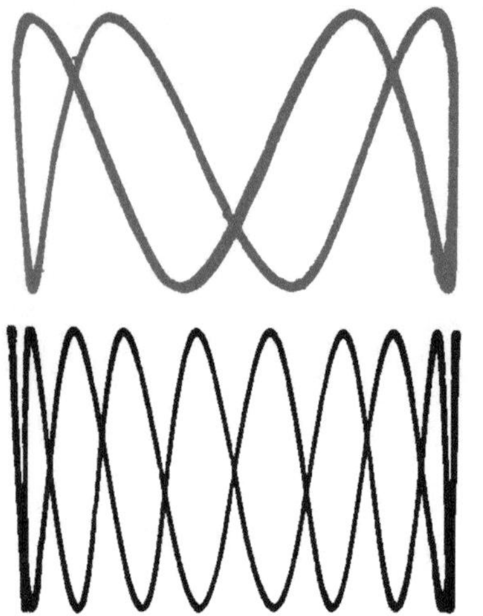

Beim Einstellen der Ruheposition spürt man die Sensibilität, d.h. die Genauigkeit dieses Verfahrens. Kann man sich auf die Frequenzstabilität des Bezugssignals verlassen (z.B. quarzstabilisiert), der Messplatz warmgelaufen ist, lässt sich damit die Frequenzstabilität von Signalen überwachen, die größer oder kleiner als die Bezugsfrequenz sein können. Im Hochfrequenzbereich stößt man an die Grenzen der Einstellbarkeit.

Verfolgt man das so genannte Netzbrummen, muss bezüglich der Ursache zwischen 50 Hz (vor dem Gleichrichter) oder 100 Hz (nach dem Gleichrichter) unterschieden werden. Die hier beschriebene Methode ist eventuell schneller als die gewohnte Ablesung am Bildschirm.

Nicht minder interessant
– zumindest aus heutiger Sicht –
ist diese Werbung aus dem Jahr 1953

4.3 Klangregelnetzwerke und Vorverstärker

Der Komplexität von Klangregelnetzwerken sind keine Grenzen gesetzt, sie sind daher bei der Fehlersuche gut für Überraschungen. Die einfachste Form der Klangbeeinflussung finden wir in der so genannten Tonblende *(s. Band 1, Abschnitt 3.02)*. Ein Potentiometer in Reihe mit einem Kondensator noch vor der Endröhre im Anodenkreis der ansteuernden Triode schließt hohe Töne mehr oder weniger kurz. Kleine Geräte kommen damit aus, wäre doch eine Anhebung der Bässe den kleinen Gehäusen und Lautsprechern kaum zumutbar. Aber auch diese kleinen Radios haben einen überzeugenden Klang, besonders dann, wenn das in einem Stück gepresste Kunststoffgehäuse als Klangkörper wirkt.

4.3.1 Klangregelnetzwerke

werden prinzipiell wie folgt realisiert: Im Signalweg zwischen der Anode der ansteuernden Triode und dem Gitter der folgenden Endröhre. Oder, bei Ansteuerung mit einer Doppeltriode zwischen den beiden Triodensystemen.

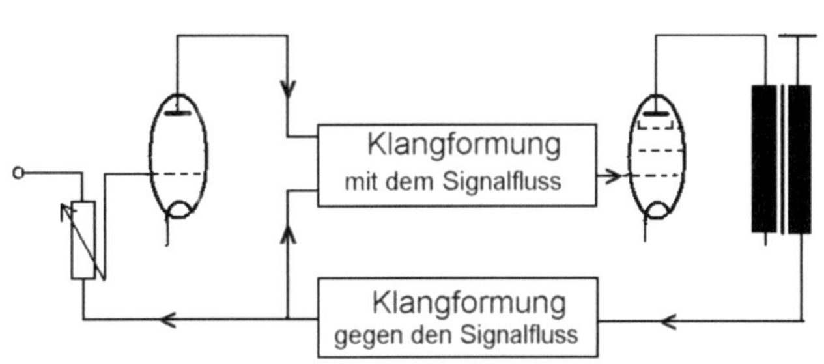

Bei den meisten Geräten führt man die Signalspannung vom Lautsprecherausgang zurück in den Bereich des Vorverstärkers. Diesen Weg nutzt man ebenfalls zur Klangformung. Typisch ist die Einspeisung dieses rückgeführten Signalwegs am Fußpunkt des Lautstärkepotentiometers. Wie schon beschrieben (s. Abschnitt 4.2), ist das Signal am Lautsprecherausgang in Phase zum Steuergitter der Endröhre und daher gegenphasig zum Signal am Gitter der ansteuernden Triode. Die gegenphasige Rückführung (Rückkopplung) wird als Gegenkopplung bezeichnet, die gleichphasige Rückkopplung nennt man Mitkopplung. Gegenkopplung wirkt der Verstärkung entgegen und reduziert Verzerrungen. Die Funktion dieses Gegenkopplungswegs prüft man, indem man den Fußpunkt des Lautstärkepotentiometers *(manchmal auch die unterste Anzapfung)* auf Masse legt. Der Klang aus dem Lautsprecher wird nun lauter. Nun müssen wir noch klären, warum man in diesem Zusammengang von einer **Bassanhebung** spricht, wenn doch die Gegenkopplung der Verstärkung entgegen wirkt.

Bassanhebung durch Gegenkopplung?
Der Frequenzgang des Verstärkers wird wesentlich vom Ausgangstransformator beeinflusst. Dabei werden die oberen und die unteren Frequenzbereiche

abgeschwächt, was am Oszilloskop gezeigt werden kann (Einstellung "Wobbeln").
Die Aufnahmen wurden mit der **Referenzbaugruppe Tonverstärker**, ohne
Klangformung und Gegenkopplung gemacht. Das
Bild rechts zeigt den Frequenzgang bis 100 Hz.
Schaltet man nun in den Gegenkopplungsweg
einen Hoch- und/oder Tiefpass, so werden die
tiefen und / oder hohen Töne weniger stark
gegengekoppelt, also wieder (relativ) angehoben.
Aus den schon erläuterten Gründen erfahren die

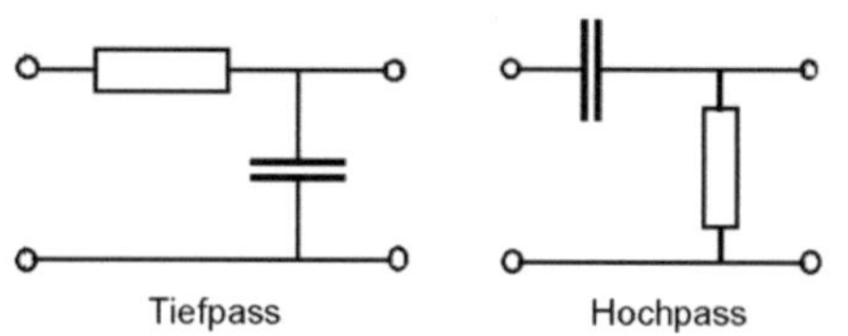

Signale durch die zahlreich verbauten Kondensatoren (Hoch- und Tiefpässe)
ebenfalls eine Phasenverschiebung, die einerseits frequenzabhängig ist und
darüber hinaus durch die veränderbaren
Widerstände (Potentiometer) in den
Hoch- und Tiefpässen beeinflusst wird.
Ein Hochpass bewirkt eine Phasenverschiebung von 45^0, wenn der Widerstand
R gleich dem Widerstand des Kondensators ($1/\omega C$) ist.

Der Begriff Gegenkopplung darf daher hier nicht zu eng gesehen werden, gibt es
doch in komplexen Klangregelnetzwerken Konstellationen bei denen, abhängig
von der Frequenz, auch eine Mitkopplung wirksam wird. Gelegentlich findet man
auch Spulen in den Netzwerken zur Klangformung. Es ergeben sich unzählige
Varianten, die Beispiele würden ein Buch füllen. Damit man nicht bei jedem Gerät
bei der Analyse der Klangregelnetzwerke am Anfang steht, werden folgend einige
Beispiele – zur Übung – gezeigt:

a) Reduziert auf eine Tonblende, wie oben beschrieben.

Beim SK22 von BRAUN wird auf
den Gegenkopplungsweg und auf
die gehörrichtige Lautstärke
verzichtet. Die Röhre EL84, die
eigentlich für das sehr kleine
Gehäuse des SK22 überdimensioniert wäre, wird hier stark
gebremst betrieben. Die starke
Gegenkopplung durch den
fehlenden Kathodenelko redu-

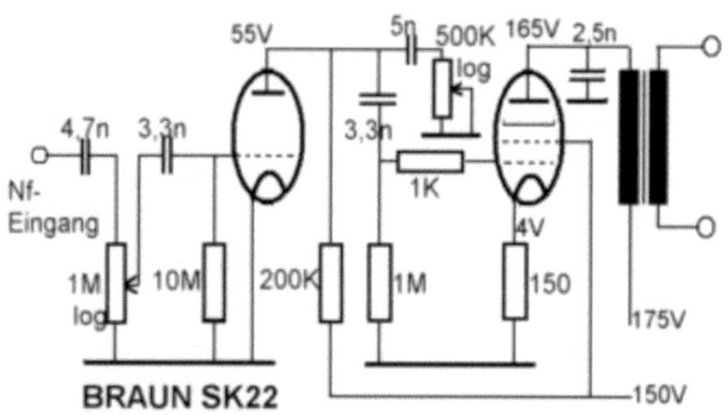

ziert Verzerrungen, es gibt nur eine Tonblende. Dass SK22 trotzdem perfekt
klingt, ist auch dem kompakten Kunststoffgehäuse zu verdanken.

b) Höhen und Tiefenregler, keine Gegenkopplung.

Das Lautstärkepotentiometer verfügt über die Anzapfungen für eine gehörrichtige (physiologische) Lautstärkeregelung. Die Einstellung für tiefe Töne wird am Potentiometer oben im **Bild rechts** (1 MΩ) vorgenommen. Der kapazitive Widerstand des 5n-Kondensators liegt in Reihe mit 50 kΩ und dem Potentiometer 1 MΩ und stellt für den Abgriff zum Gitter einen Spannungsteiler dar. Die maximale Tieftonübertragung ist gegeben, wenn das Potentiometer seinen maximalen Widerstand (1 MΩ) hat.

Die Einstellung der Höhen wird mit dem Potentiometer 0,25 MΩ vorgenommen. Es wird die Lautstärke des Hochtonlautsprechers verändert und passend dazu werden hohe Frequenzen über den zur Anode der Triode führenden 5n-Kondensator mehr oder weniger abgeleitet (kurzgeschlossen).

Im Schaltbild erscheint der Kondensator **1n** an der Anode der Endröhre etwas hervorgehoben. Dieser hat nur bedingt

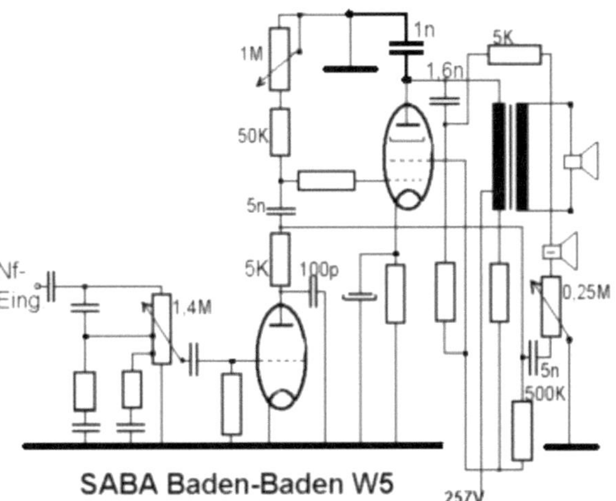

mit der Klangformung zu tun. Er kann aber, wenn er sich mit einem Kurzschluss verabschiedet, der Primärwicklung des Ausgangstransformators gefährlich werden. Er gehört zu den Bauteilen, die man immer, auch vorbeugend, austauscht. Dabei muss sowohl auf die Gleichspannungs- als auch auf die Wechselspannungsfestigkeit geachtet werden (s. Abschnitt 4.1).

c) Klangformung im Gegenkopplungsweg

Im **Bild rechts** gibt es im Signalweg zwischen der Triode und der Endröhre keine klangformenden Elemente, die Kopplung ist frequenzneutral. Mit dem Klangregler im Gegenkopplungsweg können Höhen oder Tiefen betont werden.

Die Gegenkopplung vom Laut-

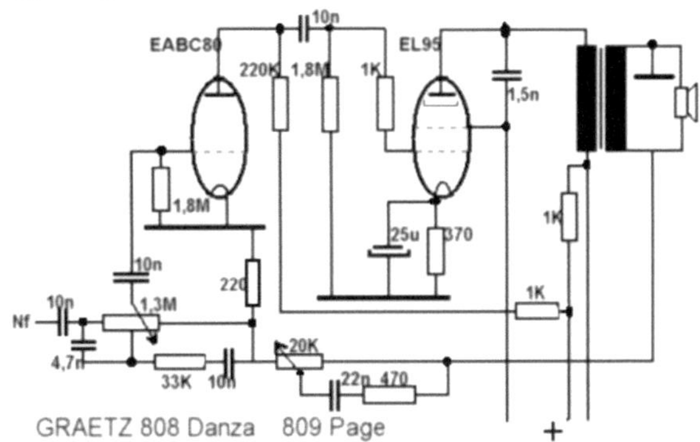

sprecheranschluss der Sekundärwicklung des Ausgangstransformators wird auf den Eingang zum Gitter der ansteuernden Triode geführt.

Das **Bild rechts** zeigt eine andere Variante des Gegenkopplungspfades: Von einer zusätzlichen Sekundärwicklung des Ausgangstrafos in den Bereich zwischen Triode und Endröhre. Damit eine Gegenkopplung wirksam werden kann, muss jetzt die Phase der gegengekoppelten Spannung um 180° verschoben werden. Das wird erreicht, wenn das andere (im Plan das untere) Ende der Sekundärwicklung auf Masse gelegt wird. Neben den üblichen Reglern für die Höhen und die Tiefen gibt es ein umfangreiches

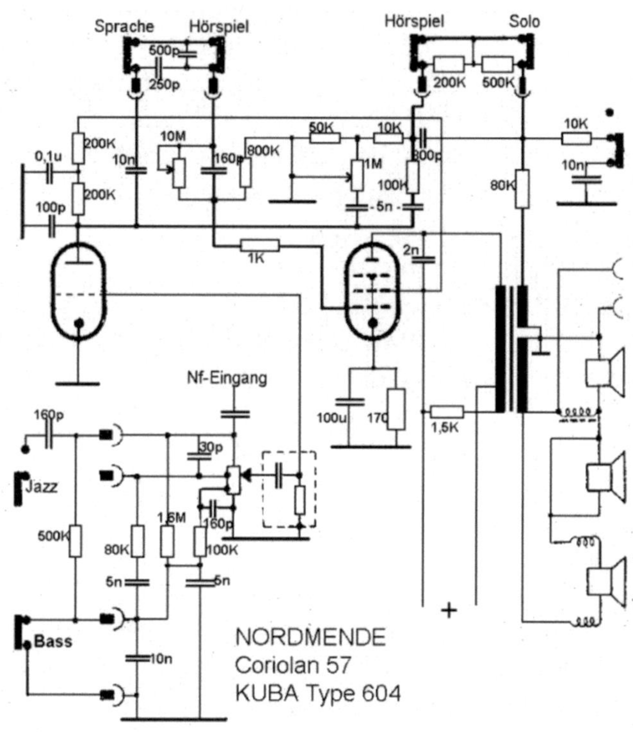

Klangregister, das die Einstellungen der Regler teilweise aufhebt. Die Kontakte des Klangregisters befinden sich auch im Bereich des Lautstärkestellers für die gehörrichtige Lautstärkeeinstellung. Die übliche Bassanhebung zum Fußpunkt des Lautstärkestellers fehlt. Die tiefen Töne werden zusätzlich durch Drosseln vor den Lautsprechern auf diese verteilt.

d) Klangformung in beiden Signalwegen

unabhängig voneinander.

Das ist die typische Form der Klangformung bei Geräten der Mittelklasse mit Standardröhrenbestückung der Novalserie. In der FUNKSCHAU 6/1955 ist der Tonteil der **rechts** abgebildeten Schatulle – auf das Wesentliche reduziert – dargestellt (s. im **Bild unten**). Es wird deutlich, dass die Einstellung der Höhen und Tiefen im Signalweg zwischen Triode und Endröhre passiv

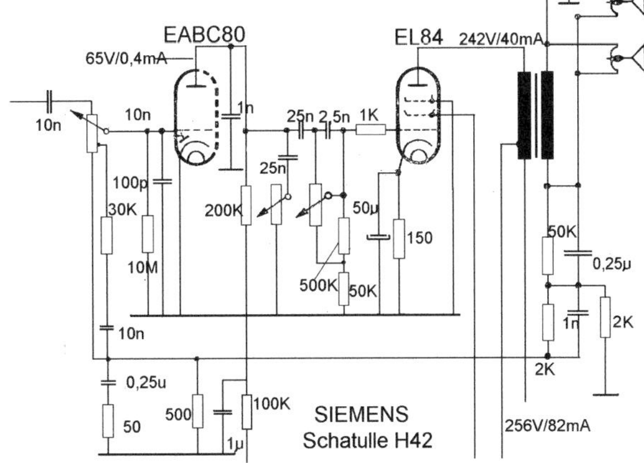

erfolgt. Die Betonung der tiefen Töne erfolgt nicht durch unmittelbare Anhebung, sondern durch Absenkung der übrigen Frequenzen. In der oberen Stellung des Schleifers ist der 2,5 nF Kondensator kurzgeschlossen, so dass das vollständige Frequenzspektrum zum Gitter der Endröhre gelangt (*wenn sich der Höhenregler in der unteren Position befindet*). In der unteren Position des Tiefenreglers wird der rechts gezeigte

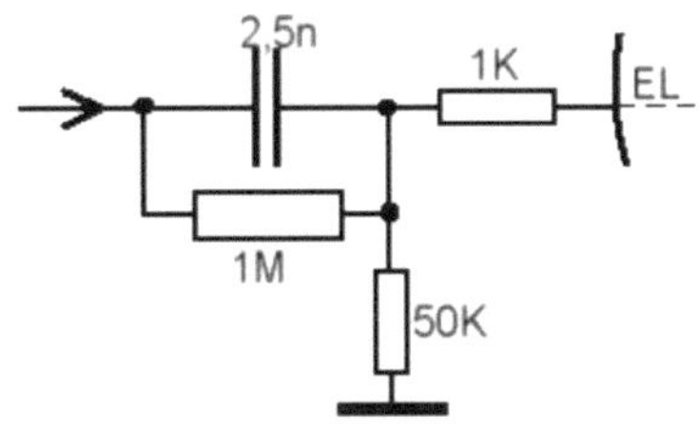

Hochpass wirksam. Die Amplitude eines Signals beträgt am Gitter der Endröhre bei 100 Hz gegenüber einem 5 kHz Signal nur noch ca. 15%. Aber die Empfindlichkeitskurve unserer Ohren verläuft nicht linear sondern logarithmisch, es bleibt genügend übrig. Im Gegenkopplungsweg sorgen Hochpässe dafür, dass die tiefen Töne weniger gegengekoppelt und damit relativ angehoben werden.

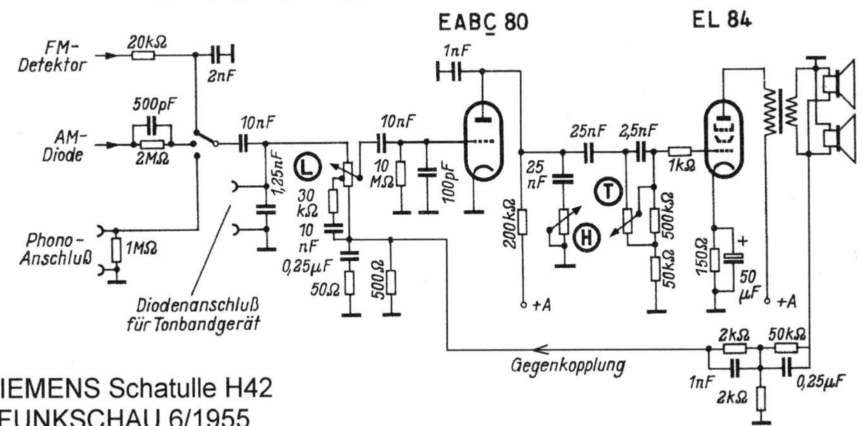

SIEMENS Schatulle H42
FUNKSCHAU 6/1955

e) Wie d, beide Wege miteinander verflochten und wechselwirkend

Der im **PHILIPS Saturn 54** realisierte Tonverstärker gibt ein Beispiel für ein Klangregelnetzwerk, bei dem man die Nerven behalten muss: Hat man meistens Mühe die Regler für Tiefen und Höhen zu lokalisieren, bzw. voneinander zu unterscheiden, hilft uns hier eine Beschriftung. Mit dem Rest werden wir auch nicht allein gelassen, die Redakteure der FUNKSCHAU haben auch diese Netzwerke für uns auf das Wesentliche reduziert dargestellt:

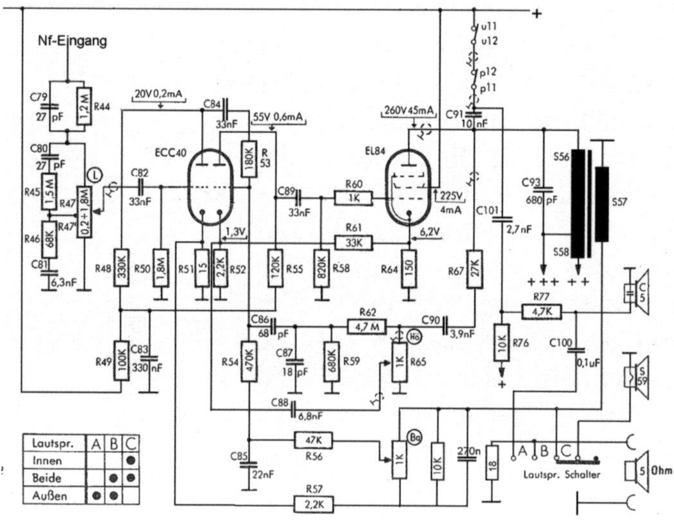

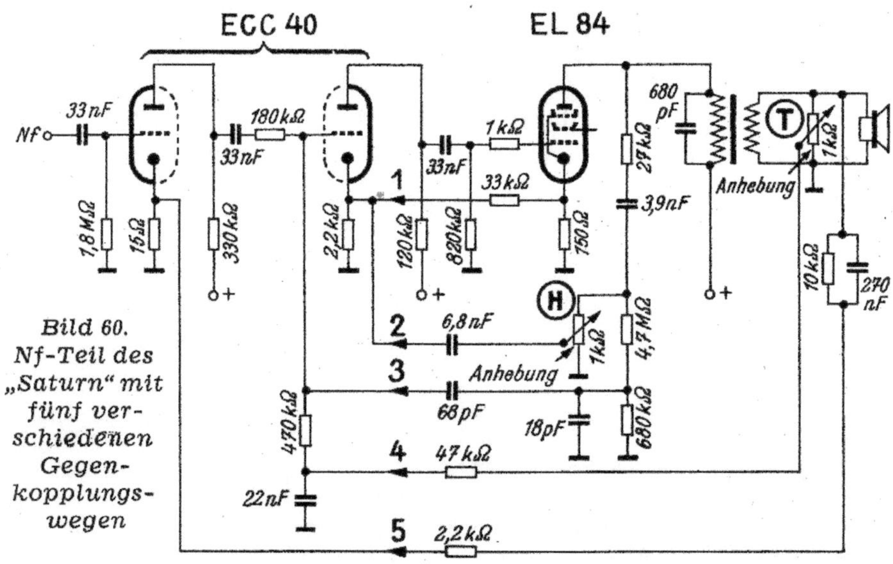

Bild 60. Nf-Teil des „Saturn" mit fünf verschiedenen Gegenkopplungswegen

Saturn 54, Klangregelung aus: **FUNKSCHAU** Schaltungssammlung Band 1954

In der Darstellung der FUNKSCHAU liegt Masse am unteren Ende der Sekundärwicklung, was missverständlich ist. Die mit "Anhebung" bezeichneten Wege sind mit Vorsicht zu betrachten, ändert sich doch die Phasenlage sehr stark mit der Frequenz. Die hohe Verstärkung mit zwei hintereinander geschalteten Trioden schafft genügend Reserven für ein großzügig dimensioniertes Netzwerk zur Klangbeeinflussung durch Gegenkopplung. Man nannte das auch – vertrieblich wirksam – "aktive Klangregelung".

Da fällt zunächst die durch den fehlenden Kathodenelko starke Gegenkopplung der EL84 auf, die Spannungsverstärkung ist nur noch 5-fach. Die Spannung an der Kathode wird frequenzunabhängig auf die Kathode des zweiten Triodensystems gekoppelt (Kanal 1), was der Verzerrung entgegenwirkt. Über den Kanal 2 werden die Höhen gegengekoppelt, aber über den Kanal 3 auch angehoben. Die Spannung über den Kanal 4 ist gegenphasig zu der im Kanal 3, die tiefen Töne werden gegengekoppelt, aber über den Kanal 5 wieder angehoben.

Obwohl in diesem Klangregelnetzwerk gekonnt mit den Phasen jongliert wird, gilt grundsätzlich: Jede Röhre erzeugt einen Phasensprung von 180°, ebenso der Ausgangstrafo, bedingt durch die Polung der Sekundärwicklung. Das sind 4-mal 180°, die Spannung am Lautsprecher ist in Phase mit dem Nf-Eingang. Es sei aber nochmals darauf hingewiesen, dass die Phasenlagen nicht hörbar werden.

Das am Beispiel des Saturn 54 gezeigte Klangregelnetzwerk macht deutlich, dass es sinnvoll sein kann, grundsätzlich alle Folienkondensatoren eines komplexen Klangregelnetwerks zu ersetzen, bevor man das Gerät in Betrieb nimmt. Wir haben gesehen, dass viele Signalwege miteinander wechselwirken, was eine Fehlersuche erschwert. Die gegengekoppelten Spannungen liegen zum Teil im mV- (Millivolt) Bereich, da sollten die Werte aller verbauten Bauteile im grünen Bereich liegen.

f) Zwei Gegenkopplungswege

Im Blaupunkt Granada 20300 gibt es zwei Gegenkopplungswege. Einer wirkt, wie üblich auf den Lautstärkesteller im Gitterkreis der EABC80, bringt jedoch drei Klangregister mit. Der zweite Weg kommt von einer zweiten Sekundärwicklung, die gegenüber der ersten Wicklung die Phase um 180° verschoben hat (die Darstellung im Schaltbild ist auch hier missverständlich). Dieser Gegekopplungsweg wirkt frequenzunabhängig über

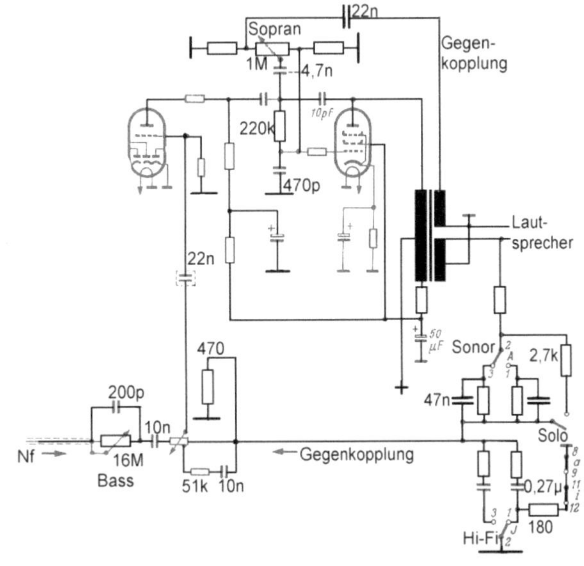

einen Koppelkondensator (22 nF) auf den Gitterkreis der Endröhre und mindert die in der (Eintakt!-) Endstufe entstehenden Verzerrungen. Die verschiedenen Glieder zur Klangbeeinflussung sind übersichtlich, ohne Wechselwirkungen angeordnet und können unkompliziert analysiert werden (FUNKSCHAU 1960 Heft 16).

Die Bässe werden, wie bereits beschrieben (s. Abschnitt 4.3.1), im unten dargestellten Gegenkopplungskanal angehoben, werden aber durch das Potentiometer (16 MΩ) mit zunehmenden Widerstand wieder abgesenkt. Über den parallel liegenden Kondensator (220 pF) werden die hohen Frequenzen bevorzugt.

Die Höhen (hier mit "Sopran" bezeichnet) werden auch in diesem Gerät im Signalweg zwischen Vor- und Endröhre beeinflusst. Vor dem Steuergitter der Endröhre senkt der Tiefpass 220 kΩ / 470 pF die Höhen ab. Dieser Tiefpass wird jedoch von einem Kondensator (4,7 nF) und einem Potentiometer (1 MΩ) in Reihe überbrückt. Durch Betätigung des Potentiometers gelangen die Höhen – ungehindert oder gedämpft – zur Endröhre.

Die Klangregister sind unten rechts im Bild dargestellt. Sonor (tief, klangvoll), Taste gedrückt: Der Kondensator 47 nF bildet mit dem weiter links gezeichneten Widerstand 470 Ω einen Hochpass. Die hohen Töne werden stärker gegengekoppelt – und damit die tieferen Töne betont. Parallel zum 47 nF Kondensator liegen 15 kΩ. In der anderen Kontaktposition der "Sonor"-Taste wirkt diese durch einen Kondensator 0,1 µF eher frequenzneutral. Solo, Taste nicht gedrückt: Die Frequenz beeinflussenden Glieder werden beim Drücken der Taste durch Parallelschaltung des 2,7 kΩ-Widerstandes weniger wirksam, die Bassanhebung wird ausgeglichen. Hi-Fi, Taste gedrückt: Hier wirken 100 Ω in Reihe mit 0,27 µF gegen Masse, der obere bis mittlere Frequenzbereich wird weniger gegengekoppelt. Ist die Hi-Fi-Taste nicht gedrückt, werden die Höhen weniger gegengekoppelt, also betont. Die Klangeinstellung erfolgt jetzt primär über die "Sopran" und "Bass" Potentiometer. Aber der 0,27 µF-Kondensator wirkt noch, über einen 180 Ω-Widerstand schwächer. Erst im TA- oder UKW-Betrieb öffnen die rechts unten im Bild dargestellten Kontakte und geben die Höhen völlig frei.

g) Aufwändige Klangformung ohne Gegenkopplung zum Ausgangstransformator

Das folgend gezeigte Schaltbild ist ein Ausschnitt aus der im FUNKSCHAU Prüfbericht Heft 2 / 1955 veröffentlichten Gesamtschaltung, die dem Original von SABA entspricht. Wie üblich, wurden einige Anmerkungen eingefügt.

Das typische Klangregelnetzwerk mit den Einstellmöglichkeiten für die Höhen und Tiefen finden wir zwischen den beiden Triodensystemen. Das ist typisch für so genannte Hi-Fi-Verstärker. Das zweite Triodensystem gleicht im Wesentlichen die durch das Klangregelnetzwerk verursachten Verluste aus.

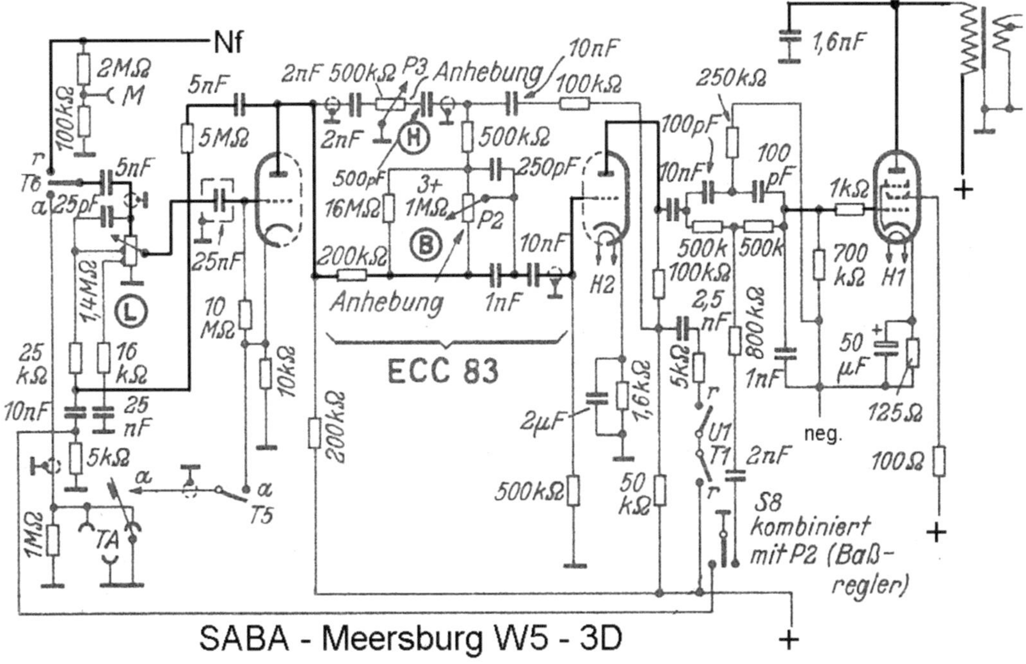

Zwischen dem zweiten Triodensystem und der Endröhre EL12 sorgt ein weiteres Netzwerk für die Anhebung der tiefen und der hohen Töne.

Die **Endröhre EL12** arbeitet auf vier Lautsprecher, einer davon ist ein permanent-dynamischer Hochtöner. Das verspricht einen vollen Klang mit individuellen Einstellmöglichkeiten.

h) Rechenhilfe

Um die Funktion der Klangregelnetzwerke besser zu verstehen, ermittelt man den Widerstandswert der Kondensatoren für die Frequenz f=800 Hz. Das ist die Messfrequenz ("Normalfrequenz"), mit der kapazitive und induktive Widerstände prinzipiell betrachtet wurden. Dieser Wert, der uns in diesem Buch gelegentlich begegnet, hat den rechnerischen Vorteil, dass der Ausdruck "2πf" den Wert "5000" hat, was zu einer vereinfachten Darstellung der Formel führt (s. rechts):

$$R_{kOhm} = \frac{200}{C_{nf}}$$

4.3.2 Vorverstärker

Bis zu Geräten der Mittelklasse wird überwiegend ein einstufiger Vorverstärker mit einer Triode als Verbundröhre verwendet z.B. EBC..., ECL..., EABC..., bei Rimlockbestückung Anfang der 50er Jahre auch die EAF42 (bei Allstromgeräten die entsprechenden U-Röhren). Aufwändige Geräte haben mehrstufige Vorverstärker mit typischerweise den Röhren ECC40, ECC83, EF40, EF86 oder EC92.

Die Anodenspannungen an diesen Röhren liegen deutlich unter 100 Volt. Mit Doppeltrioden wurden aufwändige Klangregelnetzwerke und Phasenumkehrstufen realisiert. Man findet diese schon in der zweiten Hälfte der 50er und zunehmend mit Beginn der 60er Jahre im Stereo- und HiFi-Zeitalter. Mit mehrstufigen Vorverstärkern vor Gegentaktendstufen werden Klirrfaktoren <0,5% erreicht, weil wegen der hohen Spannungsverstärkung umfangreiche Gegenkopplungswege möglich werden. Die Suche nach Fehlern in mehrstufigen Vorverstärkern mit komplexen Netzwerken zur Klangformung und Entzerrung kann, wie schon am Beispiel 4.3.1e gezeigt wurde, sehr mühsam werden, weil die Nennwerte der Amplituden und Phasen bei den verschiedenen gemessenen Signalspannungen selten bekannt sind. Auch ist die Anzahl der involvierten Bauteile im Vergleich mit einem einstufigen Vorverstärker nun wesentlich größer. Um ein am Eingang des Verstärkers eingespeistes Signal verfolgen zu können bzw. die Störungsursache einzugrenzen, kann man verschiedene Punkte auf Masse legen. In der Darstellung des Gegenkopplungsnetzwerkes des Saturn 54 (Seite 58) können z.B. alle Punkte im den Pfaden 2 bis 5 versuchsweise auf Masse gelegt werden.

Möchte man die von der Sekundärseite des Ausgangstrafos gegengekoppelte Spannung oder die Endstufe abschalten, kann man das Gitter der Endröhre auf Masse legen. Die Endröhre zu ziehen ist nicht sinnvoll, weil sich die Anodenspannungen dadurch erhöhen.

In **4.3.1e** wird schon darauf hingewiesen, dass die frequenzabhängigen Phasenlagen in mehrstufigen Vorverstärkern mit Gegenkopplungsnetzwerken sehr genau aufeinander abgestimmt sein müssen. Daher sollten alle Kondensatoren in diesem Bereich geprüft, bzw. ausgetauscht werden. Es ist bekannt, dass sich die Kapazitätswerte der alten Folienkondensatoren um mehr als das Doppelte verändern können. Andernfalls kann die Suche nach einem perfekten Klang zur unendlichen Geschichte werden.

In einem Gerätebericht der Funkschau 1956/Heft 13:
"Niederfrequenzteil einer Hi-Fi-Truhe"
wird die Sensibilität dieser Bereiche deutlich:

... *"Dank einer sehr sorgfältigen Dimensionierung des Verstärkers wird die Phasendrehung und die damit verbundene Gefahr der unzulässig hohen Mitkopplung jenseits der Grenzen des Übertragungsbereiches voll beherrscht. In der Schaltung wurde dafür gesorgt, daß für hohe und tiefe Frequenzen jeweils nur ein phasendrehendes Schaltelement vorhanden ist und die übrigen phasendrehenden Einflüsse klein bleiben, so daß der Drehwinkel im Bereich voller Verstärkung 90 Grad nicht überschreitet."*

Widerstände machen uns generell weniger Sorgen, von den Hochlastwiderständen im Bereich der Stromversorgung abgesehen. Es kann aber erforderlich werden, die in mehrstufigen Vorverstärkern zahlreich verbauten Widerstände zu prüfen. Das **Bild rechts** zeigt eine Bauart aus den späten 50ern, die nicht immer hält was der Farbcode verspricht. Diese Widerstände wurden preiswert im Handel für Bastler angeboten.

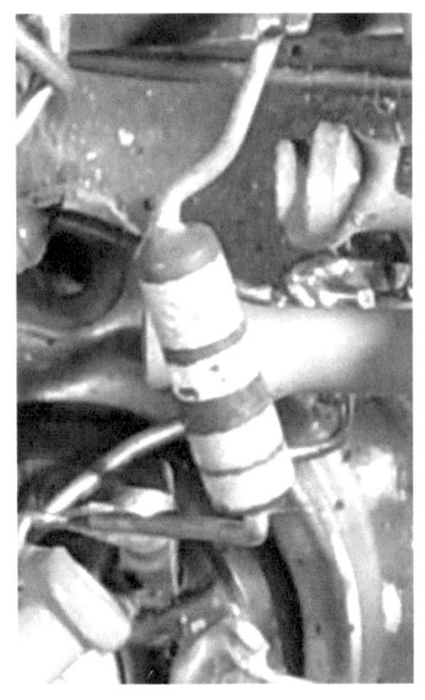

Nutzung einer Hf-Röhre als Nf-Vorverstärker.

Anfang der 50er Jahre, bevor sich die Novalröhren U- und EABC80 durchsetzten, findet man auch Hf-Röhren als Nf-Vorverstärker. Einer Zf-Röhre oder der Pentode in der UKW-Vorstufe wurde zusätzlich zur Verstärkung des Nf-Signals genutzt. Ist man darauf nicht vorbereitet, sucht man den Nf-Vorverstärker vergeblich. Das **Bild links** zeigt einen Ausschnitt des Stromlaufplans des AEG – 31WU. Man orientiert sich am Lautstärkesteller, der nicht zu übersehen ist. Der Abgriff am Schleifer führt uns zum Gitter der EF41. Zf- und Nf-Signal werden überlagert und im Anodenkreis wieder getrennt.

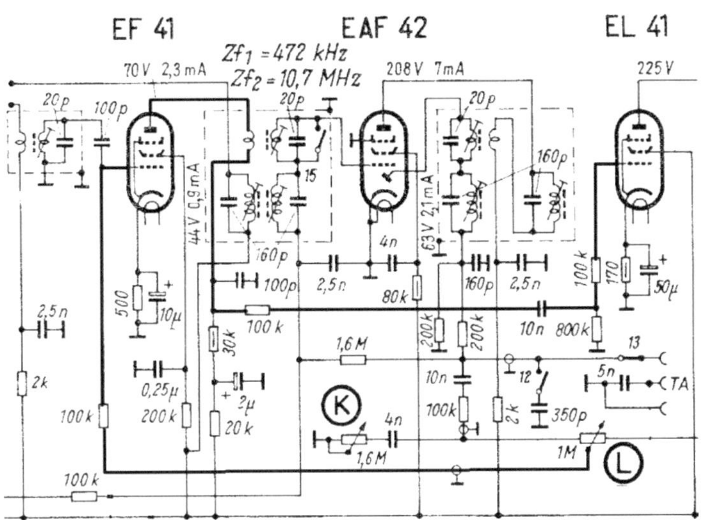

Für diese Trennung eignet sich die FM-Zf wegen des größeren Abstandes zur Niederfrequenz. Die Zwischenfrequenz (10,7 MHz) fließt über einen 100 pF Kondensator gegen Masse, das NF-Signal gelangt über 100 kOhm an den Koppelkondensator zur Endröhre.

Das **nächste Bild** (s. S.64) zeigt ein Beispiel für die Nutzung einer **Pentode in der UKW-Vorstufe als Nf- Vorverstärker**. Der Weg dorthin ist auch hier einfach zu finden. Wie im vorher gezeigten Beispiel geht es vom Lautstärkepotentiometer direkt zum Gitter der Hf-Pentode. Im Anodenkreis ist die Frequenzweiche zur Trennung der Hochfrequenz von der Niederfrequenz gut zu erkennen: Ein Kondensator mit 500 pF schließt die Hochfrequenz kurz und der Kondensator mit 5 pf stellt für die Nf-Signale einen fast unendlichen Widerstand dar.

Mehrstufige Vorverstärker
sind in hohem Maß brummempfindlich. Man merkt das, wenn man mit einem Finger in die Nähe von Bauteilen kommt, bzw. diese berührt. Beim Austausch von Bauteilen sollte man immer die gleichen Massepunkte wählen, auf kurze Drahtlängen und Chassisnähe achten. Folienkondensatoren sollen mit dem Außenbelag am so genannten

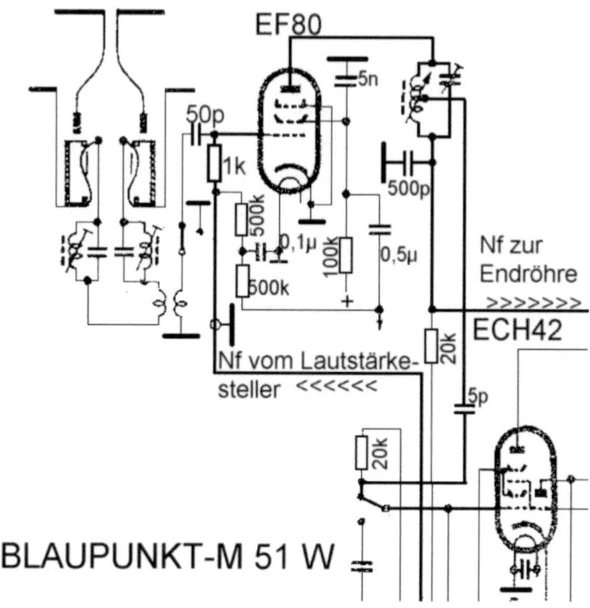

"kalte Ende" liegen. Der Außenbelag ist oft mit einem Strich gekennzeichnet.

Sonstige Störungen
Vorverstärker mit Phasenumkehrstufen sind, aufgrund der besonders vielen verschiedenen Phasenlagen anfällig für **unerwünschte Schwingungen**. Diese treten auch im dreistelligen kHz-Bereich auf, sind daher nicht hörbar, nur am Oszilloskop sichtbar. Sie können aber Ströme beeinflussen. Als Ursache kommen auch die Röhren in Frage. Man versucht, die Quelle durch Ziehen einzelner Röhren zu lokalisieren und legt sensible Punkte mit einem Kondensator auf Masse *(auch die Steuergitter können in diesen Schaltungsbereichen ein Gleichspannungspotential haben)*. Um Wechselwirkungen mit Hf-Kreisen als Ursache auszuschließen, reicht es nicht, in den TA-Betrieb zu schalten, weil die Zf-Röhren weiter an der Anodenspannung liegen. Man muss also auch hier die Röhren ziehen oder die Steuergitter auf Masse legen.
Wichtig ist auch die Betätigung der Klangsteller und Klangregister, weil diese – wie wir im Abschnitt 4.3.1 gesehen haben – Einfluss auf die Phasenlagen haben und daher unerwünschte Rückkopplungen verursachen können. Darüber hinaus ist zu beachten, dass unerwünschte Kopplungen auch durch unsere Messschnüre verursacht werden können. Solche höherfrequenten Schwingungen lassen sich auch mit einem berührungslosen Fühler, wie im Abschnitt 1.5.1 beschrieben, aufspüren. Damit sind wir sicher, dass wir diese nicht verursacht haben.

4.3.3 Schwingneigung

kann durch eine Eigenresonanz oder eine unerwünschte Mitkopplung für eine bestimmte Frequenz, die aber zum Schwingeinsatz nicht ausreicht, verursacht werden.

Zum Aufspüren von annähernd gleichphasig rückgekoppelten Signalen kann man wieder im x-y-Betrieb des Oszilloskops (s. Abschnitt 4.2.1 f) arbeiten. Man speist ein sinusförmiges Signal ein, dessen Frequenz im Bereich der Tonfrequenz variiert wird. Bei Gleichphasigkeit, aber auch bei einem Phasenunterschied von 180^0, wird eine Gerade sichtbar. Unterschiedliche Amplituden der zu vergleichenden Signale wirken sich nur auf die Neigung der Geraden aus. Daher eignet sich diese Methode auch hier wieder für eine schnelle Prüfung.

Im Telefunken Laborbuch Band 2 (Nf-Verstärkerdaten und ihre Messung) wird empfohlen, eine Schwingneigung mit einem Rechteckpuls aufzuspüren, den wir statt des bisher verwendeten sinusförmigen Signals an den Verstärkereingang legen. Bei einem einfachen Tonver- 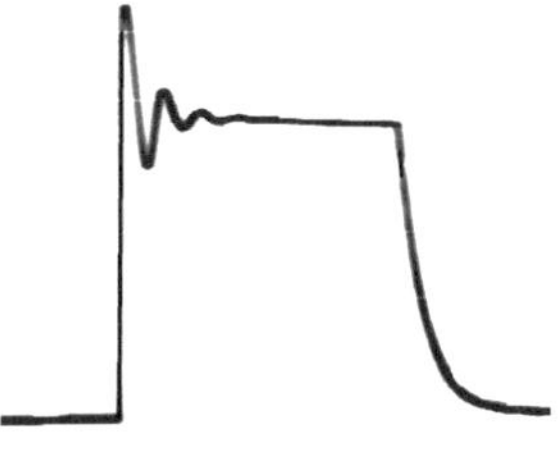 stärker kann das Ergebnis wie im **Bild rechts** aussehen, wenn das Oszilloskop an die Sekundärwicklung des Ausgangstransformators angeschlossen wird. Hier grüßt der Ausgangstrafo und verrät uns eine Resonanzfrequenz, die aber deutlich über dem hörbaren Frequenzbereich liegt.

Das Oszillogramm wurde bei einer mittleren Frequenz von einigen Kilohertz aufgenommen. Funktionsgeneratoren geben einen Rechteckpuls mit dem Verhältnis Impulsdauer zu Impulspause von 1:1 ab. Dieser Puls enthält nur die ungeradzahligen Harmonischen:

$$f(\omega t) = \sin\omega t + 1/3 \ \sin3\omega t + 1/5 \ \sin5\omega t + ...$$

Demnach wäre ein Puls mit einem größeren Tastverhältnis besser geeignet, weil er mehr Oberschwingungen zur Anregung mitbringt.

Rechteckpulse sind durchaus für eine Untersuchung des Frequenzganges eines Verstärkers geeignet. Auch hier kann vom Messen keine Rede sein, wir können allenfalls einen Aha-Effekt erwarten, wenn wir damit die oberen und unteren Grenzbereiche eines Verstärkers untersuchen. Im TfK-Laborbuch (2) wird empfohlen, diese Methode vor allem beim Vergleich zweier Verstärker anzuwenden.

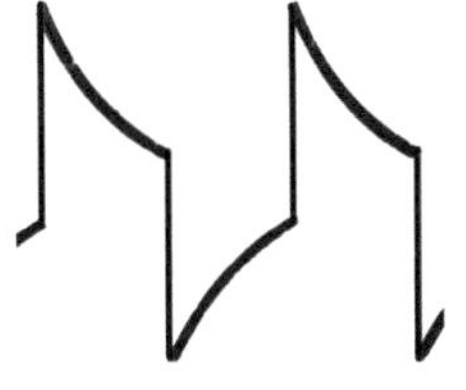

unterer Frequenzbereich

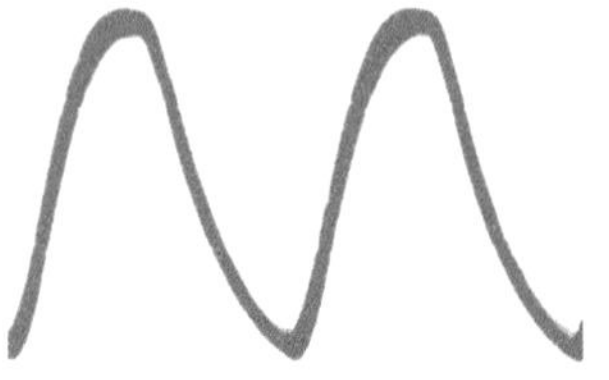

oberer Frequenzbereich

4.4 Referenzbaugruppe Tonverstärker

Wir haben gesehen, dass der oft so harmlos wirkende Eintaktverstärker auch undurchsichtig werden kann. Deshalb gibt es auch dazu wieder einen Vorschlag für eine Referenzbaugruppe. Man kann viele Dinge einfacher ausprobieren als beim eingebauten Verstärker, sind dort doch viele Stellen schwer zugänglich. Je mehr man am und im Gerät unter Spannung arbeitet, wächst auch die Gefahr, durch unachtsames Hantieren Schäden anzurichten. Die Referenzbaugruppe lässt Messungen und Versuche zu, die das Verständnis der Schaltung fördern, bzw. die letzten Unklarheiten beseitigen können.

Die Zutaten der hier gezeigten Baugruppe:

Schnittbandnetztrafo von PHILIPS, Ausgangstrafo von der SIEMENS Schatulle H42, Vorverstärker und Phasenumkehrstufe mit einer ECC83 nach Röhrenhandbuch Ludwig Ratheiser (3) und Telefunken Laborbuch Band 1 (1). Oder man übernimmt ein Schaltungsbeispiel aus einem Stromlaufplan, denn diese Schaltungen entsprechen den in den genannten Quellen gezeigten Beispielen oft sehr genau.

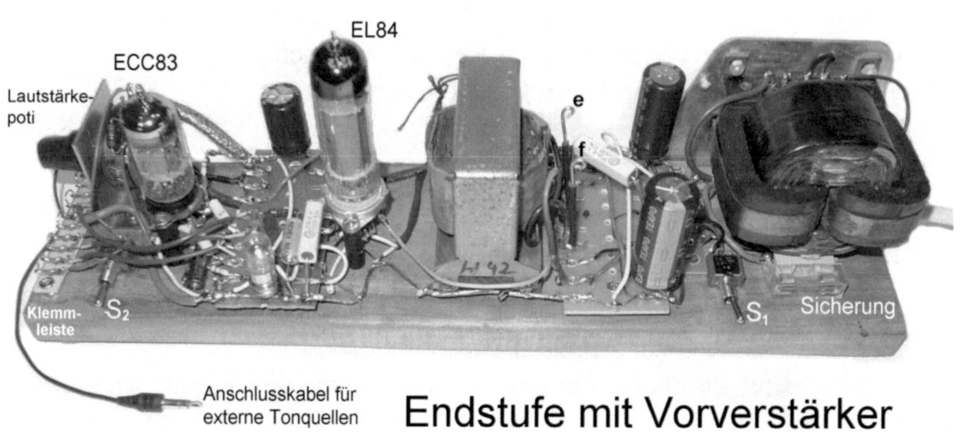

Die wichtigsten Ein- und Ausgänge sind an eine Klemmleiste geführt, sind ab- und umschaltbar, so dass z.B. auch eine Gegentaktendstufe mit Signalen versorgt werden kann. Die Sekundärwicklung des Ausgangstrafos liegt nicht an Masse, damit die relative Phasenlage verändert werden kann. Am Eingang stehen die Anschlusspunkte a_1 und a_2 zur Verfügung, damit mit Gegenkopplungsnetzwerken experimentiert werden kann. Eine Klangbeeinflussung wurde bewusst nicht implementiert. Der Lastwiderstand 5 Ohm / 10 Watt ist anklemmbar, alternativ ein Lautsprecher. Auch die "Netzstecker steckt" - Lampe wurde nicht vergessen. Die hier mit 10 nF gewählten Koppelkondensatoren können auch durch 22 nF ersetzt werden. Das Eingangssignal vom Funktionsgenerator kann an den Vorverstärker oder an die Endstufe gelegt werden. Ein Anschlusskabel für externe Tonquellen ist fest mit dem Eingang a verbunden (Betriebsart mono). Man kann sich damit auch während der Arbeit beschallen lassen.

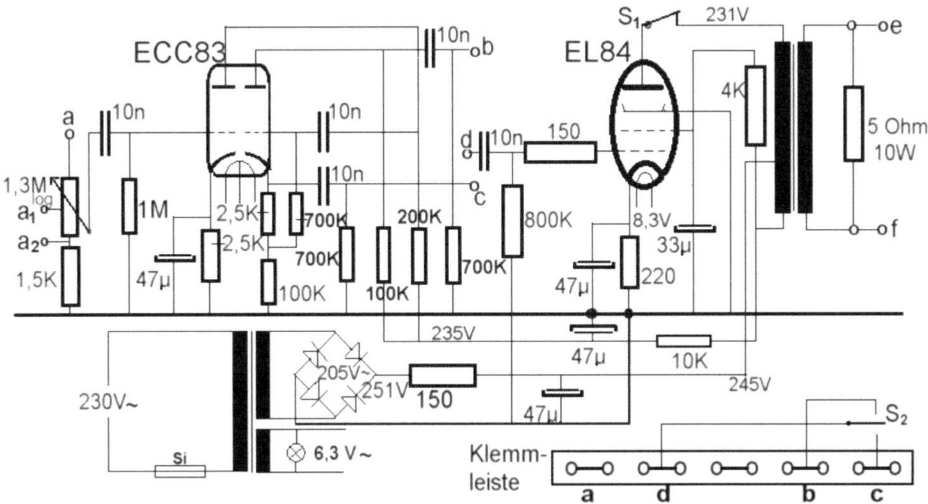

Stromlauf Referenzbaugruppe Tonverstärker

Die meisten in den vorangehenden Abschnitten gezeigten Oszillogramme wurden mit dieser Baugruppe generiert. Ein Referenzverstärker kann auch einfacher, mit nur einer Triode oder ganz ohne, aufgebaut werden. Das hier gezeigte Beispiel wurde auch für die Eignung zur Demonstration in den Leserseminaren konzipiert.

Dazu gehören auch einige einfache Messungen:
Die Anpassungsbedingung $R_a=R_i$ kann für den Ausgangstrafo nur für eine ausgewählte Frequenz gelten, die in der Nähe der unteren Grenzfrequenz (s. Abschnitt 4.1) liegt. Zur Messung legt man eine 50 Hz-Wechselspannung (hier 115 Volt) an die Primärwicklung (an der Sekundärwicklung liegen 5 Ω) und misst den Strom. Der Widerstand errechnete sich aus: $U_{\sim}* L = $ **6 kΩ,** damit kann man nur zufrieden sein. Der Gleichstromwiderstand beträgt 400 Ω. Die Wechselstromtechnik wird im Abschnitt 10.4.2 nochmals besprochen.
Man kann noch die Resonanzfrequenz des Ausgangstrafos bestimmen, diese liegt hier bei etwas mehr als 20 kHz.

Die Wicklung zur Brummkompensation hat nur ca. 2% der Windungszahl der Primärwicklung (s. Abschnitt 4.1.1), der Gleichstromwiderstand beträgt daher nur wenige Ohm.

4.5 Der Gegentaktverstärker

Gegentaktverstärker können gegenüber dem Eintaktverstärker eine mehr als doppelt so große Leistung abgeben. Daher werden sie nur in Geräten mit großem Gehäuse, in Musiktruhen oder in Steuergeräte eingebaut. Die abgegebene Leistung wird in der Regel auf mehrere Lautsprecher verteilt. In Stereogeräten hätte man dann zwei Gegentaktendstufen, wobei meistens die Röhre EL95, die eine etwas geringere Leistung hat, zum Einsatz kam. Diese wurde in den 60er Jahren durch die ELL80 ersetzt. Die Pentoden der ELL80 haben die gleichen Daten wie die EL95. Weil die ELL80 schwer, d.h. teuer beschaffbar ist, kann der Ersatz durch zwei EL95 erwogen werden. Dazu muss eine konstruktive Lösung gefunden werden. Ein weiterer Vorteil des Gegentaktbetriebs liegt bei den geringeren Verzerrungen, insbesondere bei großer Aussteuerung.

Zwei gegenphasig angesteuerte Endröhren arbeiten auf einen gemeinsamen Ausgangstransformator.

4.5.1 Grundlagen

Gegentaktendstufen können im A-Betrieb arbeiten. Man erreicht damit – neben der größeren Leistung – auch eine Verminderung der Verzerrungen. Das liegt daran, dass eine verzerrte Halbwelle immer von der anderen nicht verzerrten Halbwelle überlagert wird. Die Überlagerung findet im Ausgangstrafo statt. Daher kann man den Arbeitspunkt etwas nach unten, also in Richtung "B-Betrieb" verschieben, womit ein geringerer Ruhestrom erreicht wird. Dieser so

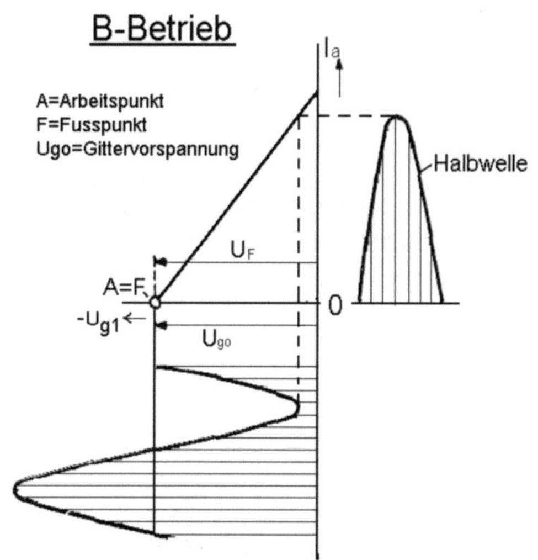

genannte AB-Betrieb ist typisch für die Gegentaktendstufen unserer Röhrenradios. Dabei wird jeweils eine Halbwelle eher begrenzt, abgeschnitten. Die andere Hälfte der Gegentaktstufe liefert (überlagert) die vollständige, um 180° gedrehte Halbwelle. Dazu wird eine Phasenumkehrstufe benötigt. Die Verschiebung des Arbeitspunktes erreicht man durch Absenkung der Gittervorspannung, bei der EL84 zum Beispiel auf ca. -10 Volt. An der im Schaltplan vermerkten Größe der negativen Gittervorspannung erkennt man daher den A- oder den AB-Betrieb.

Diese größere (negative) Spannung wird dann oft nicht mehr durch den Kathodenwiderstand erzeugt, damit die Gegenkopplung nicht zu groß wird. Man führt eine im Netzteil erzeugte Vorspannung zu. Der reine B-Betrieb wird eher in Kraftverstärkern eingesetzt, dort wo die Lautstärke wichtiger als durch die bei dieser Betriebsart ausgeprägten Übernahmeverzerrungen ist.

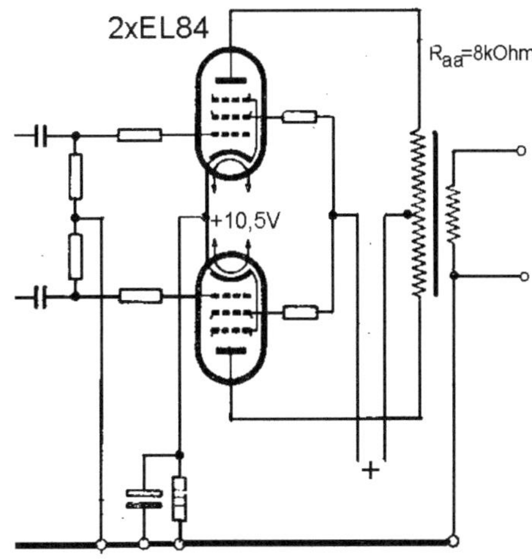

Das **Bild rechts** zeigt die häufigste Variante einer Gegentaktendstufe. Auf den ersten Blick eher einfach gestrickt. Die schlechte Nachricht: Fehler sind nicht immer zu hören, der Laie wird unter Umständen nicht einmal bemerken, wenn eine der beiden Endröhren fehlt. Es brummt vermutlich etwas, was wie folgt erklärt werden kann:

Die Brummkompensation wird nicht wie

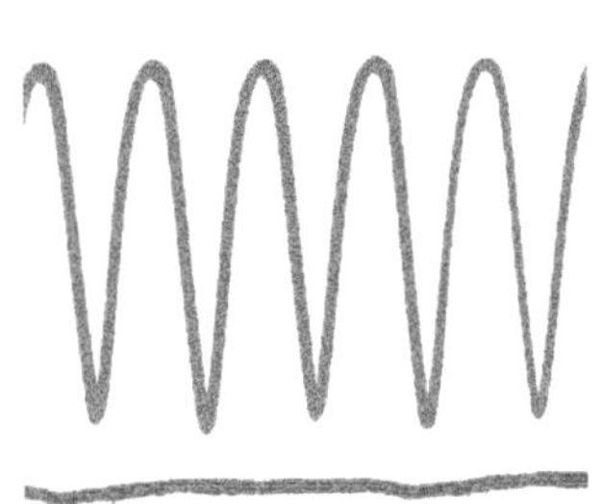

bei der Eintaktendstufe durch eine zusätzliche primärseitige Wicklung erreicht, denn diese gibt es hier schon. Die Gleichspannung von dem ersten Siebelko liegt so an der Primärwicklung, dass die Richtungen der Anodenströme in den Wicklungshälften entgegengesetzt zueinander ist. Dadurch wird eine überlagerte Brummspannung kompensiert, ausgelöscht. Das **Bild links** zeigt diese Spannung an der Sekundärwicklung (am Lautsprecher) bei gedrückter TA-Taste, beide Steuergitter liegen auf Masse. Die Spannung oben im Bild wird bei einer gezogenen Endröhre sichtbar, sie hat einen Wert von U_{SS}= 60mV. Stecken beide Röhren, wird der untere Spannungsverlauf sichtbar. Man sucht die Röhren paarweise aus, so dass durch beide Wicklungshälften ein gleich großer Gleichstrom fließt.

4.5.2 Erste Prüfungen

Wie immer setzen wir voraus, dass das Gerät so weit geprüft wurde, dass es nun eingeschaltet bleiben kann. Zuerst ist der Zustand des Ausgangstransformators von Interesse. Wir messen den Gleichstromwiderstand, um festzustellen, ob ein Windungsschluss oder ein Drahtbruch vorliegt. Der Widerstand liegt auch hier in der Größenordnung von einigen hundert Ohm, ist aber bei übereinander gewickelten Wicklungshälften nicht gleich. Wenn wir Zweifel haben, können wir die Resonanzfrequenz (s. Abschnitt 1.4.2) oder den Wechselstromwiderstand (s. S. 67) der Wicklungen bestimmen. Diese Werte sollten annähernd gleich sein, weil die Windungszahlen beider Wicklungshälften auch gleich sind. Die in 4.1.1 vorgeschlagene Vorgehensweise, 6,3 Volt an die Sekundärwicklung zu legen

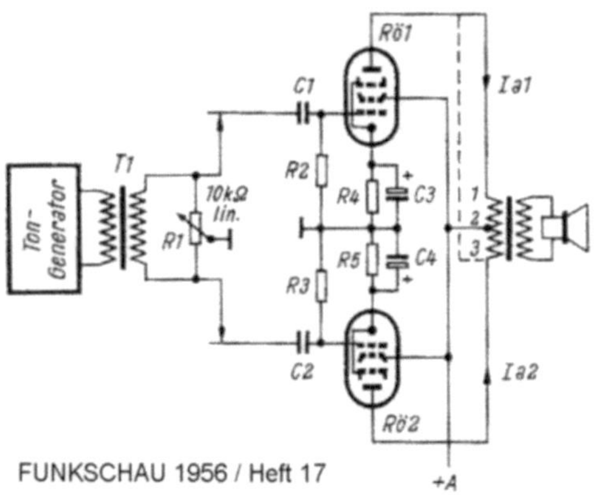

ermöglicht auch hier einen Vergleich der Spannungen beider Wicklungshälften. Um zu prüfen, ob beide Hälften der Endstufe sauber arbeiten, legen wir nacheinander bei gedrückter TA-Taste ein sinusförmiges Signal an die Steuergitter der Endröhren. Das ist empfehlenswert, weil die meisten Störungen schon im Vorverstärker mit den Phasenumkehrstufen auftreten. Um sicher zu gehen, legt man das Steuergitter der nicht angesteuerten Endröhre auf Masse. Bei der Darstellung der Phasenlage im **Bild links** handelt es sich um eine Montage der nacheinander aufgenommenen Oszillogramme. Verbinden wir beide Steuergitter, löschen sich die Signale im Ausgangstrafo aus, man sieht einen Strich, bzw. kann man prüfen, ob beide Röhren gut austariert sind. **Das Ausgangssignal wird an der Sekundärwicklung gemessen**. Jetzt macht sich die im Abschnitt 4.4 beschriebene Referenzbaugruppe nützlich, denn wir können nun beide Steuergitter gegenphasig ansteuern.

In der FUNKSCHAU 1956 / Heft 17 finden wir eine andere einfache Möglichkeit zur Prüfung der Symmetrie: Man legt beide Anoden an den Anschluss "3" des Ausgangstrafos und sucht mit dem Poti R1 die minimale Lautstärke (Aufhebung). Weil dort auch sehr anschaulich erklärt wird, warum wir das Ergebnis unserer Messungen an der Sekundärwicklung betrachten und nicht an den beiden Anoden, folgt hier der Originaltext:

FUNKSCHAU 1956 / Heft 17

"Der naheliegende Gedanke, die Verstärkung der Röhren durch Spannungsmessungen an beiden Enden der Primärwicklung zu messen, enthält einen Irrtum. Beide Messungen ergeben immer übereinstimmende Ergebnisse, weil die Wicklung als Autotransformator wirkt und jede an einer der Hälften liegende Wechselspannung durch Transformation auch an der anderen erscheint."

Ist alles in Ordnung, prüfen wir noch das Verhalten bei Vollaussteuerung und Übersteuerung (Messfrequenz f=800 Hz). Die letztere Einstellung sollte ungefähr so aussehen wie im **Bild rechts**:

Begrenzung bei den Maxima und Minima und ein schlechter Übergang an der unteren Grenze jeder Röhre (Übernahmeverzerrungen).

Nach diesen einfachen Prüfungen wissen wir wo der Fehler liegt, falls es einen gibt. Bei defekten Ausgangstransformatoren finden wir oft in ähnlichen Geräten des Herstellers, auch aus Vor- oder Folgejahren, einen Ersatztrafo.

Fazit: Es gibt doch einiges zu beachten, aber es bleibt überschaubar, was man von der nächsten Baustelle nicht immer behaupten kann: Das ist möglicherweise die Phasenumkehrstufe.

Wenn wir nun ein sinusförmiges Signal an die TA-Buchse legen, sollten wir die gleichen Oszillogramme erzeugen können, wie bereits gezeigt (s. S. 70 unten). Gelingt das, schließen wir eine Tonquelle an der TA- oder TB-Buchse an und prüfen noch die Klangsteller und Klangregister bei Sprache und bei Musik. Dabei ist zu beachten, dass bei den modernen digitalen Tonquellen der Lautstärkesteller etwas weiter aufgedreht werden muss (s. auch Anlage E2).

4.5.3 Phasenumkehrstufen

Endstufen sind robust. Vorverstärker mit Phasenumkehrstufen sind sensibel. Das liegt auch an den hoch verstärkenden Röhren, an den hochohmigen Signalwegen und der Vielzahl von Bauteilen.

Der Klassiker unter den Phasenumkehrstufen ist mit einer Triode realisierbar, das **Bild rechts** zeigt die Prinzipschaltung, eine so genannte Katodyneschaltung. Der sonst

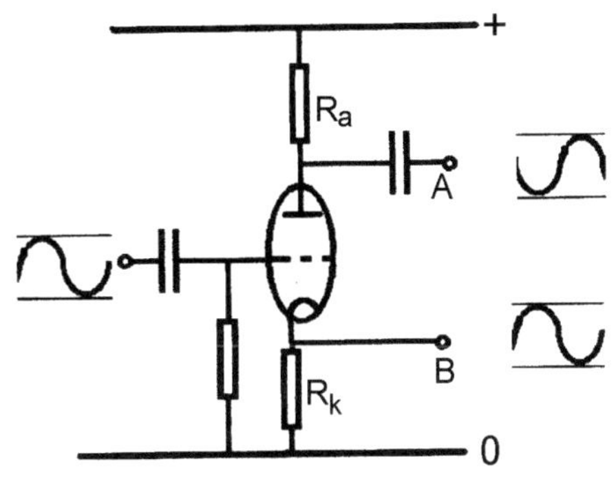

übliche Arbeitswiderstand an der Anode wird aufgeteilt: Zur Hälfte an der Anode, zur Hälfte an der Kathode. Der Anodenstrom ist gleich dem Kathodenstrom, daher sind die Signalspannungen A und B gleich groß. Weil die Wechselspannung an der Kathode nicht größer als die Gitterspannung sein kann, ist die Spannungsverstärkung dieser Schaltung maximal, bzw. <1. Zur Spannungsverstärkung wird eine weitere Röhre benötigt. Das ist das zweite System einer Doppeltriode oder eine Pentode. Die Realisierung mit einer Doppeltriode wird auch in der Referenzbaugruppe "Tonverstärker" (s. Abschnitt 4.4) gezeigt. Auch bei der Phasenumkehrstufe muss die Symmetrie der Signale geprüft werden.

In einer anderen Schaltungsvariante werden die Signale zur Ansteuerung der Endröhren in zwei verschiedenen Röhrensytemen erzeugt. Das Ausgangssignal der ersten Röhre wird über einen Spannungsteiler dem Gitter der zweiten Röhre zugeführt, so dass an beiden Anoden die um 180^0 zueinander phasenverschobenen Signale zur Ansteuerung der Endröhren liegen, bzw. diesen über Koppel-

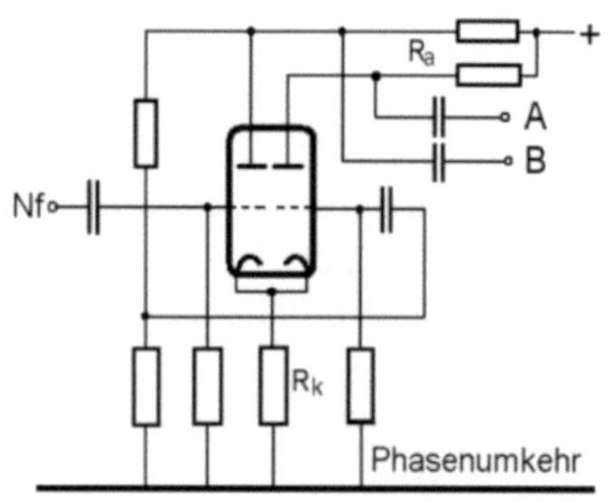

kondensatoren zugeführt werden. (s. im **Bild links**). Der Spannungsteiler wird so gewählt, dass beide Signale gleich groß sind. In diesem Fall liegt an der Kathode keine Wechselspannung. Eine durch Unsymmetrie verursachte Wechselspannung wirkt für ein Röhrensystem gegenkoppelnd, für das andere System mitkoppelnd, so dass Unsymmetrien über den gemeinsamem Kathodenwiderstand ausgeglichen werden. Die Schaltung symmetriert sich dadurch in gewissen Grenzen selbst (1). In der Praxis sehen diese Schaltungen weniger übersichtlich aus.

Phasenumkehr ohne Phasenumkehrstufe ist auch möglich, wie PHILIPS beim Uranus 53 zeigt. Hier liegt das Gitter der unten im **Bild rechts** dargestellten Röhre wie gewöhnlich über einem Gitterableitwiderstand auf Masse, nur das Gitter der oberen Röhre wird angesteuert. Maßgebend für die Aussteuerung einer Röhre ist das Potential am Steuergitter gegenüber der Kathode, also kann das Signal auch an der Kathode liegen. Die Kathoden liegen gleichspannungsmäßig über 120 Ω auf Masse, sind daher gegenüber dem Massepotential positiv vorgespannt. Der Gleichstromwiderstand der Sekundärwicklung beträgt nur ca. 1 Ω. Im Abschnitt 4.3.1 wurde dargelegt, dass die von der Sekundärwicklung zurückgeführte Spannung bei

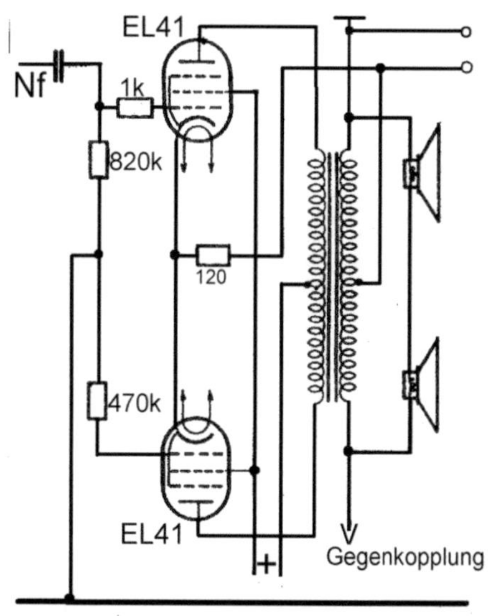

richtiger Polung in Phase zum Signal am Steuergitter der Endröhre (hier die obere Röhre) ist, verstärkt aber jetzt an der Kathode die Gegenkopplung an der oberen Röhre. An der Kathode der unteren Röhre steuert die Wechselspannung nun diese Röhre aus, aber gegenphasig zur oberen Röhre. Die Gegenkopplung an der oberen Röhre sorgt für die Symmetrie.

Mit diesem Prinzip der Ansteuerung einer Röhre an der Kathode werden wir uns im Abschnitt 4.6 bei der eisenlosen Endstufe nochmals beschäftigen.

Es gibt auch Varianten, bei denen der gemeinsame Kathodenwiderstand auf Masse liegt und die Steuerspannung dem Gitter zugeführt wird.

4.5.4 Weitere Besonderheiten

a) Schirmgittergegenkopplung

vertrieblich wirksam auch "Ultralinearschaltung" genannt, erfordert eine weitere Wicklung oder entsprechende Anzapfungen der Primärwicklung. Wie von einer Gegenkopplung erwartet, wirkt diese verzerrungsmindernd und kommt dazu noch ohne frequenzabhängige Schaltglieder aus.

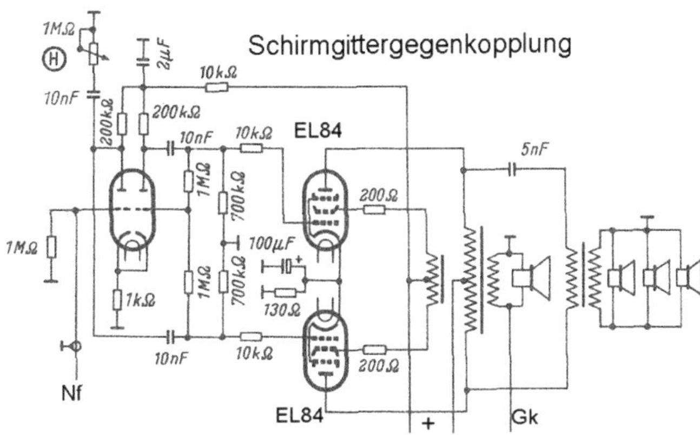

Im Abschnitt 4.3.1 wird auf die Probleme der frequenzabhängigen Gegenkopplungsnetzwerke hingewiesen: Man möchte den Frequenzgang korrigieren, aber die dazu verwendeten Pfade sind selbst frequenzabhängig. Als Ergebnis der Bemühungen der Ingenieure findet man unübersichtliche komplexe Netzwerke, die dem Restaurateur Sorgen bereiten können. Das **Bild oben** rechts zeigt einen Schaltungsauszug des Empfängers TEKADE W 688 mit einer Schirmgittergegenkopplung. Bis auf ein unkompliziertes Gegenkopplungsnetzwerk zwischen der Sekundärwicklung und dem Lautstärkesteller vor dem Nf-Eingang (hier nicht abgebildet), kommt die Schaltung ohne weitere Gegenkopplungspfade aus. Zwei hintereinander angeordnete Triodensysteme (ECC83) wirken als Vorverstärker mit Phasenumkehr (s. Abschnitt 4.5.3). In dieser Endstufe wird ein gesonderter (kleinerer) Ausgangstransformator für die Hochtonlautsprecher eingesetzt, das findet man oft in Geräten der Oberklasse.

b) Gegentaktbetrieb bei Stereoverstärkern

Schon einige Jahre bevor man über UKW stereophone Sendungen empfangen konnte, wurden zweikanalige Tonverstärker zur stereophonen Wiedergabe von Schallplatten eingebaut. Im beginnenden Hi-Fi-Zeitalter hatten vor allem bei Musiktruhen und Steuergeräten beide Kanäle Gegentaktendstufen, vorwiegend mit der Röhre EL95, später auch mit der Doppelpentode ELL80. Im Monobetrieb wurden beide Kanäle parallel geschaltet. Bei zwei Eintaktverstärkern wurden auch Lösungen realisiert, die beide Endstufen in der noch überwiegenden Monobetriebsart im Gegentakt betrieben, obwohl es keinen gemeinsamen Ausgangstransformator gibt. Ein Beispiel finden wir im SABA Freiburg 125. Im

Bild rechts sind die bei Gegentaktbetrieb geschalteten Signalwege hervorgehoben. Die Sekundärwicklungen für den Lautsprecheranschluss sind dann durch den Kontakt "St2" parallel geschaltet. Weil diese gegenphasig arbeiten, müssen die Anschlüsse – wie im Schaltplan zu sehen – verschieden gepolt werden. Als Phasenumkehrstufe arbeitet ein Triodensystem. Stereo- und Gegentaktbetrieb haben unterschiedliche Arbeitspunkteinstellungen. A-Betrieb bei Stereo- und AB-Betrieb im Gegentaktmodus. Daher ist der Anodenstrom der Endröhren im Gegentaktbetrieb niedriger als im Stereobetrieb. Auch bei dieser Gegentaktendstufe dürfen wir uns nicht allein vom Klang überzeugen Lassen, denn auch mit einer funktionslosen Endröhre kann man Radio hören. Erst eine Prüfung im TA – Stereobetrieb lässt den Mangel erkennen. Weil man aber die Vielzahl von Signalpfaden und Umschaltkontakten nicht immer sofort überblickt, ist auf jeden Fall eine gründliche Prüfung gemäß Abschnitt 4.5.2 zu empfehlen.

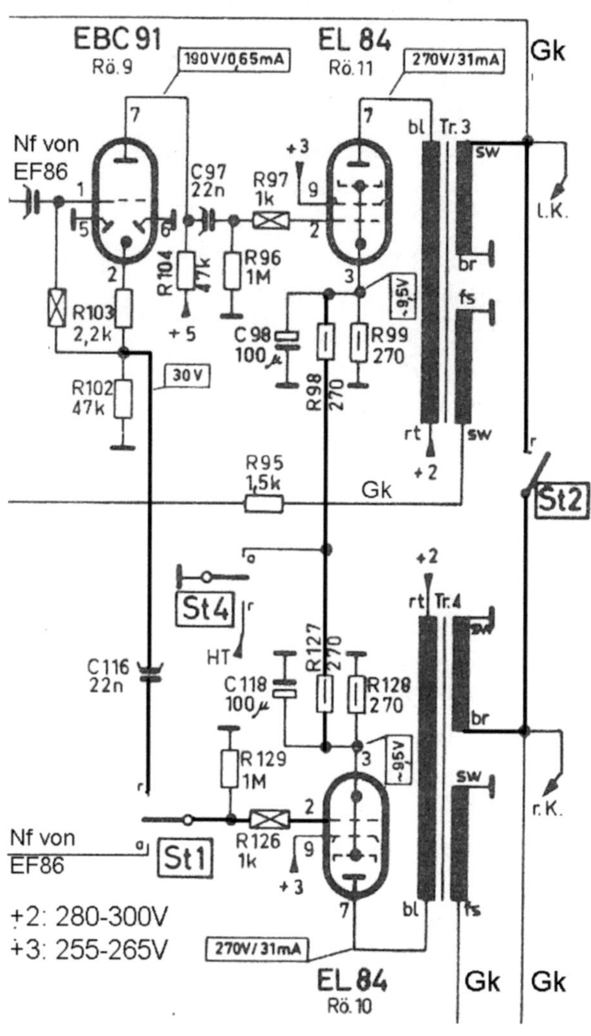

Im Stereobetrieb wirken 135 Ohm (2 x 270 Ω parallel) als Kathodenwiderstand, im Gegentaktbetrieb sind es 270 Ohm. Der zweite 270 Ω-Widerstand liegt mit dem der anderen EL84 in Reihe und ist bei gleichen Kathodenspannungen stromlos. Bei ungleichen Strömen in den beiden Endröhren wirken diese beiden in Reihe liegenden Widerstände ausgleichend. Sowohl die Gittervorspannung, als auch die Anodenströme sind in den beiden Betriebsarten verschieden. Die im Schaltplan gezeigten Spannungs- und Stromwerte gelten für den Gegentaktbetrieb. Wir versuchen – **zur Übung** – Messungen und Rechnung zur Deckung zu bringen:

Bei zwei Ausgangstransformatoren bietet sich zunächst die vergleichende Messung des Gleichstromwiderstandes der Primärwicklung an. Das sind hier je 900 Ω. Ein Stereoverstärker ist ein Glücksfall für den Restaurateur. Mit vergleichenden Messungen kommt man zügig zum Ziel. An 900 Ω fällt bei einem Strom von 31 mA eine Spannung von 28 Volt ab. Der Kathodenstrom ergibt sich zu 35 mA, da bleiben 4 mA für das Schirmgitter. Alle hier gefundenen Betriebsdaten für den AB- Betrieb entsprechen exakt den Angaben im Röhrentaschenbuch. Gleiches gilt für die Betriebsdaten des A-Betriebes im Stereomodus mit einem Anodenstrom von ca. 2 x 46 mA. Wegen des relativ großen Gleichstromwiderstandes der Primärwicklung ist in dieser Betriebsart die Gleichspannung an den Anoden niedriger als an den Schirmgittern. Mit zwei Ausgangstransformatoren der Größe EI78 ist der Freiburg 125 auch für einen Betrieb mit externen Boxen gut gerüstet.

4.5.5 Zu viele Bässe

in den späten 50ern wurde die Bassbetonung auch mal übertrieben. Dann hat man – obwohl perfekt restauriert – etwas zu viel davon. Man muss bei der Übertragung der täglichen Musikprogramme auf die Einstellung "Sprache" wechseln. Das liegt daran, dass Musik heute schon in den Studios bearbeitet wird, auch was die unteren Frequenzbereiche betrifft. Das gab es in den 50ern nicht in dem Maße, weshalb originale Aufnahmen von damals manchmal – verglichen mit der heutigen Musik – etwas dünn klingen. Man sollte einige Originalaufnahmen der 50er bevorraten, um den Klang des Radios / Musiktruhe zu prüfen. Man wird feststellen, dass der Klang nun – auch bei voll wirksamen Bässen in der "Musik" Einstellung keine Wünsche mehr offen lässt.

Möchte man ein solches Radio mehr für die tägliche Unterhaltung benutzen, kann man eine Änderung der Kondensatoren des Klangregelnetzwerkes in Erwägung ziehen. Man hinterlegt einen entsprechenden Hinweis im Gerät.

4.6 Die eisenlose Endstufe von Philips ...

...zählt zu den bemerkens-
werten Gegentaktendstufen
(s. Band 1, *Abschnitt 6.03*).
Auf die besondere Brillanz
des Klanges durch den
fehlenden Ausgangstransformator wurde hingewiesen.
Aufwändige Gegenkopp-
lungsnetzwerke zur Korrektur
des Frequenzganges (z.B. die
Bassanhebung) können ent-
fallen. In Weiterführung der
kurzen Beschreibung im
Band 1 gehen wir hier in die
Details. Folgend werden
Hinweise zur Signalverfolgung gegeben.

4.6.1 Ein Schaltungsbeispiel

Im **Bild rechts** (PHILIPS
1002) wurden zwei Laut-
sprecher mit je 400 Ohm in

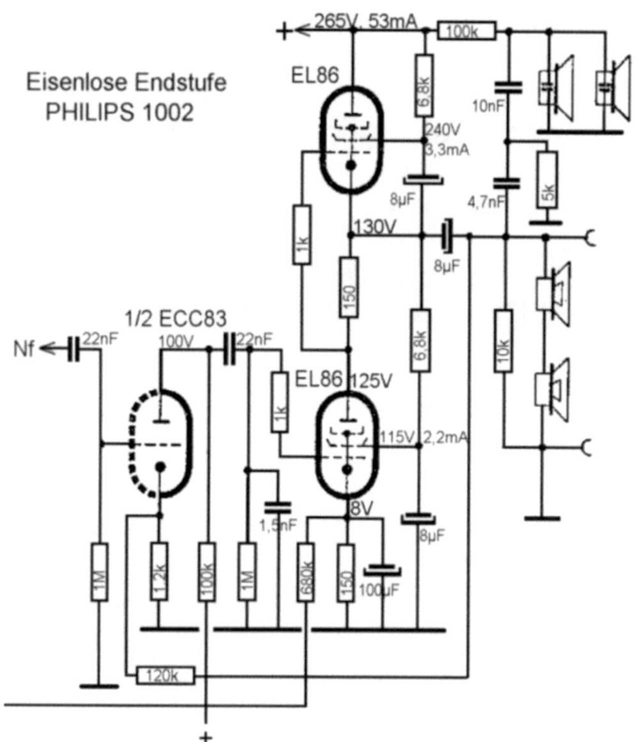

Reihe geschaltet, was üblich ist. Die Funktion der Lautsprecher sollte daher zuerst
geprüft werden, Ersatz ist schwer beschaffbar. Der Koppelkondensator (8 µF)
sollte durch einen Handelsüblichen aus neuerer Fertigung ersetzt werden, um das
Risiko für die Lautsprecher zu minimieren. Ein bipolarer Typ ist nicht erforderlich,
nur sollte bei der Spannungsfestigkeit die der Gleichspannung überlagerte
Wechselspannung berücksichtigt werden. Man wählt mindestens die doppelte
Kathodenspannung. Man wird vermutlich nur solche mit 10 µF finden, das ist aber
in Ordnung. Die Endstufe wurde mit zwei Röhren EL86 realisiert, eine
Neuentwicklung für eisenlose Endstufen. Die Röhre EL84 ist nicht für eine so
hohe Spannung an der Kathode ausgelegt. Die Röhre EL86 wurde auf Basis der
UL84 entwickelt.

Riskieren wir nun einen Blick auf die Schaltung. Zur Vorverstärkung und
Klangformung dienen beide Systeme einer ECC83, das Signal liegt dann über
einem Koppelkondensator am Gitter der unten im Bild dargestellten Pentode
EL86. Auch die Beschaltung dieser Röhre ist uns noch vertraut (Kathoden-

basisschaltung). Nur der Arbeitswiderstand im Anodenkreis ist neu: Er besteht – vereinfacht ausgedrückt – aus einer weiteren Pentode EL86. Diese wird jedoch in Anodenbasisschaltung betrieben, die Anode liegt direkt an der Anodenspannung, also signalmäßig auf Masse. Als Arbeitswiderstand dient die untere Röhre. An dieser Stelle können wir uns an den Unterschied zwischen einem Gleichspannungs- und dem Wechselspannungsverhalten gewöhnen, das wird uns in Hochfrequenzteil dieses Buches nochmals begegnen. Weil sowohl die Kathode der unteren Röhre als auch die Anode der oberen Röhre signalmäßig auf Nullpotential liegen, haben wir es mit einer Parallelschaltung zu tun. In einem Ersatzschaltbild für Wechselspannungen würde man beide Röhrensysteme parallel geschaltet darstellen. Diese Parallelschaltung reduziert auch den Ausgangswiderstand.

Es ist aber auch zweifelsfrei erkennbar, dass beide Röhrensysteme gleichspannungsmäßig in Reihe geschaltet sind. Die Gleichspannungen an den Bauteilen können addiert werden, bis die zugeführte Anodengleichspannung von 265 Volt erreicht wird. Diese, auch als Kaskodenschaltung bekannte Schaltung, bietet einige interessante Vorteile und ist keineswegs ein alter Hut.

In einigen Modellen wurden Varianten realisiert, bei denen mit Hilfe einer Phasenumkehrstufe beide Röhren gegenphasig angesteuert werden.

4.6.2 Spannungen, Ströme, Signalverlauf und Messungen

Wir betrachten zunächst die Gleichspannungen und Ströme: Der Gesamtstrom wird mit 53 mA bei 265 Volt angegeben. Dieser führt zu einer Spannung von 8 Volt am Kathodenwiderstand der unteren Röhre. Die Spannungsangaben sind dem Originalschaltplan des Gerätes entnommen, die Angaben in den Stromlaufplänen sind immer etwas mit Vorsicht zu betrachten, sie sind oft fehlerhaft. Liegt am Gitter der unteren Röhre eine negative Halbwelle, folgt daraus eine verstärkte, aber gegenphasige Halbwelle an der Anode.

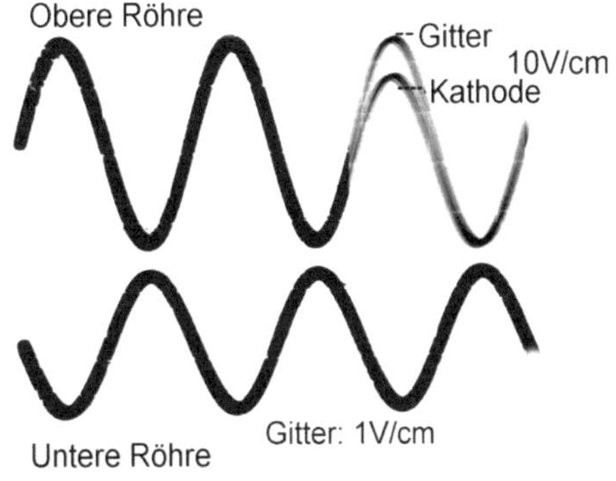

Diese liegt über einem 1k Widerstand am Gitter der oberen Röhre. Man kann das gut kontrollieren, indem man beide Spannungen am Oszilloskop zur Deckung bringt. Der 1k Widerstand verursacht keinen Spannungsabfall, das Gitter ist daher ebenfalls gegenüber der Kathode negativ vorgespannt. Weil der Widerstand (150 Ω) zwischen Anode und Kathode auch für die Signalspannung einen Spannungsabfall zur Folge hat, ist die Signalspannung am Gitter größer als an der Kathode. Die Differenz beider Wechselspannungen liegt als Steuerspannung am Gitter der oberen Röhre, die nun positiv, d.h. **gegenphasig zur unteren Röhre** angesteuert wird. Diese Steuerspannung ist jedoch größer (ca. 1,5-fach) als die Spannung am Gitter der unteren Röhre, weil die durch den fehlenden Elko am Kathodenwiderstand verursachte Gegenkopplung kompensiert werden muss. Das Bild auf Seite 77 zeigt die Signale.

4.6.3 Eine zweikanalige Ausführung

der eisenlosen Endstufe wurde in den Geräten der Oberklasse realisiert. Erstmals im Modelljahr 1955/56 mit den Geräten Saturn 653 und Capella 753. Weil die Röhre EL86 erst im darauf folgenden Modelljahr zur Verfügung stand, wurden die hier erwähnten Geräte noch mit einer Paarung EL84/UL41 bzw. EL84/UL84 ausgerüstet. Es gibt keinen rechten und linken Kanal, hier werden die tieferen und

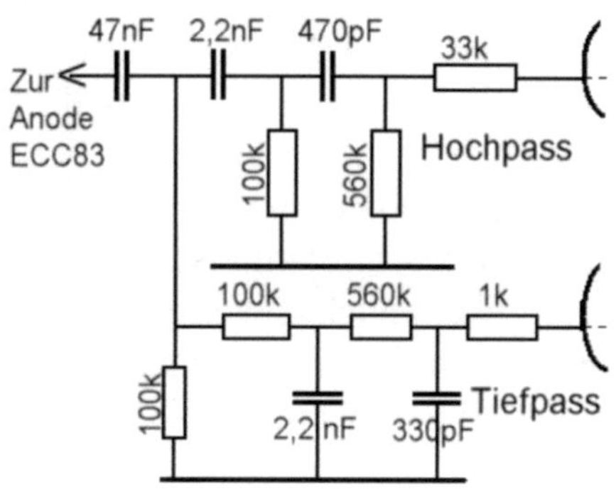

die höheren Frequenzen über jeweils einen Kanal übertragen. Das Nf-Signal wird über einen Hochpass und einen Tiefpass je einer Endstufe zugeführt. Hoch- und Tiefpass sind so dimensioniert, dass sich die Phasenlagen an den Eingängen der Endstufe um 180^0 unterscheiden. Die **Abbildung rechts** zeigt diese Schaltung beim Capella Tonmeister 663A, Modelljahr 1956/57. Daraus resultiert eine weitere Herausforderung für den Restaurateur: Die eisenlose Endstufe zeichnet sich durch

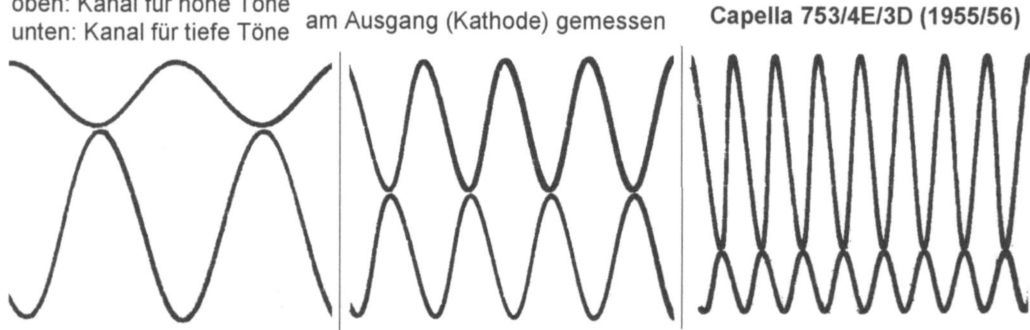

einen linearen Frequenzgang aus, was nun auch für die Summe beider Kanäle gelten muss. Das bedeutet, dass die Summe der Signale an den beiden Ausgängen bei jeder Frequenz gleich groß sein muss, was die oben stehende Grafik zeigt. Die Lautsprecher können entweder an einen Kanal gegen Masse angeschlossen werden oder das Summensignal an beiden Ausgängen abgreifen.

4.7 Der Fall: Unerwünschte Schwingungen im Tonverstärker

Ein Glücksfall für den Autor: Vor ihm steht eine Kammermusik-Schatulle M57 (SIEMENS&HALSKE), die bei einer bestimmten Position des Höhenstellers unerwünschte Schwingungen zeigt. Das kann auftreten, wenn die Phasenbedingungen nicht mehr stimmen und dadurch eine Mitkopplung auftritt (S. Abschnitt 4.3.2, S. 62 unten). Daher sind vor allem Geräte der Oberklasse mit mehrstufigen Tonverstärkern betroffen. Aus Werkstattberichten der 50er Jahre geht hervor, dass dieses Problem sogar bei fabrikneuen Geräten zu beobachten war. Die Schwingungen waren nicht beliebt, weil deren Ursache nicht immer schnell lokalisiert und korrigiert werden konnte.

Dieser Effekt ist nicht mit der so genannten Mikrofonie (S. Band 1, *Abschnitt 1.06*) zu verwechseln, die im hörbaren Bereich auftritt. Dabei werden mechanische Schwingungen auf elektrisch sensible Teile übertragen.

Unsere Schatulle schwingt mit 200 kHz, auch am Lautsprecher liegt diese Wechselspannug mit Uss=2 Volt. Die Schwingung ist nicht hörbar und beeinflusst die Tonqualität nicht. Nur wenn man es weiß und darauf achtet, ist hier während des Schwingens ein leises Netzbrummen hörbar. Der Anodengleichstrom nimmt dabei um ca. 5 mA ($\approx$5%) zu. Dass so eine Überlagerung gut funktionieren kann, haben wir schon im Abschnitt 4.3.2 (Seiten 63/64) gelesen. Denn hier haben wir es mit 200 KHz ja auch schon mit dem Langwellenbereich zu tun.

Der Nachweis dieser Schwingungen ist einfach, wenn wir uns eine Suchspule (s. Abschnitt 1.5.1) angefertigt haben. Weil die Schwingungen am Ausgangstrafo nicht vorbei kommen, reagiert die Suchspule hier außerordentlich stark. Außerdem vermeiden wir eine mögliche Beeinflussung des Schwingens durch den Tastkopf, die Schwingung könnte aussetzen.

Zuerst verschaffen wir uns einen Überblick an Hand des Schaltplanes. Die **Schatulle M57** hat eine Gegentaktendstufe mit 2 Röhren EL84, einen aufwändig gewickelten Ausgangstransformator und einen zweiten Ausgangstrafo für die Hochtonlautsprecher. Insgesamt 16 Röhrensysteme, davon 10 im Hochfrequenzbereich, sorgen für eine hervorragende Empfangsleistung. Es lohnt sich also, dem Fehler nachzugehen.

Unser Problem entsteht im Nf-Vorverstärker, der aus drei Triodensystemen besteht. Zwei Systeme sind Spannungsverstärker, ein System dient als Phasenumkehrstufe ohne Spannungsverstärkung. Die nächste Seite zeigt den **Schaltplanausschnitt:**

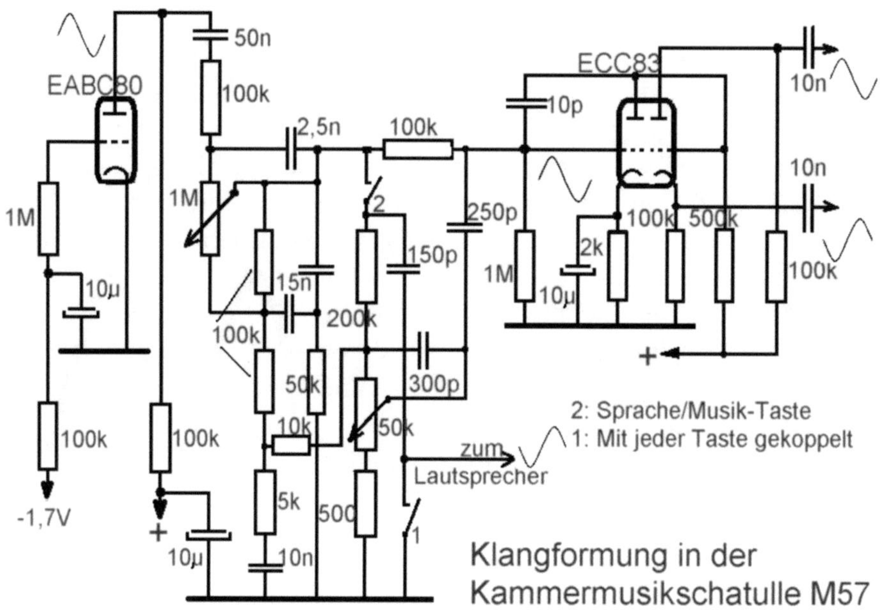

Die Beschaltung der Röhre ECC83 entspricht im Prinzip der in der
"Referenzbaugruppe Tonverstärker" gewählten Variante, mit kleinen Unterschieden, z. B. der galvanischen Kopplung (ohne Koppelkondensator) zwischen
den Triodensystemen der ECC83. Das Klangregelnetzwerk befindet sich ausschließlich zwischen dem ersten und dem zweiten Triodensystem mit der schon
bekannten Verbindung (Gegenkopplung) zur Sekundärwicklung des Ausgangstransformators. Der Lautstärkesteller ist unabhängig davon vor dem ersten
Triodensystem angeordnet. Die beiden Koppelkondensatoren (10 nF) rechts im
Bild sind mit den Steuergittern der Endröhren verbunden. Im Schaltplan sind die
Phasenlagen eingezeichnet. Das bereits erwähnte Potentiometer zur Einstellung
der Höhen (50k) ist im unteren Teil der Skizze zu sehen.

Weil im Klangregelnetzwerk keine Gegenkopplungswege bestehen, kann die
Schwingung nur durch den Gegenkopplungspfad vom Ausgangstransformator
verursacht werden. Diese These bestätigt sich, weil der Kontakt 1 (unten im Bild),
der bei jeder Tastenbetätigung zur Unterdrückung von Schaltgeräuschen schließt,
die Schwingungen unterbricht. Der Kontakt 2 zeigt keine Auswirkungen auf die
Schwingung.

Phasenverschiebungen entstehen frequenzabhängig (s. Abschnitt 4.2). Diese
erreichen hier irgendwo für die Frequenz 200 kHz eine Phasenverschiebung, die
eine für den Schwingeinsatz ausreichende Mitkopplung zur Folge hat.

Ursachenforschung:

Weil bei dieser Schatulle die Kondensatoren des Klangregelnetzwerks nur stichprobenartig überprüft aber noch nicht ausgetauscht wurden, liegt der Verdacht nahe, dass diese Kondensatoren für die Phasenfehler verantwortlich sein könnten. Außerdem war festzustellen, dass an diesem Gerät schon repariert wurde und das auch noch mit den Widerständen, die schon im Abschnitt 4.3.2 schlechte Noten bekommen haben. Beim Aufspüren der Fehlerursachen gehen wir nach dem Ausschlussverfahren, wie im Abschnitt 4.3.2 schon beschrieben, vor: Wir legen verschiedene Punkte über einen 10 nF Kondensator auf Masse und markieren die Stellen, bei denen die Schwingungen bestehen bleiben bzw. verschwinden.

Die Werte der Bauteile im Schaltplanausschnitt wurden dem originalen Schaltplan entnommen. Aber auch hier gilt es wieder Vorsicht walten zu lassen, wenn man im Gerät andere Werte findet. Schaltpläne sind oft fehlerhaft. Eine erste Überprüfung mit der oben beschriebenen Methode bestätigte, dass die Ursache nicht vor der EABC80 und nicht in der Endstufe zu suchen ist. Es wurde auch die grundsätzliche Empfehlung bestätigt, immer zuerst vorhergegangene Reparaturen zu überprüfen. Dazu betrachten wir **das nächste Bild**:

Hier fallen neben den bereits erwähnten Widerständen (s. rechts im Bild) vor allem die beiden ersetzten Koppelkondensatoren zur Endstufe (10 nF) auf, denn diese Bauform gab es zum Zeitpunkt der Fertigung der Schatulle noch nicht. Beim Untersuchen der verschiedenen Lötstellen nach der vorgenannten Methode fiel jedoch auf, dass einer der beiden Koppelkondensatoren falsch angelötet war. Diese müssen gemäß Schaltplan an der Anode und an der Kathode der Phasenumkehrstufe angelötet werden. Trotz aller Skepsis gegenüber den Schaltplänen ist der vorliegende Plan in diesem Punkt richtig, wie wir auch aus den entsprechenden Abschnitten dieses Buches wissen. Gemein ist nur, dass unsere Schatulle – bis auf die unerwünschten Schwingungen – trotzdem ohne

Beanstandungen funktionierte. Im **Bild auf Seite 81** sieht man deutlich, dass einer der beiden Kondensatoren nicht an der Kathode, sondern am nächsten Stift, dem Steuergitter angelötet wurde. Und weil an diesem Gitter die Wechselspannung in Betrag und Phase ungefähr genau so groß ist wie an der Kathode, funktionierte die Endstufe trotzdem. Nur war dieser Ausgang wesentlich hochohmiger, was die Entstehung der Schwingungen begünstigte.

Nun wäre es ja möglich, dass der Vorbesitzer nur einem bereits in der Fertigung entstandenen Fehler folgte, aber man sieht deutlich, dass an dem Kathodenstift bereits gelötet wurde, im Unterschied zum Stift rechts daneben.

Dem Leser mag die Schilderung dieses Falles möglicherweise als zu lang – zu umständlich – erscheinen. Aber genau so sind sie, die versteckten Fehler.

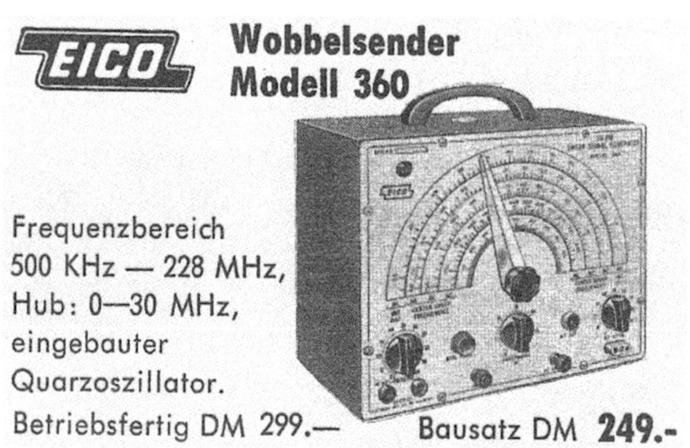

1960:

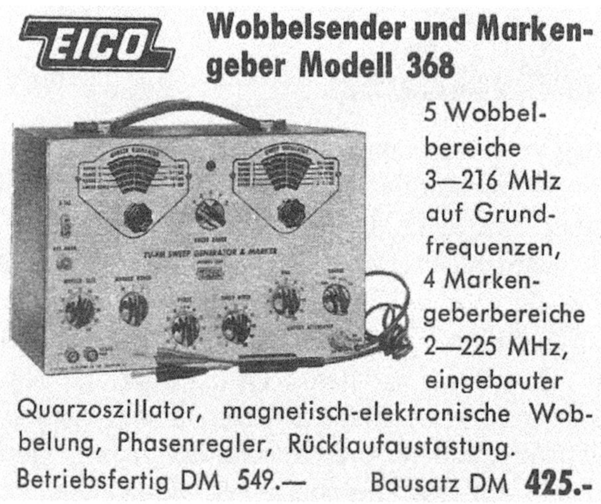

4.8 Verstärker – Selbstbau anno 1953

Das Thema "Tonverstärker" runden wir noch mit einem Selbstbauprojekt ab, das alle bisher besprochenen Merkmale enthält. Wir machen also der modernen Röhrenverstärkerfraktion keine Konkurrenz. Die Schaltung ist der Firma VALVO zuzuordnen. Es gab wohl kaum eine zeitgenössische Publikation, die diese Schaltung ausgelassen hätte. Es handelt sich um einen "Hi-Fi Qualitätsverstärker" aus dem Jahr 1953 mit folgenden Merkmalen: 10 Watt Gegentaktendstufe, Frequenzbereich 10 bis 30.000 Hz, Klirrfaktor <0,5%. Bemerkenswert ist die Gleichstromkopplung zwischen der Röhre EF86 und des ersten Triodensystems der ECC83.

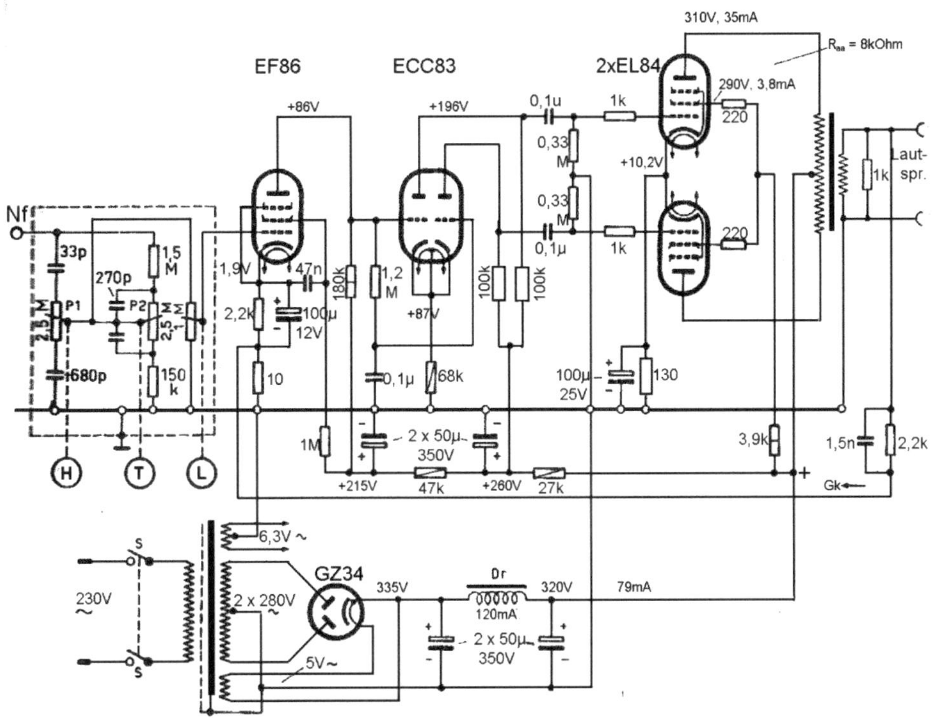

Phasenumkehrstufen kennen wir von dem Abschnitt 4.5.3, hier liegt jedoch das Gitter des zweiten Triodensystems wechselstrommäßig auf Masse. Die Ansteuerung erfolgt über die Kathode. Der Vorverstärker mit der Röhre EF86 ist von der Sekundärwicklung des Ausgangstransformators her gegengekoppelt, einschließlich der Bassanhebung. Die Endstufe arbeitet im AB-Betrieb. Gegenkopplung und Klangformung erfolgen unabhängig voneinander, was Spielraum für Änderungen nach eigenen Vorstellungen schafft.

Beim Nachbau können folgende Änderungen erwogen werden:

- ➢ **Die Röhrengleichrichtung** sollte unbedingt beibehalten werden, weil sonst während der Aufheizphase an den Gittern der Triodensysteme die Leerlaufspannung von mehr als 300 Volt liegt. Die Anodenwechselspannung kann um ca. 10% reduziert werden (z.B. 2 x 280 Volt), was sich aber auf die Leistung auswirkt. Als Gleichrichterröhre kann die EZ81 verwendet werden, damit hat man noch Reserven, z.B. für einen UKW-Empfangsteil. Eine gesonderte Wicklung für die Heizung der Gleichrichterröhre, eventuell auch ein kleiner Zusatztrafo, ist unbedingt erforderlich. Die Heizspannung für die übrigen Röhren kann auch einseitig an Masse gelegt werden. Im Primärkreis des Netztrafos muss eine Sicherung installiert werden. Für die Siebkette hinter der Gleichrichterröhre sind Elkos mit einer Spannungsfestigkeit bis 450 Volt sinnvoll, man sollte grundsätzlich nicht in Grenzbereichen arbeiten (lassen).
- ➢ **Der Ausgangstransformator** lässt sich aus einem Schrottchassis ausbauen, solche Chassis sind bei Ebay relativ häufig zu finden. Ein Transformator mit Anzapfungen für eine Schirmgittergegenkopplung kann auch verwendet werden.
- ➢ **Die Klangformung** ist hier kompakt vor dem Eingang des Verstärkers angeordnet. Man kann erwägen, auf diese zu verzichten, was für einen HiFi-Verstärker angemessen wäre, oder lediglich ein Sprache/Musik Register vorzusehen. Anregungen hierzu sollte es im Abschnitt 4.3.1 geben. Und bitte nicht vergessen, dass abgeschirmte Leitungen nur an einem Ende an Masse liegen.
- ➢ **Die Gleichstromkopplung** zwischen der EF86 und dem ersten Triodensystem muss unbedingt messtechnisch geprüft werden, hängt doch der Wert der Gleichspannungen an der Anode der EF86 und den Kathoden der ECC83 auch vom Zustand der Röhren ab. Die Röhre EF86 ist empfindlich gegen Mikrofonie.

4.9 Überleitung zur Hochfrequenztechnik

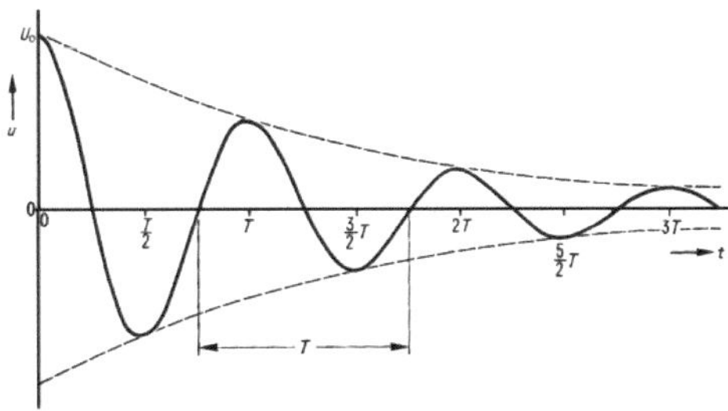

Nun haben wir uns seitenweise mit der unerwünschten Abweichung von der Sinusform beschäftigt, bzw. diese als eines der größten Probleme des Tonverstärkers verstanden. Das können wir jetzt, wenn der Tonverstärker keine Wünsche mehr offen lässt, wieder vergessen. Denn ohne nichtlineare Verzerrungen gäbe es keinen Überlagerungsempfänger!

In der Hochfrequenztechnik haben wir es mit Resonanzkreisen zu tun, die nicht davon abzubringen sind, in der Sinusform zu schwingen. Sie halten es nur nicht lange durch. Der Verlust (Verlustwiderstand) lässt die Schwingung mehr oder weniger langsam ausklingen (s. im **Bild oben** (9)), wenn keine neue Energie zugeführt wird. In unseren Schullehrbüchern wird dieser Vorgang mit einem

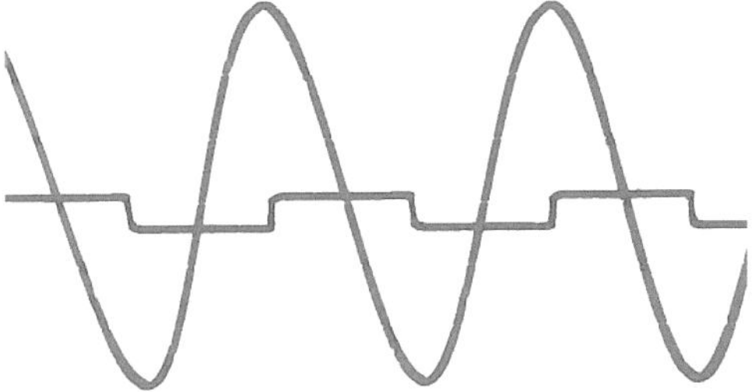

Pendel verglichen, das ja auch nicht ewig pendelt, wenn es nicht immer wieder etwas angestoßen wird – und das reicht dem Schwingkreis auch. Die zugeführte Energie muss nicht die Sinusform haben, wie im **Bild rechts** gezeigt wird: Dem Schwingkreis wird über einen Widerstand (470 kOhm) ein Rechteckpuls zugeführt.

Beide Signale wurden mit dem gleichen Maßstab abgebildet. Die relative Größe der Amplitude der Sinusschwingung hängt von der Güte des Resonanzkreises ab. Die Resonanzfrequenz liegt hier mit ca. 600 kHz im Mittelwellenbereich.

Im Abschnitt 1.4 haben wir schon wesentliche Eigenschaften eines Parallelschwingkreises kennen gelernt: Im Resonanzfall ist dessen Widerstand reell und sehr groß. Weicht die Frequenz nach unten ab, wird dieser Widerstand kleiner und induktiv, bei Abweichung nach oben wird er ebenfalls kleiner, aber kapazitiv. Entsprechend ändern sich die Phasenlagen. Ein Schwingkreis kann demnach als frequenzabhängig veränderbarer Widerstand betrachtet werden. Davon wird im Abschnitt 6.2 nochmals die Rede sein.

Weiterführende Literatur: Diese Zusammenhänge können in einem Kreisdiagramm (Smith-Diagramm) dargestellt werden. Ein Thema, dass kein einschlägiges Fachbuch auslassen kann, z.B. das im Anhang B vermerkte TELEFUNKEN Laborbuch Band 2 (2).

Niederfrequenz oder Hochfrequenz, was ist einfacher?

Betrachtet man den einfachen Tonverstärker mit einer Triode und einer Pentode, liegt die Antwort auf der Hand. Aufwändige Tonverstärker mit 4 bis 5 Röhrensystemen und verschachtelten Netzwerken zur Klangformung können nerven. Das kann ein Zwischenfrequenzverstärker auch, aber hier entfallen die Wechselwirkungen zwischen den Verstärkerstufen. Man kann Stufe für Stufe abarbeiten. Dafür kann man nicht, wie im Tonverstärker, an beliebigen Punkten die Signale abgreifen und abbilden. Die Messtechnik wird vom Grundsatz nicht schwieriger, aber man hat größere Chancen auf Messfehler. Man muss sich auch mit den theoretischen Grundlagen der Hochfrequenztechnik beschäftigen und Erfahrungen sammeln.

Ein weiterer Unterschied zum Nf-Bereich liegt darin, dass wir jetzt an verschieden Baugruppen Einstellungen vornehmen können, bzw. müssen, und dabei kann es sehr wohl Wechselwirkungen geben. Das betrifft vor allem die Vor- und Oszillatorkreise. Es wird also nicht schwieriger, nur anders.

Im Band 1 wird die Funktion des Überlagerungsempfängers anhand eines Blockschaltbildes beschrieben, den einzelnen Funktionseinheiten ist je ein Kapitel gewidmet. Band 1 beschreibt die Funktion, Band 2 beschreibt Messungen an den Bausteinen. Dabei sind Überschneidungen nicht ganz vermeidbar.

Entsprechende Fragen aus den Seminaren lassen vermuten, dass die Grundlagen der Empfangstechnik im Band 1 etwas zu kurz gekommen sind. Der nächste Abschnitt beginnt daher etwas weiter vorne in der Geschichte des Radioempfangs und zeigt vor allem die einfacheren Schaltpläne, die sich zum "Lesen üben" – ebenfalls ein Wunsch aus den Seminaren – eignen.

Weitere Grundlagen, z.B. die frequenzabhängigen Eigenschaften drahtlos übertragener elektromagnetischer Schwingungen (Wellen) betreffend, können nicht Gegenstand dieses Buches sein.

5. Empfangstechnik

5.1 Grundlagen

Unsere Patienten haben mehrere Empfangsbereiche:
Langwelle, Mittelwelle, Kurzwelle und seit Anfang der 1950er Jahre auch Ultrakurzwelle. Die Ausbreitungsbedingungen der elektromagnetischen Wellen sind in allen Bereichen verschieden, was sich auf die Reichweite auswirkt. Es gibt Abhängigkeiten von den Tageszeiten, die sich im Kurzwellenbereich besonders stark auf die Reichweiten auswirken. Den Geräten lagen daher Unterlagen bei, die eine Orientierung im KW-Bereich erleichtern sollte. Hier ein Beispiel von SABA:

Tabelle des günstigsten Kurzwellenempfanges in Deutschland

Wo?	Jahreszeit	Wann kann was empfangen werden?		Günstigste Entfernungen vom Sender	
Im 49 m-Band	Winter	tags: Deutschland	nachts: Europa	tags: 100 bis 500 km	nachts: 400 bis 2000 km
	Frühling / Herbst	tags: Deutschland	nachts: näheres Europa	tags: 80 bis 400 km	nachts: 300 bis 1500 km
	Sommer	tags: Deutschland	nachts: näheres Europa	tags: 50 bis 300 km	nachts: 200 bis 1200 km
Im 41 m-Band	Winter	tags: näheres Europa	nachts: Europa	tags: 300 bis 1500 km	nachts: 600 bis 3000 km
	Frühling/Herbst	tags: näheres Europa	nachts: Europa	tags: 200 bis 1000 km	nachts: 500 bis 2000 km
	Sommer	tags: Deutschland	nachts: näheres Europa	tags: 100 bis 500 km	nachts: 300 bis 1500 km
Im 31 m-Band	Winter	tags: Europa Afrika	nachts: Übersee	tags: 500 bis 3000 km	nachts: 800 bis 5000 km
	Frühling / Herbst	tags: näheres Europa	nachts: Europa Afrika	tags: 300 bis 1500 km	nachts: 600 bis 3000 km
	Sommer	tags: Deutschland	nachts: näheres Europa	tags: 200 bis 800 km	nachts: 500 bis 2000 km
Im 25 m-Band	Frühling / Herbst	tags: Europa Afrika	nachts: Übersee	tags: 800 bis 3000 km	nachts: Über 3000 km
	Sommer	tags: Europa	nachts: Afrika	tags: 500 bis 2000 km	nachts: über 2000 km
Im 19 m Band	Frühling / Herbst	morgens: Asien Australien	abends: Amerika	über 2000 km	
	Sommer	morgens: Osten	abends: Westen		
Im 17 m-Band	Sommer	morgens: Asien, Australien		über 3000 km	
		abends: Amerika			
Im 13 m Band	Sommer	Sonnenaufgang: Asien, Australien		über 4000 km	
		Sonnenuntergang Amerika			

Die Frequenzen über alle Wellenbereiche liegen im Bereich von 148,5 KHz (LW) bis 108 MHz (UKW), das reicht bis zum 700-fachen von der unteren Grenze. Daraus folgt ein weiteres unterschiedliches Merkmal: Die Antennenlänge, die theoretisch ein Viertel oder die Hälfte der Wellenlänge betragen soll ($\lambda/4$ bzw. $\lambda/2$). Kurzwellenhörer erkannte man daher auch an den quer durch den Garten gespannten Antennen. Für die Mittel- und Langwellenhörer genügte der (drehbare) Ferritstab, der vor allem durch seine Richtwirkung punkten konnte.

Ein weiterer bedeutender Unterschied ist uns bestens bekannt: Die Amplitudenmodulation (AM) in den Bereichen LW, MW, KW und die im UKW-Bereich verwendete Frequenzmodulation (FM). Obwohl die UKW-Übertragung die beste Tonqualität bietet, wurden auch die AM-Bereiche gerne gehört, hier war der Weitempfang von Vorteil. Die Jugend hörte Radio Luxemburg im 49m-Band. Die großen Reichweiten erforderten auch große Sendeleistungen, was den Aufbau einfacher Empfangsschaltungen im Nahbereich eines Sendemastes ermöglichte. Und das funktionierte schon mit einem ...

5.1.1 Detektorempfänger

Dieser arbeitet sogar mit ausschließlich passiven Bauteilen. Das **Bild rechts** zeigt die Anordnung der Bauteile: Ein Parallel-resonanzkreis, wie in 1.4 beschrieben, wird mit einem Drehkondensator (0...500 pF) auf das Mittelwellenband abgestimmt. Bezüglich der Induktivität der Spule, die meist als Luftspule ausgeführt wurde, kann man sich

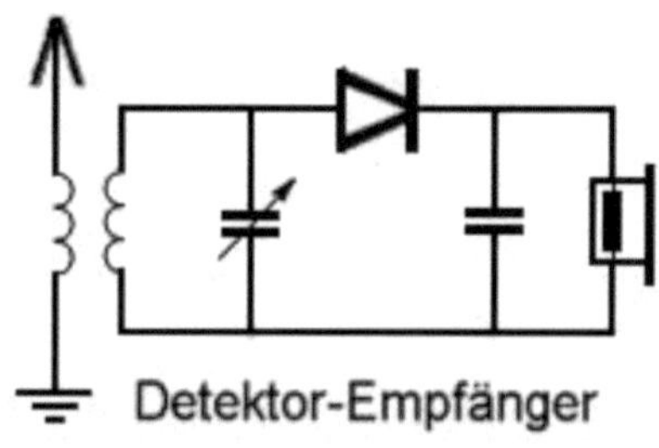

experimentell herantasten oder diese berechnen. Für eine einlagig gewickelte Zylinderspule *(auf eine Rolle aus fester Pappe gewickelt)*, gibt es Formeln zur Berechnung der Induktivität und der Eigenkapazität. Den letzteren Wert müsste man kennen (s. Abschnitt 1.4.1), um den mit dem Drehkondensator erreichbaren Frequenzbereich zu ermitteln. Bei der Kombination einer Luftspule mit einem 500pF Drehkondensator ist die Eigenkapazität vernachlässigbar klein, diese Zusammenhänge werden später bei der Besprechung des UKW-Tuners (s. Abschnitt 8.2.3) nochmals aufgezeigt. Bei einem Detektorempfänger für den Mittelwellenbereich mit einer eisenlosen zylindrischen Spule beträgt die Induktivität ca. 180 µH, wenn wie folgt gewickelt wird: Drahtdurchmesser 0,22 mm, Spulenkörper Durchmesser 18 mm, Länge der Spule 50 mm.

Die Antenne kann induktiv (s. im Bild) oder kapazitiv angekoppelt werden. Die Resonanzfrequenz wird mit einer Diode gleichgerichtet, gefolgt von einem parallel zu schaltenden Kondensator, der die Funktion eines Siebkondensators hat. Hochfrequenzreste werden kurzgeschlossen. Als Lastwiderstand dient hier ein im kOhm-Bereich liegender permanent-dynamischer Hörer.

Nun wollen wir vermutlich keinen Detektorempfänger bauen, es gibt keine Sendestation mehr in unserer Nähe, aber wir haben uns beim Umgang mit Resonanzkreisen schon in den Hochfrequenzbereich vorgewagt. Wir bewegen uns schon im Empfangsbereich der Mittelwelle und der Zwischenfrequenz der AM-Bereiche. Es spricht nichts dagegen, einen Resonanzkreis mit den hier beschriebenen Daten aufzubauen und die in 1.4.2 gezeigten Übungen zu wiederholen. Wir werden uns in den folgenden Kapiteln frequenzmäßig langsam nach oben vorarbeiten, bis zur Königsdisziplin bei 100 MHz im UKW-Tuner.

Es gibt sie aber noch, die Detektor-Fangemeinde, auch im Kurzwellenbereich. Aber der erfolgreiche Aufbau setzt noch einige Kenntnisse voraus: Ohne Erdung und eine viele Meter lange Antenne geht gar nichts. Für die Spule verwendet man möglichst Hf-Litze und wickelt mit einem Durchmesser von mehreren Zentimetern und nicht jeder Diodentyp ist geeignet. Eine Germaniumdiode sollte es schon sein. Im Internet und in der einschlägigen Literatur findet man passende Bau-anleitungen.

Es ist üblich, die Qualität eines Radios durch Abzählen der (Schwing-) Kreise zu bewerten. Ergänzen wir diesen einfachen Empfänger mit einem Verstärker zum Betrieb eines Lautsprechers, haben wir immerhin schon einen "Einkreiser" geschafft.

5.1.2 Der Einkreisempfänger

Die bekannteste Schaltung ist die so genannte Audionschaltung, bei der die Hochfrequenz mit einer Röhre verstärkt und gleichgerichtet wird. Um die Verstärkung zu erhöhen, kann ein Teil der Hochfrequenz auf den Eingangskreis rückgekoppelt werden. Die Kopplung wird mit einem Dreh-kondensator oder mit einer beweglichen Spule bis kurz vor dem Schwingeinsatz eingestellt. Solche preiswerten Geräte wurden noch um 1950 angeboten, waren aber wegen der geringen Kosten für viele Jahre be-

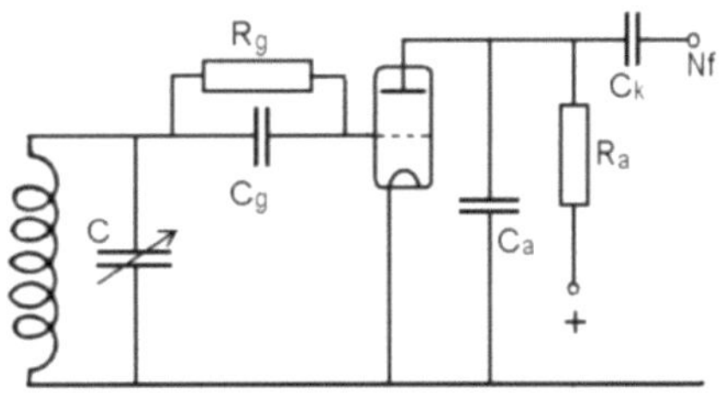

Audion - Prinzipschaltung

liebte Bastlerprojekte. Die Audionschaltung kann als genial bezeichnet werden und wird in jedem einschlägigen Fachbuch mit mehreren Seiten gewürdigt. MEY-ERS ENZYKLOPÄDISCHES LEXIKON (1978) – (10) fasst wie folgt zusammen:

Audion
Eine Schaltungsanordnung (Demodulator) mit einer Elektronenröhre (Triode oder Pentode), die in Einkreis-Rundfunkempfängern (sog. Audion-Empfängern) die aufmodulierten niederfrequenten Schwingungen von den hochfrequenten Trägerwellen trennt und gleichzeitig verstärkt. Die Demodulation der amplitudenmodulierten Trägerwellen erfolgt durch Gittergleichrichtung zwischen Steuergitter und Kathode; diese

Wegen der letztgenannten Einschränkung wurde der Audionempfänger meistens mit 2 Pentoden realisiert, wobei die zweite Pentode als Nf-Endröhre arbeitet. Der bei Sammlern beliebte Volksempfänger VE 301 arbeitet nach diesem Prinzip. Die Abbildung unten zeigt die Schaltung des 88 GW von GRUNDIG aus dem Modelljahr 1950/51.

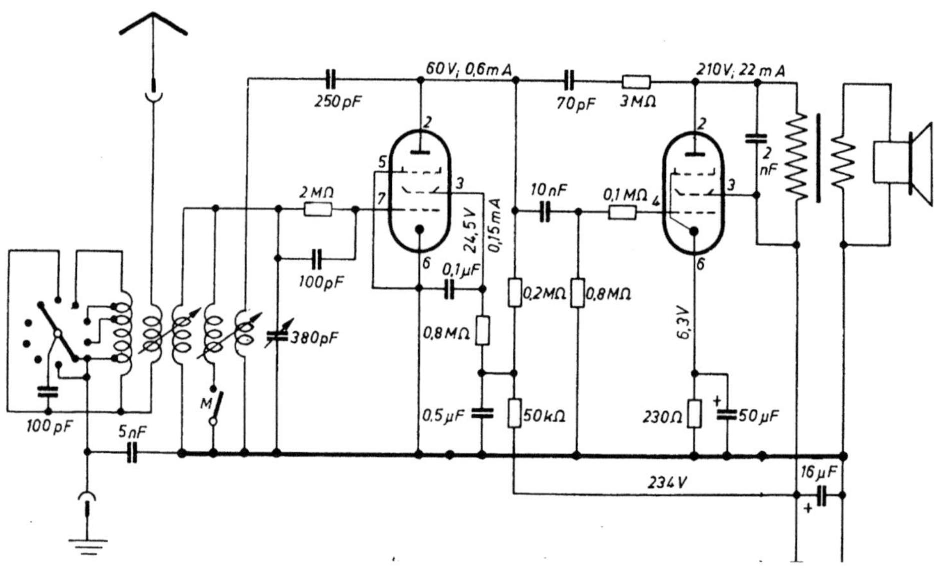

Die Schaltungen der verschiedenen Audion-Empfänger unterscheiden sich nicht wesentlich voneinander, folgen sie doch alle dem gleichen Prinzip.
Die nächste Stufe der Qualität erreicht man, wenn man den Audionempfänger mit einer abstimmbaren Hf-Vorstufe ergänzt. Und das führt uns zum Zweikreiser.

5.1.3 Der Zweikreisempfänger

begegnet uns in verschiedenen Varianten (7). Man kann, wie wir das schon gewöhnt sind, den ersten abstimmbaren Kreis vor dem Gitter der ersten Röhre und den zweiten Kreis nach dieser Röhre anordnen. Beide Kreise werden mit einem

Zweifach-Drehkondensator gleichlaufend abgestimmt. Beide Kreise können auch in einem Bandfilter zusammengefasst werden, das dann zwischen beiden Röhren angeordnet wird. Statt der Gittergleichrichtung (Audion) kann auch die "normale" Anodengleichrichtung realisiert werden, und für die Rückkopplung im Hf-Bereich findet man ebenfalls verschiedene Möglichkeiten. Dass ein Zweikreiser keinesfalls ein alter Hut sein muss, zeigt die folgend abgebildete Schaltung:

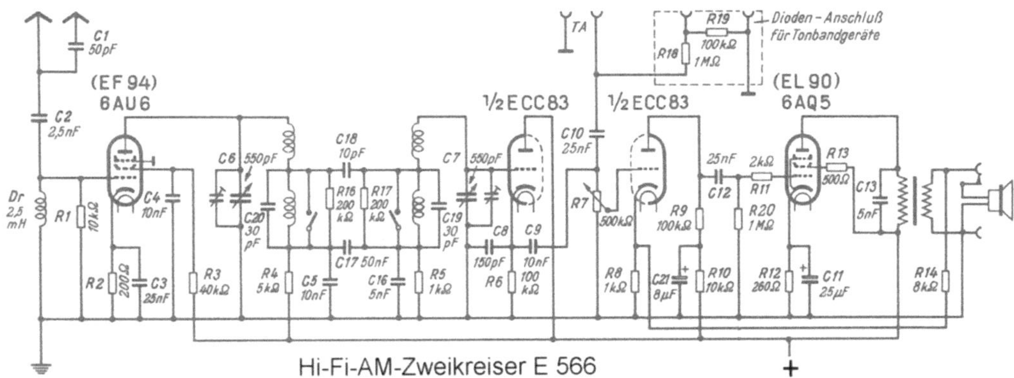

Hi-Fi-AM-Zweikreiser E 566

Die Hf-Bandbreite eines Zweikreisers ist noch deutlich größer als in einem Überlagerungsempfänger, der eine größere Selektivität besitzt. Es liegt daher nahe, einen hochwertigen Nf-Verstärker folgen zu lassen. Der Bandfilter-Zweikreiser E 566 verzichtet auf eine Rückkopplung im Hf-Bereich, er ist nicht für den Fernempfang gedacht, aber das ist der UKW-Rundfunk auch nicht. Der Nf-Verstärker arbeitet mit einem frequenzneutralen Gegenkopplungskanal zur Minderung der Verzerrungen. Die Demodulation erfolgt über die Kathodenstrecke des ersten Triodensystems, erst das zweite Triodensystem sorgt für die Spannungsverstärkung (Vorstufe). In der Funkschau 1956 / Heft 15 findet sich eine ausführliche, vierseitige Beschreibung mit Bauanleitung zu diesem Empfänger:

UKW - Qualität beim AM - Empfang

Die Schaltung wurde von Ing. O. Limann und Ing. F. Kühne entwickelt.

Im Band 1 von "Radios der 50er Jahre" wurde schon auf die Grenzen einer mehrstufigen Anordnung gleichlaufend abgestimmter Schwingkreise hingewiesen. Mehr geht nicht (fast nicht).

5.1.4 Der Überlagerungsempfänger

ermöglicht den Schritt in die nächste Stufe: Ein mehrstufiger Hf-Verstärker mit einer festen Frequenz ermöglicht auch Fernempfang und gewährleistet eine ausreichende Selektion. Das Prinzip wurde schon im Band 1 beschrieben. Der folgend abgebildete, sehr übersichtliche Stromlaufplan eines AM-Überlagerungs-empfängers (AM-Super) lässt die Weiterentwicklung der Empfangstechnik gut erkennen.

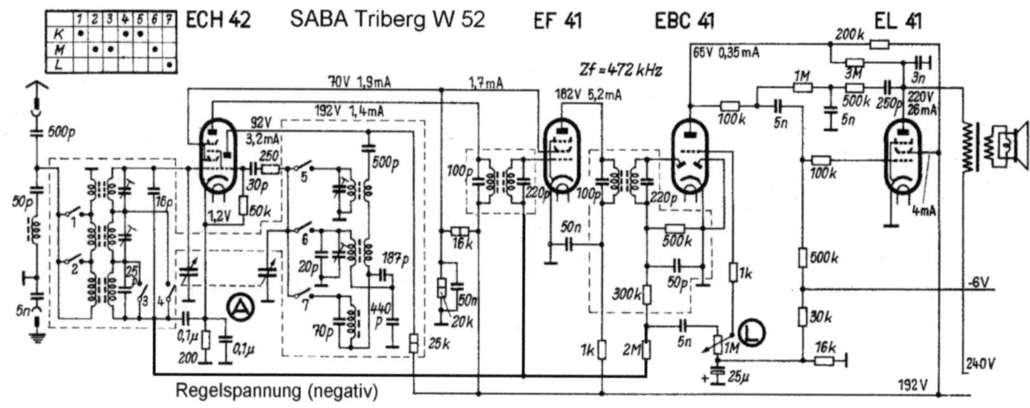

Der Empfänger verfügt über drei Wellenbereiche (LW, MW und KW). Wir zählen zunächst die Kreise: Das sind jeweils 2 in den Bandfiltern, ein Oszillator- und ein Eingangskreis, das sind 6 Kreise, ein deutlicher Fortschritt. Zusätzlich gibt es noch den als Serienresonanzkreis ausgeführten so genannten Saugkreis, der gleich am Antenneneingang Frequenzen im Bereich der Zwischenfrequenz kurzschließen soll. Saug- und Sperrkreise werden nicht mitgezählt. Im FM-Bereich werden deutlich mehr Kreise gezählt, was an dem Ausgangsbandfilter des UKW-Kästchens und zusätzlichen Vor- bzw. Antennenkreisen, auch Eingangs-bandfiltern, liegt.

Zur Vorbereitung auf die folgenden Abschnitte des Buches besprechen wir das oben abgebildete Gerät als eine weitere Aufwärmübung, beginnend mit dem Nf-Ausgang: Der Ausgangstrafo wurde ohne Brummkompensation gewickelt. Ein überschaubares Gegenkopplungsnetzwerk befindet sich zwischen den Anoden der Nf-Röhren. Bei AM-Empfang kann man, wegen des ohnehin begrenzten Übertragungsbereichs, auf einige Feinheiten der Klangbeeinflussung verzichten. An der Anode der Endröhre fällt ein 3 nF Kondensator auf, auf dessen Gefährlichkeit im Abschnitt 4.3.1b hingewiesen wurde.

Die Kathode der Endröhre liegt auf Masse, die negative Gittervorspannung wird vom Netzteil geliefert. Am Gitter der EBC liegen noch -2V. Die Demodulation des Hf-Signals ist bei Amplitudenmodulation denkbar einfach, eine Diodenstrecke der EBC reicht aus. Das Ergebnis ist eine von der Tonfrequenz überlagerte negative Gleichspannung, Hf-Reste fließen über 50 pF ab. Die Tonfrequenz wird über 5 nF an das Lautstärkepotentiometer gelegt, die verbliebene negative Spannung liegt über 2 MΩ an den Steuergittern der Hf-Röhren und regelt damit die Verstärkung im Hf-Bereich in Abhängigkeit von der Größe des Hf-Signals. Für die Regelung wird die Nf-Spannung über 0,1 µF am Kathodenwiderstand der ECH kurzgeschlossen. Die Bandfilter sehen aus wie im Lehrbuch, keine Tricks. Die gestrichelte Linie entspricht dem Gehäuse, zeigt die im Gehäuse verbauten Komponenten. Wie üblich wird das Triodensystem der ECH als Oszillatorröhre und das Hexodensystem (Mischhexode) zur Verstärkung des Eingangssignals und zur Mischung mit der Oszillatorfrequenz verwendet. Das Schema des Wellenschalters hilft bei der Fehlersuche in diesen Bereichen.

Anfang der 50er Jahre begann der UKW-Rundfunk. Der Überlagerungsempfänger wurde entsprechend erweitert (s. S. 64), aber bis zur Ausstattung mit einem gesonderten Tuner vergingen noch 2-3 Jahre.
Im ersten Band 1 *(s. S. 129)*, wird das Schema des SABA Wildbad W5-3D gezeigt, das sich durch eine gute Übersichtlichkeit, insbesondere bei den Kombinationsbandfiltern, auszeichnet. Den UKW-Tuner (Eingangs- und Mischteil) dieses Gerätes findet man auf der vorderen Umschlagseite und im Abschnitt 8.2, S. 126.

6 Demodulation

nennt man die Trennung des Nf-Signals von der Hf- Trägerschwingung im Rundfunkempfänger. Die Realisierung einer AM-Demodulation unterscheidet sich dabei wesentlich von der einer FM-Demodulation, was prinzipiell in Band 1 beschrieben wurde. Hier wird es schwerpunktmäßig um das Aufspüren von Fehlern gehen. Dass dabei die FM-Demodulation mehr Aufmerksamkeit erfährt, liegt auf der Hand. Es gab kein Seminar ohne Fragen zum Ratiodetektor.

6.1 Demodulation amplitudenmodulierter Schwingungen (AM)

Die Demodulation, die Wiedergewinnung der Tonfrequenz im AM-Bereich, ist einfach zu realisieren, wie das Beispiel "Detektorempfänger" zeigt. (s. Abschnitt 5.1.1). Je nach Polung der Gleichrichterdiode entsteht eine positive oder eine negative pulsierende Spannung, die mit einem nachfolgenden Kondensator geglättet wird. Das Prinzip ist uns schon vom Gleichrichter der Spannungsversorgung bekannt. Der Kondensator muss so bemessen sein, dass er die Hochfrequenz (hier die Zwischenfrequenz) kurzschließt, nicht aber die Tonfrequenz, die als Hüllkurve sichtbar wird. Die grafische Darstellung einer amplitudenmodulierten Schwingung findet man in jedem einschlägigen Fachbuch, wir schauen wieder im Lexikon (10) nach und finden das **Bild rechts**: In der unteren Darstellung sieht man, dass in Abhängigkeit von der Polung der Gleichrichterdiode entweder die untere oder die obere Hälfte der modulierten Trägerschwingung abgeschnitten werden kann (*Einweggleichrichtung*). Man

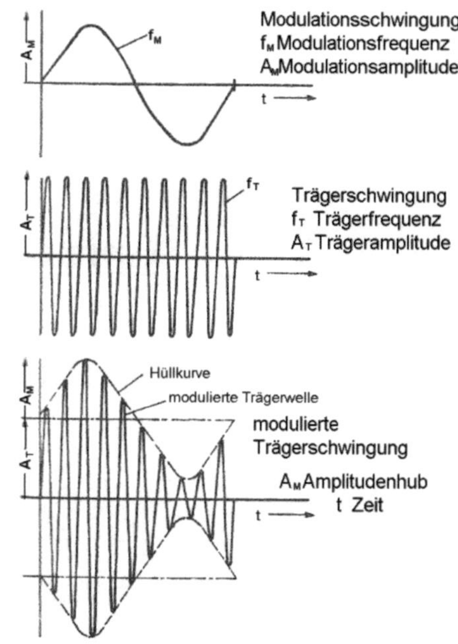

sieht auch, dass die Tonfrequenz (die Hüllkurve) einer Gleichspannung überlagert ist. Lassen wir die obere Hälfte des Signals abschneiden, verbleibt uns eine negative Gleichspannung, der die Tonfrequenz überlagert ist. Beide Spannungen sind von der Intensität des über die Antenne empfangenen Signals abhängig. Nun müssen wir noch die Gleichspannung von der Wechselspannung trennen. Mit der negativen Gleichspannung regeln wir die Empfindlichkeit der Hf-Röhren (Regelspannung) und steuern die Abstimmanzeigeröhre an, die Tonfrequenz führen wir dem Lautstärkesteller zu. Dazu betrachten wir noch einmal den entsprechenden Schaltplanausschnitt vom SABA Triberg (s. S. 92). In den Schaltungsbeispielen im Abschnitt 4.3.1 haben wir gesehen, dass das Umzeichnen von Schaltungsdetails das Verständnis erleichtert. Das probieren wir jetzt wie folgt:

Die Diodenstrecke der Röhre EBC41 ersetzen wir für eine bessere Übersichtlichkeit durch eine (Germanium-) Diode. Der dem 500 kΩ parallel liegende 50pF Kondensator hat für die Zwischenfrequenz einen Widerstand von ca. 6 kΩ, für die Tonfrequenz liegt dieser im MΩ-Bereich. Im Zusammenhang mit

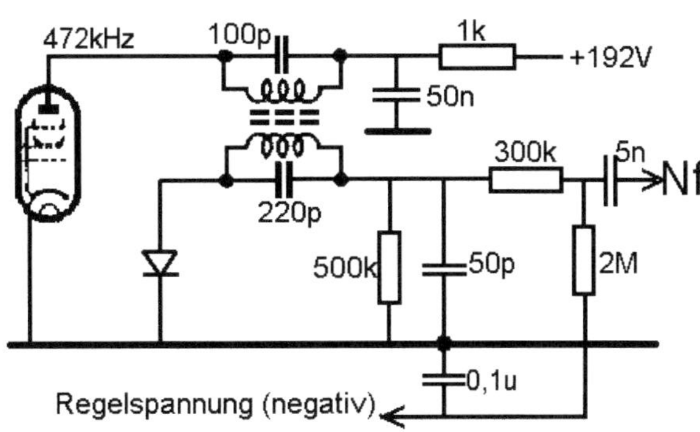

dem folgenden 300 kΩ Widerstand wird deutlich, dass die Tonfrequenz übrig bleibt. Der 5 nF-Kondensator sperrt die Gleichspannung, so dass die Tonfrequenz potentialfrei zum Lautstärkepotentiometer gelangt. In diesem Bereich der Schaltung können wir problemlos messen, der Sekundärkreis ist bereits bedämpft. Wir können auch versuchen, die Tonfrequenz mit einem Referenzverstärker nachzuweisen.

Die Regelspannung liegt hochohmig über 2 MΩ an 0,1 µF, so dass hier die Tonfrequenz kurzgeschlossen wird. Die negative Regelspannung steuert nun (leistungslos) die Gitter der Hf-Röhren und regelt dadurch die Verstärkung. Das ist zur Abwechslung mal eine echte Regelung. Die im Bereich der Regelspannung verbauten hochohmigen Widerstände können die Ursache für Fehlfunktionen sein. An diesem Schaltungsauszug kann noch einmal die Überprüfung der Bauteile im Bereich der Anodenspannung gezeigt werden (*s. auch Band 1, S. 124*): Im ausgeschalteten Zustand ist der Weg zur Anode stromlos, d.h. "offen". Wenn wir den rechten Anschluss des 1 kΩ Widerstandes ablöten, können wir den Wider-stand und den 50 nF Kondensator ohne weitere Demontagen ausmessen. Wieder angelötet, messen wir dann in eingeschaltetem Zustand den Spannungsabfall am Widerstand und können den Anodenstrom ausrechnen.

Die Zwischenfrequenz kann im AM-Bereich problemlos mit dem Oszilloskop abgebildet werden, um eventuelle Verstimmungen der Schwingkreise zu korrigieren. Das ersetzt nicht die Feinabstimmung über alle Stufen als abschließende Maßnahme.

6.2 Demodulation frequenzmodulierter Schwingungen (FM)

Die Schaltungen zur Demodulation frequenzmodulierter Schwingungen werden in der Fachliteratur als eine Evolution – Flankendiskriminator, Phasendiskriminator, Verhältnisdiskriminator (Verhältnisgleichrichter, Ratiodetektor) – beschrieben. Den Ratiodetektor erkennt man an der entgegengesetzten Polung der Dioden.

Der Ratiodetektor zur FM-Demodulation wird bereits im Band 1 (*Abschnitt 3.07*) beschrieben. Weil jedoch in den Seminaren häufig Fragen zur Funktion dieser Schaltung gestellt wurden, folgt hier eine weitere Detaillierung.

In der Praxis gibt es unzählige Varianten, die sich marginal unterscheiden. Das **Bild rechts** zeigt eine einfache Ausführung (Loewe Opta Bella). Man findet zwei Spannungen: Eine negative Gleichspannung zur Ansteuerung

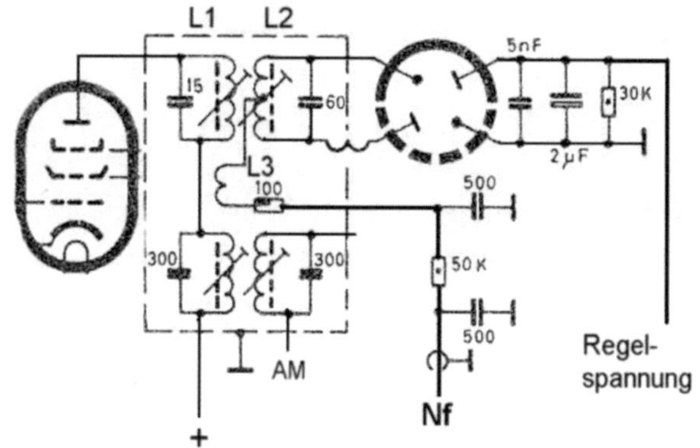

der Anzeigeröhre und zur Regelung der letzten Zf-Röhre, sowie das Nf-Signal, das ebenfalls einer negativen Gleichspannung überlagert ist. Auch hier wird noch vorhandene Hochfrequenz in einem Tiefpass kurzgeschlossen (2 x 500pF / 50kΩ). Übliche, aber seltene Fehlerursachen liegen bei den Diodenstrecken, häufiger beim Ratioelko (hier: 2 µF). Ein defekter Ratioelko kommt als Ursache für einen verzerrten Klang in Frage. Man findet ihn leicht, weil der Pluspol auf Masse liegt.

Bei den meisten Geräten wird die Regelspannung zum Bremsgitter der letzten Zf-Röhre geführt. Man findet auch Schaltungsvarianten, bei denen das Bremsgitter dieser Zf-Röhre auf Masse liegt. Das ist z.B. der Fall, wenn eine Regelpentode (z.B. EF41, EF85) als Zf-Röhre verwendet wird. In der Fachliteratur wird mit diesem Begriff großzügig umgegangen. Weil bei diesen Röhren die Kennlinie durch die Gittervorspannung eingestellt wird, erkennt man diese Schaltungsvariante am Kathodenwiderstand. Das Gitter kann aber auch negativ vorgespannt werden.

Das Bild rechts zeigt eine Anordnung der Spulen L1, L2 und L3 (Schatulle H42).

Das Ratiobandfilter, meistens auch als Kombinationsbandfilter

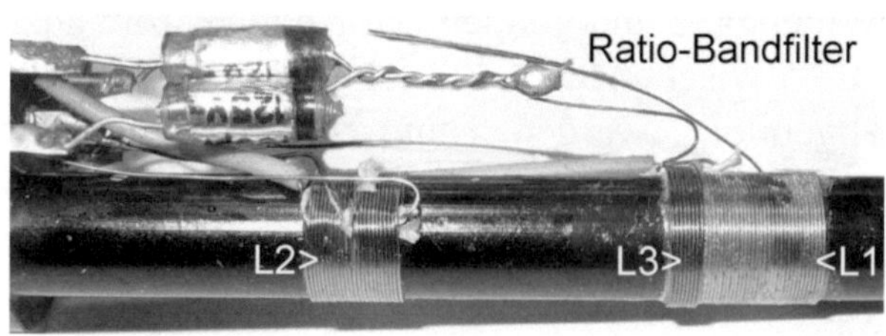

ausgeführt, ist an den eng gekoppelten übereinander gewickelten Spulen L1 / L3 zu erkennen. L2 wird meistens bifilar (*s. auch Band 1, Seite 115*) gewickelt, damit die Kopplung in beiden Spulenhälften gleich groß ist. Die Spule L2 hat daher bei bifilarer Wicklung keine sichtbare Mittelanzapfung (im Gegensatz zur auf S.96 unten gezeigten Spule).

Die in der Wicklung L3 induzierte Spannung bleibt wegen der engen Kopplung an L1 in Betrag und Phase frequenzunabhängig kon-stant und wird der Wicklung L2 über deren Mittelanzapfung zugeführt (s. Abbildung s. 96 oben), oder über zwei Konden-satoren. Dieses Prinzip ist noch einmal im **Bild rechts**

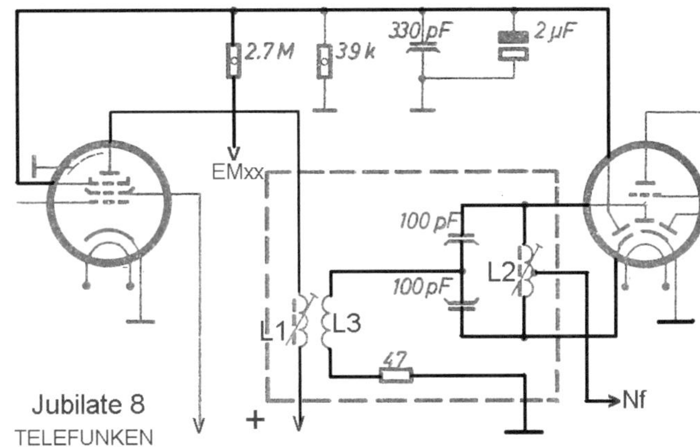

dargestellt. In diesen Fällen findet man auch nicht bifilar gewickelte Spulen L2 (s. S. 96 unten, H42).

Die Funktion (*s. auch Band 1, S. 115*) kann wie folgt beschrieben werden: Eine grafische Darstellung (*s. ebenfalls Band 1, S. 116*) erleichtert das Verständnis, daher wird diese Grafik hier (**unten links**) nochmals gezeigt. Die im Band 1 *(S. 115)* gezeigte Schaltung des Ratiodetektors wurde einem Lehrbuch entnommen und unterscheidet sich im Detail von den hier gezeigten Beispielen, die

ausschließlich Stromlaufplänen von Geräten entnommen wurden.

Bei der Resonanzfrequenz haben Primär- und Sekundärkreis eine Phasendifferenz von 90 Grad. Die wesentliche Grundlage der Funktion des Ratiofilters liegt in der Eigenschaft des Schwingkreises als frequenz-abhängiger Widerstand (s. Abschnitt 4.9). Dadurch wird erreicht, dass eine Frequenz-änderung auch zu einer Spannungs- und Phasenänderung führt. Die an den Wick-lungshälften der Spule L2 auftretenden Teilspannungen sind zueinander um 180 Grad phasenverschoben und werden zur in der Wicklung L3 induzierten Spannung addiert bzw. subtrahiert. Die Spannung U_{L3} hat aber die Phasenlage des Primärkreises und ist daher gegen die Teilspannungen um +/- 90 Grad phasenverschoben. Die Phasendifferenz (90^0) zwischen Primär- und Sekundärkreis ändert sich jedoch bei einer Abweichung von der Resonanzfrequenz (*Frequenzmodulation*). Wird die Frequenz kleiner, wird der Phasenwinkel größer, wird die Frequenz größer, wird der Phasenwinkel kleiner. Das erklärt, warum bei einer Abweichung von der Mittenfrequenz die Summen der Spannung U_{L3} und der Teilspannungen U_{L2} größer, bzw. kleiner werden. Sie treten nach Gleichrichtung als entgegengesetzte Spannungen auf, deren Summe jedoch konstant bleibt. Das gefällt dem Ratioelko, der nun Störsignale, die sich in Amplitudenschwankungen zeigen wollen, kurzschließen kann.

Die Abbildung rechts (3) zeigt die Summenrichtspannungen U_1 und U_2, die im Resonanzfall (10,7 MHz) gleich groß sind. Diese können auch (*mit Einschränkungen, s. im nächsten Abschnitt*) am Oszilloskop nachgewiesen werden.

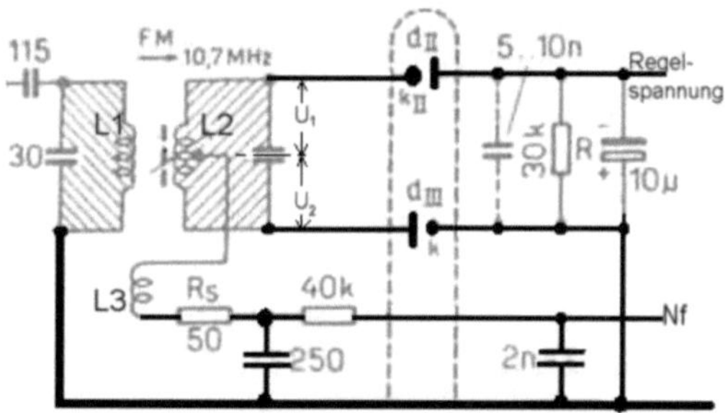

In der Fachliteratur (10) wird auch eine Variante des Ratiodetektors gezeigt, bei der die meist induktive Kopplung zur Spule L3 kapazitiv ausgeführt wird (s. im **Bild links**). L3 wird durch eine Drossel ersetzt. Diese Variante findet man jedoch selten.

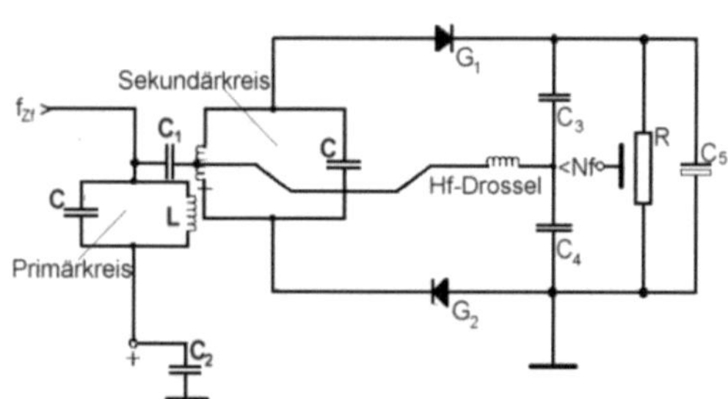

Verhältnisgleichrichter mit kapazitiver Ankopplung

Nun zur Praxis: Ratiofilter mit Röhrendioden lassen sich schon bei ausgeschaltetem Gerät die ersten Messungen gefallen, weil Ein- und Ausgänge weitgehend "offen" sind. Damit, und auch mit den ersten Messungen unter Spannung, befassen sich die nächsten Abschnitte. Ein Ausbau kann meistens vermieden werden. Es gibt aber Situationen, in denen der Ausbau das kleinere Übel ist.

6.3 Fehlersuche im FM-Demodulator (Ratiodetektor)

Eine vorangegangene Prüfung bzw. der Ersatz von Widerständen und Kondensatoren ist Gegenstand des ersten Bandes. Unsere Aufmerksamkeit gilt jetzt den Bandfiltern.

Bevor man sich bei einem noch unbekannten Empfänger mit dem UKW-Bereich befasst, ist es sinnvoll, in den technischen Unterlagen die Zwischenfrequenz zu überprüfen, denn diese hat nicht immer den üblichen Wert von 10,7 MHz. So findet man zum Beispiel bei einigen SABA Empfängern Mitte der 50er Jahre auch den Wert von **6,75 MHz**. Diese Frequenz wurde später wieder aufgegeben, weil sie sich für den erweiterten UKW-Bereich bis 104 bzw. 108 MHz weniger eignet.

Im ersten Schritt geht es darum, die Funktion der Demodulatorstufe zu erreichen, d.h. auch, eine eventuelle Verstimmung zu korrigieren. Damit steht die Anzeigeröhre bzw. ein Spannungsmesser als Messinstrument für die nächsten Schritte zur Verfügung. Der endgültige Nachgleich wird erst durchgeführt, wenn alle Hf-Stufen arbeiten.

Ein wesentliches Indiz für die Funktion der Demodulatoren ist die negative Regelspannung (s. nochmals im **Bild unten**), die sich durch einfache Spannungs-messung mit dem Multimeter nachweisen lässt. Die Demodulatoren sind selten völlig funktionslos; es kommt aber vor, dass eine Diodenstrecke defekt ist. Ist trotz schwingender Oszillatoren kein Empfang möglich, kann es sinnvoll sein, zuerst die Demodulatoren zu prüfen. Die weitere Untersuchung beginnt bei der Anzeige-röhre, die wir ja dringend zum Nachweis der Funktion des Hf-Teils brauchen.

Dazu legen wir eine negative Spannung an das Gitter dieser Röhre, zum Beispiel von einem oder zwei in Reihe lie-genden 9 Volt Blöcken. Weil die Regelspannung auch auf dem Weg zum Gitter der Anzeigeröhre verloren gehen kann, legen wir die negative Prüfspannung noch an den negativen Pol des Ratioelkos.

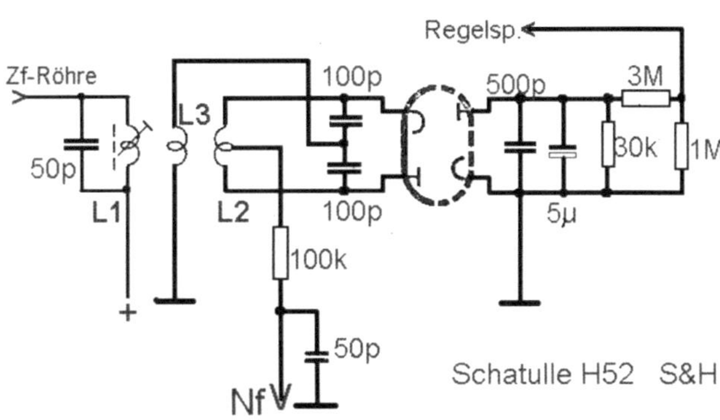

Man kann die Regelspannungen nun am Leuchtschirm nachweisen oder weiter mit dem Multimeter messen. Die Zwischenfrequenzen (460 kHz und 10,7 MHz) können am Anodenanschluss der Zf-Röhre eingekoppelt werden. Dabei ist auf die Anodenspannung zu achten. Man koppelt mit einem Kondensator mit einigen pF, evtl. auch in Reihe mit einem Widerstand.

Mit der Einspeisung an der Anode der letzten Zf-Röhre erreicht man mit dem Signal des Funktionsgenerators nicht die volle Regelspannung, aber einige Volt werden am Multimeter zu sehen sein.

Im Abschnitt 1.4 wird auf die Beeinflussung der Resonanzfrequenz durch einen Tastkopf hingewiesen. Daher ist ein genauer Abgleich der Filter noch nicht möglich.

Es gibt gelegentlich (aber selten) defekte Kondensatoren im Bandfilter, aber dass alle Kondensatoren defekt sind, ist eher unwahrscheinlich. Stark verstimmte Bandfilter findet man ab und zu. Die Prüfung des Bandfilters kann auch bei ausgeschaltetem Gerät durchgeführt werden. Mit dem Oszilloskop können z.B. die **Summenrichtspannungen** an den Enden der Spule L_2 (s. Abb. Seite 99) abgebildet werden. Das Oszillogramm (s. im **Bild rechts**) wurde an einem bereits ausgebauten, mit Germaniumdioden bestückten Ratiofilter (s. Abb. S. 101) aufgenom-

men. Das ist keine Messung im engeren Sinn, weil der Sekundärkreis durch die Kapazitäten der Tastköpfe verstimmt wird. Für das ausgewogene Oszillogramm im Bild rechts mussten daher die Kreise etwas nachjustiert werden. Wir sehen auch (s. S. 97), dass bei der Addition sinusförmiger Spannungen bei ungleichen Phasenlagen wieder eine Sinusform entsteht, was bereits im Abschnitt 4.2 besprochen wurde. Das kann auch mit der "add"-Funktion des Oszilloskops gezeigt werden.

Ist man sicher, dass die letzte Zf-Röhre arbeitet, schaltet man in den AM- bzw. FM-Betrieb und legt die Zwischenfrequenzen an das Gitter der letzten Zf-Röhre. Man legt die Oszillatoren durch Ziehen der entsprechenden Röhren still, um Wechselwirkungen zu vermeiden. Jetzt kann auch mit der im Abschnitt 1.5.1 beschriebenen Suchspule gearbeitet werden. Diese ist nur einige Millimeter groß, so dass die Zf gezielt im Bereich des Gitteranschlusses der Zf-Röhre eingekoppelt werden kann. Jetzt ist die volle Aussteuerung der Demodulatorstufe möglich, die Anzeigeröhre sollte voll ausschlagen. Die Beeinflussung des Filters durch die Kapazität des Tastkopfes entfällt nun, so dass die Resonanzfrequenz etwas genauer eingestellt werden kann.

6.4 Der Ausbau des Ratiofilters ...

...ist nicht immer leicht, gilt es doch die vielen Stifte des Filtersockels auf kleinstem Raum freizulegen. Um kurze Verbindungen zwischen den Bandfilteranschlüssen und den Röhrensockeln zu erreichen, stehen diese dicht beieinander. Man braucht ein Schaltbild um festzustellen, welche Bauteile im Gehäuse stecken und welche am Sockel des Bandfilters außen angebracht sind. Jeder Hersteller hat für die Bandfilter eigene konstruktive Lösungen realisiert, so dass man erst den besten Weg zu deren Ausbau erkunden muss. Manchmal lassen sich die Abschirmkappen leicht entfernen, so dass man möglicherweise die Kondensatoren ohne einen vollständigen Ausbau prüfen und bei Bedarf ersetzen kann. Auch die Kontrolle der Lötstellen im Bf-Gehäuse ist so schon möglich.

Man kann nun nochmals bei eingeschaltetem Gerät mit der Suchspule arbeiten und zwar in beiden Richtungen: Man kann die Bf-Spulen "abhorchen" oder mit der Spule das Zf-Signal gezielt einstreuen. Im letzteren Fall zieht man die jeweils vorgeschaltete Zf-Röhre oder legt – durch Ziehen der entsprechenden Röhren – die Oszillatoren still.

Bei manchen Bandfiltern ist das Gehäuse mit einer formschlüssigen Verbindung am Sockel befestigt, so dass sich ein Ausbau nicht vermeiden lässt.

Sobald man einen Ratiofilter außerhalb des Gerätes betreibt, wird man selten die genaue Zwischenfrequenz treffen, weil die Anpassung an die im Gerät wirksamen Kapazitäten und Induktivitäten fehlt.

Das ist bei dem hier verwendeten Ratiofilter (SABA Freiburg 7) besonders zu beachten, weil von der Anode der letzten Zf-Röhre in den Automatikmodellen von SABA auch ein Abgriff zum Steuerfilter erfolgt. Das dabei verwendete Koaxialkabel und einige Bauteile bilden eine zusätzliche kapazitive Last, die jetzt ergänzt werden muss.

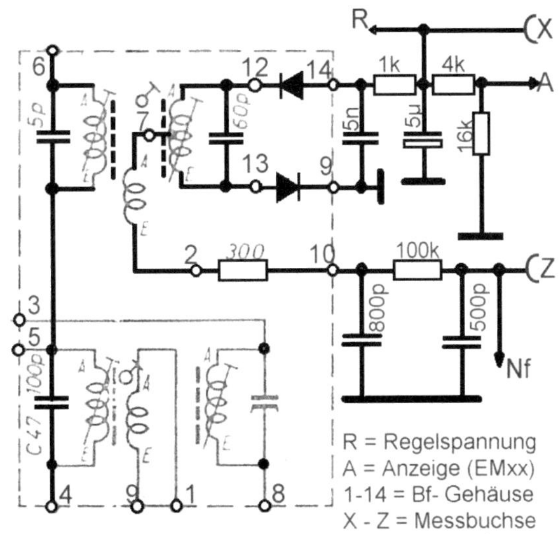

Ratiofilter im SABA-Freiburg Automatic 7

Der Ausgleich kann durch einen geeigneten Koppelkondensator erfolgen. Der Einfluss der Ankopplung auf die Resonanzfrequenz des FM-Primärkreises ist hier besonders groß, weil dessen Parallelkapazität nur 5 pF beträgt (s. Abschnitt 1.4).

Diese Fehlanpassung wirkt sich im AM-Bereich weniger aus. Weil man auch wegen der deutlich niedrigeren Frequenz mit weniger Überraschungen rechnen muss, sollte man stets mit den Messungen / Prüfungen im AM-Bereich beginnen.

Es kann erwogen werden, einen Ratiofilter als **Referenzbaugruppe** zu verwenden. Dazu eignet sich zum Beispiel ein Filter mit eingebauten Germaniumdioden, weil hier einige Messungen ohne Versorgungsspannungen durchgeführt werden können. Ein weiterer Vorteil besteht, wenn auch die internen Verbindungen an die Sockelanschlüsse geführt wurden. Wer erstmals mit Messungen im Bereich des Zf-Verstärkers befasst ist, hat oft Mühe, sich bei den dicht beieinander liegenden Lötstellen zurecht zu finden. Mit einer Referenzschaltung wird man möglicherweise eher von Erfolgserlebnissen überrascht werden.
Im hier (Seite 101) gezeigtem Ratiofilter (SABA-Freiburg Automatic 7) lassen sich die Primärwicklungen für AM und FM getrennt ansteuern, oder entsprechend dem Betrieb in Serienschaltung beider Kreise.
An den Sockelanschlüssen lassen sich nun alle bisher besprochenen Spannungen nachweisen bzw. darstellen. Das AM-Filter enthält noch eine Wicklung zur Einstellung der Bandbreite, die an die Anschlüsse 1 und 9 geführt wird und damit schon einseitig (Stift 9) an Masse liegt. Man kann die Wicklung beim Experimentieren ignorieren oder verschiedene Bedämpfungen ausprobieren. Außerdem wird in der Darstellung des Filters der Wickelsinn der Spulen durch die Buchstaben A (Anfang) und E (Ende) angegeben.
Fortgeschrittene Radiofreunde und -innen können bei SABA-Filtern auch die Kopplung der Kreise verändern. Das ist ein weiterer Grund für den Aufbau einer Referenzbaugruppe für Experimentierzwecke mit einem SABA-Filter.
Im Betrieb ist eine einstellbare Kopplung auch mit einem Risiko verbunden. Denn es gibt einen guten Grund dafür, Bandfilter üblicherweise mit fester Kopplung aufzubauen, bzw. die Löcher im Gehäuse für die Einstellung des Kopplungsgrades mit einem Schutz zu überkleben. Das wird klar, wenn man ein Gerät mit beliebig verstellter Kopplung der Kreise vor sich hat. Sechs Löcher sind ziemlich verlockend, wenn man in letzter Verzweiflung nicht mehr weiter weiß.

Hat man sich für den Aufbau einer Referenzbaugruppe entschieden, folgt man am Besten einer Originalschaltung. Dabei ist Vorsicht geboten, weil es in den Schaltplänen auch Fehler gibt. Vorsichtshalber überprüft man die Belegung der Röhrensockel mit der Darstellung in einem Röhrenhandbuch. Dabei ist zu beachten, dass Gitterspannungen in den Röhrenhandbüchern immer als Differenz zur Kathode angegeben werden, im Stromlaufplan wird gegen Masse gemessen.

Fortgeschrittene werden Variationen finden. Es kann empfohlen werden, mit einer einfachen Lösung zu beginnen. Man wird möglicherweise erst nach einigen Messungen weitere Ideen für eine endgültige Version finden. So ist auch die hier vorgestellte Baugruppe als Anregung für eigene Lösungen zu sehen.

6.5 Referenzbaugruppe FM / AM Demodulator

Für einen Referenzaufbau mit dem vorher gezeigten Filter müssen lediglich die Bauteile an den Anschlüssen 9, 10 und 14 nachgerüstet werden. Dann sind jedoch Messungen ohne Last nicht mehr möglich. Man kann an den Anschlüssen 14/9 einen 2-poligen Schalter zum Trennen der Last verwenden. Im Gerät zieht man bei einem Filter mit Röhrendioden einfach die Röhre mit den Diodenstrecken.

Die Anordnung der Bauteile bleibt bei einem Referenzaufbau im überschaubaren Bereich. Mit einem Multimeter oder einem Drehspulinstrument (0 bis max. 30 Volt) ist man schon in der Lage, auch ohne Oszilloskop Zwischenfrequenzen nachzuweisen und den Abgleich eines Filters zu üben.

Es lohnt sich daher, eine solche Baugruppe nur zu Übungszwecken aufzubauen. Man trainiert den Umgang mit dem Messgerätepark und wird eher in der Lage sein, eigene Wege bei der Fehlersuche zu finden. Um diese Baugruppe universell einsetzen zu können, kann die Demodulatorstufe mit einer Zf-Röhre ergänzt werden. Das ist üblicherweise eine EF89. Hier wurde eine EBF89 verwendet, die man häufig bei Ratiofiltern mit Germaniumdioden findet. Auf eine negative Vorspannung des Steuergitters wurde verzichtet. Die Dioden der EBF können nicht für die Gleichrichtung im Ratiofilter verwendet werden, weil beide Diodenstrecken eine gemeinsame Kathode haben. Bei einer EABC liegt die gemeinsame Kathode auf Masse, die Kathode des A-Systems wird als zweite Ratiodiode verwendet.

Man kann nun die Vollaussteuerung der Demodulatoren erreichen und auch mit Hilfe der bereits beschriebenen Suchspule (s. auch Abschnitt 1.5.1) die Zwischenfrequenzen nachweisen. Dazu misst man die Regelspannung. Der Anschluss ist denkbar einfach. Die Einspeisung des Prüfsignals vom Funktionsgenerator kann über einen Koppelkondensator oder einen Widerstand an das Steuergitter der Röhre erfolgen. Empfehlenswert ist der Anbau einer zylindrischen Spule, die, auf ein Rohr (Kunststoff oder Pappe)

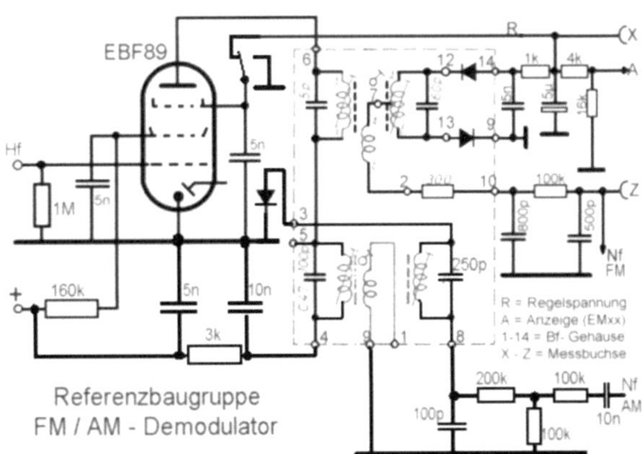

Referenzbaugruppe
FM / AM - Demodulator

gewickelt, an das Steuergitter angeschlossen wird. In den Spulenkörper führt man die an den Funktionsgenerator angeschlossene (Such-) Spule ein. Beim Arbeiten mit der Suchspule kann auf einen Koppelkondensator verzichtet werden, weil das Steuergitter der EBF89 gleichspannungsmäßig auf "0" (Masse) liegt.
Um auch die Regelfähigkeit der Zf-Röhre nachweisen zu können, kann das Bremsgitter auf Masse gelegt werden, hier wurde ein Umschalter verbaut.

Die letzte Zf-Röhre wird üblicherweise wie folgt geregelt: Im AM-Betrieb liegt die negative Regelspannung am Steuergitter, im FM-Betrieb liegt diese am Bremsgitter. Man wird aber viele Varianten finden. Bei einer einfachen Referenzbaugruppe kann aber auf die Regelung verzichtet werden, weil man die Amplitude des Eingangssignals selbst einstellt.
Die Heiz- und Anodenspannung kann von einer anderen Referenzbaugruppe (z.B. vom Tonverstärker) abgegriffen werden. Die NF-Ausgänge der Referenzbaugruppe können am Lautstärkepotentiometer des Gerätes oder am Eingang der Referenzbaugruppe Tonverstärker eingespeist werden. Die Anschlüsse für die Versorgungsspannung und die Nf-Ausgänge können am Beispiel anderer, im Buch gezeigten, Schaltungen vereinfacht werden, hier wurde dem Stromlaufplan des Freiburg 7 gefolgt. Für die AM-Demodulation wurde eine Germaniumdiode gewählt, um den Demodulator auch ohne Versorgungsspannung verwenden zu können.

Zusammenfassend:
Man kann sich folgende Varianten der Referenzbaugruppe vorstellen:
a) Das Ratiofilter wird mit den Demodulatorschaltungen bei Verwendung von Germaniumdioden aufgebaut. Weil meistens Kombinationsfilter verbaut wurden, ergänzt man auch den AM-Demodulator. Man arbeitet ohne Spannungsversorgung und übt einfache Messungen, wie sie im Abschnitt 1.4 beschrieben wurden. Es wurde darauf hingewiesen, dass die Kapazität des Primärkreises angepasst werden muss, bzw. durch den Koppelkondensator beeinflusst wird.
b) Die Abhängigkeit von der Kapazität des Koppelkondensators wird durch die Vorschaltung einer Zf-Pentode weitgehend vermieden. Eine evtl. noch fehlende Kapazität des Primärkreises muss jetzt durch einen Parallelkondensator (Anode gegen Masse) ausgeglichen werden. Das Bandfilter lässt sich nun voll aussteuern, es muss jedoch eine Spannungsversorgung bereitgestellt werden.
c) Man erweitert die Schaltung um eine Anzeigeröhre oder ein Drehspulinstrument zur Messung der Regelspannungen. Das ist nun fast ein Messgerät, man wird die Spannungsversorgung mit aufbauen. Das wiederum verleitet dazu, die Schaltung um weitere Details zu erweitern. Folgend wird ein Vorschlag für eine erweiterte Referenzbaugruppe beschrieben:

6.6 Das autarke (Mess)-Gerät

Spätestens jetzt sollte über ein Gesamtkonzept für selbst aufzubauende Hilfsmittel und Referenzbaugruppen nachgedacht werden. Weil sowohl der Vorrat an Bauteilen, die vorhandene Messgeräteausstattung und auch die räumlichen Gegebenheiten am Arbeitsplatz zu berücksichtigen sind, gibt es keinen Königsweg. Die in diesem Buch beschriebenen Referenzbaugruppen sind so konzipiert, dass man für jedes Problem nur eine Baugruppe benötigt. Dadurch ist eine gewisse Redundanz gegeben, die man sich gerne leistet, wenn der Vorrat an Bauteilen mehr als ausreichend ist. Ist das nicht der Fall, wird man evtl. die Netzbaugruppe zu einem zentralen Netzgerät für die übrigen Referenzbaugruppen erweitern.

Der Verfasser verwendet, wie schon beschrieben, schmale Brettchen aus Hartholz. Diese waren vorhanden, eigen sich für eine platzsparende Aufbewahrung und können bei Bedarf mit kurzen Verbindungsschnüren miteinander verbunden werden.

Wir beginnen mit der Spannungsversorgung. Hier wurde ein Netztrafo von Bürklin (Typ NTRN 20/1) verbaut:
Primär: 110 bis 240 V, Sekundär: Anodenwicklung 1 x 150/250 V, 20 mA, Heizwicklungen: 6,3 V/0,8 A, Kerngröße: M 55/21,7, Maße: L 55, B 47,7, H 60,5 mm, Gewicht: 510 g.
Es empfiehlt sich – aus Gründen der Sicherheit – nicht mit zu hohen Anodenspannungen zu arbeiten. 20 mA Anodenwechselstrom und 0,8 A Heizstrom sind für den hier geplanten Umfang ausreichend. Neben der Heiz- und Anodenspannung werden noch zwei Gleichspannungen durch Einweggleichrichtung der Heizspannung erzeugt. Diese Spannungen sind nützlich, wenn auch Halbleiter verbaut werden. Mit der negativen Spannung können Steuergitter negativ vorgespannt

werden. Die Einweggleichrichtung bietet den Vorteil, dass – je nach Polung der Diode – die gemeinsame Masse verwendet werden kann.
Für den im Abschnitt 4.4 beschriebenen Tonverstärker reicht dieser Transformator jedoch nicht.

Das Bild auf Seite 105 unten zeigt den Stromlaufplan der Spannungsversorgung. An Stelle der eingezeichneten Glühlampe wurde eine LED als Betriebsanzeige gewählt. Alle Dioden sind vom Typ 1N4004. Wegen der geringen Strombelastung wird eine Anodenspannung von ca. 200 Volt erreicht.

Die Vorschaltung einer Zf-Röhre ist uns schon bekannt, hier wird eine EF89 verwendet, die eher bei den Vorräten zu finden sein wird. Das Steuergitter wird mit einer Spannung von ca. -2 Volt vorgespannt. Deshalb müssen jetzt grundsätzlich Koppelkondensatoren verwendet werden. Für die Anzeige der Regelspannungen wird eine EM84 verwendet.

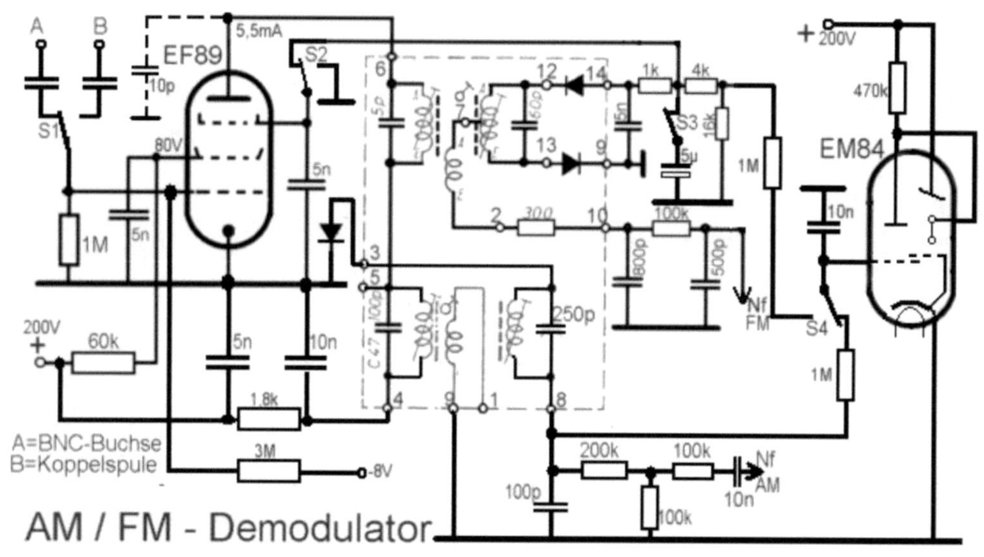

Es wurden 4 Schalter verbaut:
S1: Umschaltung zwischen 2 Eingängen (BNC-Buchse und Koppelspule, bzw. 10,7 MHz vom Generator)
S2: Legt das Bremsgitter auf Masse.
S3: Trennt den Ratioelko (*s. Band 1, S. 149*) zum Abgleich mit Wobbelsender
S4: AM/FM-Umschaltung der Anzeigeröhre.

Die Schalter wurden 2-polig gewählt, damit evtl. Anzeigelampen (LED) nachgerüstet werden können. Der eventuell erforderliche zusätzliche Parallel-

106

kondensator (10 pF) für den Primärkreis zum Ausgleich fehlender Leitungskapazitäten (s. Seite 106) wurde gestrichelt dargestellt. Für die AM-Diode wurde
eine Germaniumdiode AA113 gewählt.

Erweiterungsoptionen: Ohne großen Mehraufwand können weitere Fassungen
für die gebräuchlichsten Anzeigeröhren ergänzt werden. Weil man jeweils nur eine
Röhre prüfen wird, sind keine Umschalter erforderlich. Wir haben damit aber noch
kein Röhrenprüfgerät. Wir prüfen subjektiv, bzw. vergleichen die Leuchtkraft. Die
negative Gitterspannung gewinnt man mit einer Schaltung zur Spannungsverdopplung oder aus einer zusätzlichen 9 Volt-Batterie (die Leerlaufspannung
nach Einweggleichrichtung der Heizspannung liegt bei ca. 9 V). Die für einen
Maximalausschlag erforderliche Gleichspannung entnimmt man dem Röhrenhandbuch.

Alternativ legt man ein Zf-Signal von einem Funktionsgenerator an den Eingang
der Schaltung oder erzeugt sich die Zwischenfrequenz selbst.
Bei der hier gezeigten Baugruppe wurde ein **10,7 MHz Generator** hinzugefügt.
Im Band 1 wird im *Abschnitt 5.03* (Selbstbau eines einfachen Wobblers für 10,7
MHz) auf die Möglichkeit hingewiesen, einen quarzgesteuerten Generator zum
Einblenden von Frequenzmarken zu verwenden. Das holen wir nun nach. In der
hier vorgestellten Referenzbaugruppe kann er – mit einigen Einschränkungen –
auch unabhängig von der Baugruppe verwendet werden.

6.6.1 Der Oszillator für 10,7 MHz

wurde mit einem Transistor aufgebaut,
der mit der gleichgerichteten Heizspannung (ca. 8 Volt) versorgt wird.
Die Verwendung einer EC92 wäre der
klassische Weg, aber die unbedingt
erforderliche Abschirmung des
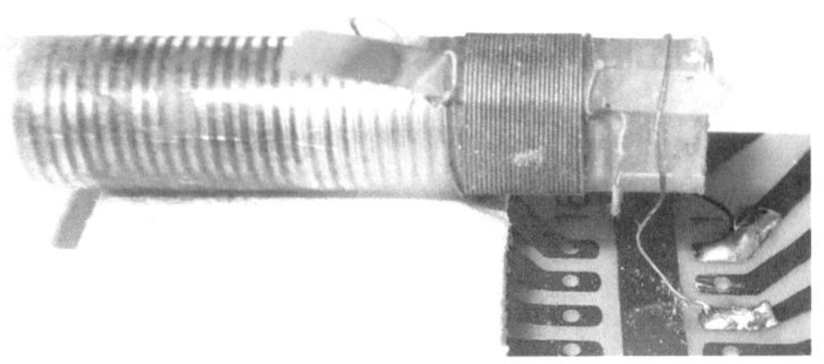
Oszillators lässt sich bei der Verwendung von Transistoren besser realisieren. Zur
Abschirmung wurde ein Bandfiltergehäuse verwendet, das an Masse gelegt
werden muss. Weil eines der Löcher im Bf-Gehäuse eine Feinjustierung der
Schwingkreisspule ermöglichen soll, beginnen wir mit der Montage der Spule.
Das Bild rechts zeigt den ersten Schritt.
Man kann die Schwingkreisspule eines Bandfilters verwenden (s. im Bild) oder die
bereits bei dem Wobbelgenerator *(s. im Band 1)* verwendete Spule selbst wickeln.
Dazu wurde der Spulenkörper eines Bandfilters mit einem Durchmesser von 7 mm
mit 22 Windungen Kupferlackdraht (0,5 mm) bewickelt. Nach 5 bis 6 Windungen
vom kalten Ende wurde eine Anzapfung zur Auskopplung des Signals eingefügt.

Beim Wobbelgenerator wurde dazu eine zweite Wicklung aufgebracht, weil durch die Verwendung eines NPN-Transistors das kalte Ende der Spule an der Versorgungsspannung liegt. Daher verwenden wir nun einen PNP-Typ. Das Aufbringen einer zweiten Wicklung lässt jedoch mehrere Versuche bezüglich der Windungszahl bei der Realisierung der Auskopplung zu.

Spätestens jetzt muss die Schaltskizze im Detail vorliegen. Wer zum ersten Mal eine Oszillatorschaltung aufbaut, kann auch vorher mit einer niedrigeren Frequenz, z.B. 470 kHz, üben. Anregungen dazu gibt es im *Abschnitt 3.06* des ersten Bandes und später im Abschnitt 9.5.2 dieses Buches.

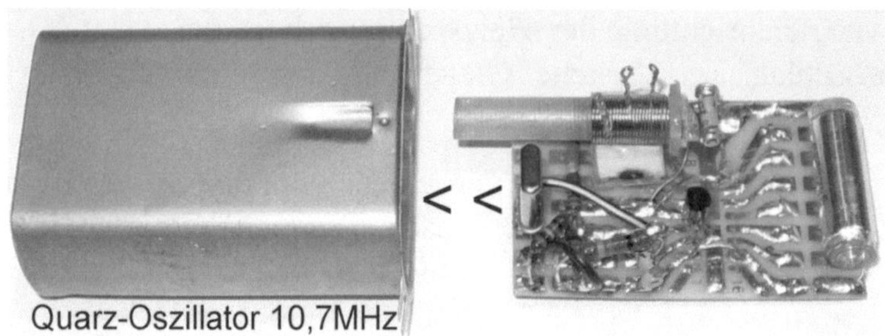

Das Bild oben zeigt die konstruktive Lösung.

Auf der Platine ist noch Platz für individuelle Ergänzungen, zum Beispiel für eine weitere Transistorstufe zur Entkopplung des Ausgangssignals. Das wäre zu erwägen, wenn man einen Generator ohne Quarz aufbaut oder eine höhere Ausgangsspannung haben möchte.

Die Anschlusskabel werden durch das zweite Loch des Gehäuses herausgeführt und müssen kurz gehalten werden.

Das Bild rechts zeigt die Schaltung des Oszillators. Diese Schaltung hat eine hohe Nachbausicherheit und zeichnet sich durch eine

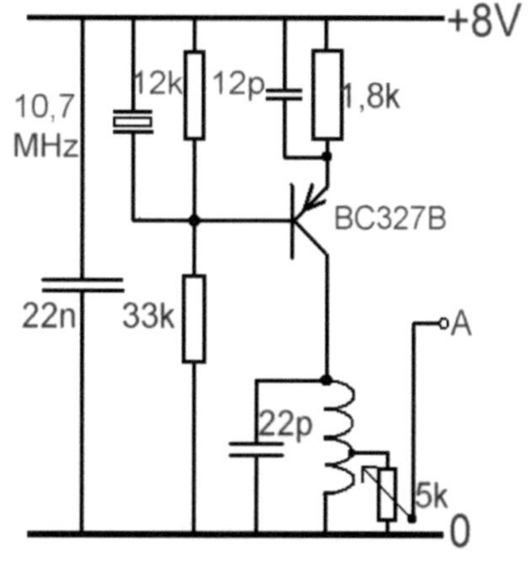

gute Frequenzkonstanz aus. Eine Beschreibung findet man in WIKIPEDIA (12).

Die Stromaufnahme der Schaltung liegt bei ca. 1 mA. Je nach Last bzw. Kabellänge erreicht man eine Ausgangsspannung von 1 bis 3 Volt U_{SS}, die man mit dem Potentiometer am Ausgang (5 kΩ) auf den gewünschten Wert einstellt. Das reicht für eine Vollaussteuerung unserer Demodulatorschaltung, am Ratioelko liegt dann eine Spannung von -22 Volt. Damit ist die Schattenlänge der EM84 auf null. Wir können also eine Anzeigeröhre zum Vollausschlag bringen, ohne eine zusätzliche negative Gittervorspannung erzeugen zu müssen. Das gilt für unsere Schaltung, wenn das Bremsgitter der EF89 auf Masse liegt. Legt man die Regelspannung an das Bremsgitter, so kann man sehen, dass bei einer wesentlich höheren Zf-Spannung vom Funktionsgenerator eine Regelspannung von 40 bis 50 Volt (ohne Regelung) entstehen kann, diese aber durch die Regelung immer bei ca. 20 Volt gehalten wird.

Die Bedingung Ra=Ri ist bei ca. 200 Ω gegeben. Ein Abschluss mit 200 Ω ist jedoch nicht erforderlich, die Schaltung ist – wie bereits erwähnt – robust *(frequenzstabil)*. Aber der Wert des Ausgangspotentiometers kann noch deutlich reduziert werden. Der geringe Stromverbrauch lässt auch die Möglichkeit zu, diesen Oszillator separat mit einem 9 Volt Block aufzubauen. Damit wären kürzeste Kabellängen möglich. Die Ausgangsspannung kann auf den Eingang der Zf-Röhre geschaltet werden *(Schalter S1)* und steht auch an einer BNC-Buchse zur Verfügung. Je nach Verwendung probiert man einen passenden Koppel-kondensator aus, damit die (kapazitive) Belastung nicht zu groß wird. Auf die Möglichkeit, nun auch Anzeigeröhren des hier verbauten Typs prüfen zu können, wurde hingewiesen.

Nun bleibt dem Leser die Wiederholung eines Satzes aus dem ersten Band nicht erspart: "Es ist leichter etwas zum Schwingen zu bringen, als etwas nicht zum Schwingen zu bringen" *(s. dazu auch Abschnitt 4.7)*.
Aber das Schwingen allein reicht nicht. Der Oszillator muss beim Einschalten sicher anschwingen, beim Anschließen eines Kabels nicht aufhören zu schwingen und der Sinusform möglichst gut folgen, damit keine zusätzlichen Oberwellen entstehen.

Im Band 1 wurde darauf hingewiesen, dass auch der mechanische Aufbau, die Leitungsführungen, Einfluss auf die Funktion der Schaltung haben können. Daher ist sorgfältiges Löten und Reinigung der Lötstellen wichtig. **Das Bild rechts** zeigt das Ergebnis der Bemühungen. Wer unbedingt die

"7" hinter dem Komma sehen möchte beschafft drei Quarze und wählt den Besten aus. Aber 0,01% Abweichung wie hier im Bild rechts, sollten reichen, das übertrifft die Einstellgenauigkeit. Die gleiche Abweichung nach oben liest sich mit nur 2 Kommastellen deutlich besser: **10,70 MHz.**
Weil wir den Ausgang des Oszillators nicht entkoppelt haben und auch mit Fehlanpassungen betreiben, kann es ja nach Last und Amplitude zu Abweichungen

von der Sinusform kommen. Im Abschnitt 4.9 wurde gezeigt, dass die Ansteuerung eines Schwingkreises dadurch nicht beeinträchtigt wird.

Wir haben fertig:

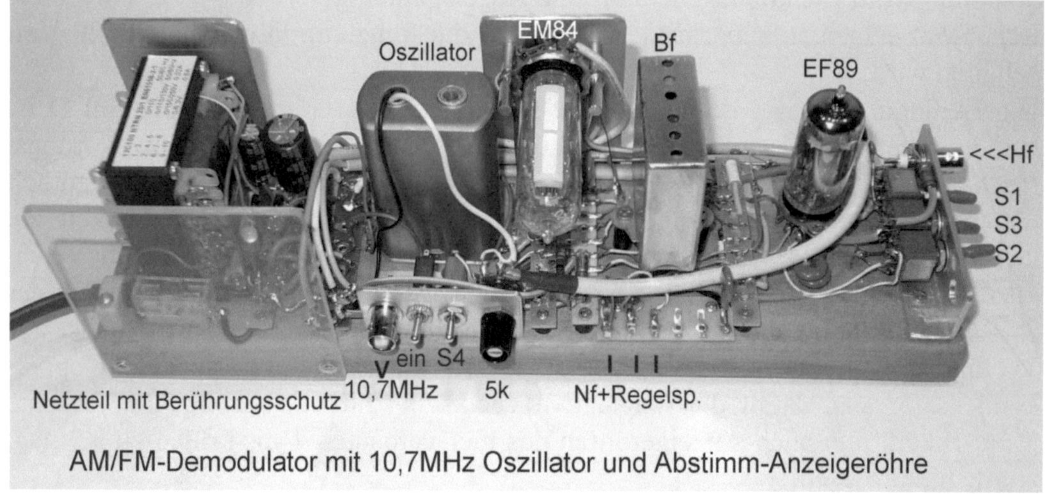

AM/FM-Demodulator mit 10,7MHz Oszillator und Abstimm-Anzeigeröhre

Das Bild zeigt die Referenzbaugruppe in Aktion: Die Schattenlänge der EM84 ist fast null, etwas mehr geht noch. Die Baugruppe kann um 90^0 nach hinten gekippt betrieben werden, die Anzeigeröhre steht dann senkrecht.

Und nun (?) lassen sich zügig durch einige Untersuchungen Erklärungen für bereits beobachtete Probleme finden. Gehen wir noch einmal eine Seite zurück: Ein stark einfallender Sender könnte die Spannung am Ratio-Elko auf 40 bis 50 Volt bringen, wenn es keine Regelung gäbe. Ein schwacher Sender schafft vielleicht gerade die zum Vollausschlag der Anzeigeröhre erforderliche Spannung von ca. 20 Volt. Wenn die Verstärkung des Zf-Verstärkers, z.B. durch unzureichenden Abgleich oder durch schwache Röhren herabgesetzt wird, erreicht der stärkste Sender gerade die Vollaussteuerung der Anzeigeröhre, schwächere Sender sind schlecht oder gar nicht empfangbar. Und genau das wird immer wieder von Radiofreunden (und –innen) beobachtet und beklagt: Von zwei gleichwertigen Geräten empfängt ein Gerät deutlich mehr Sender als das andere, obwohl auch die wenigen Sender gut bei Vollausschlag der Anzeigeröhre empfangen werden. Genau darin liegt ein wesentlicher Nutzen von Referenz-baugruppen (s. auch Abschnitt 1.5.3): Man erhält Antworten auf Fragen, selbst auf solche, die man noch gar nicht gestellt hat.

Zum Beispiel: "Wie findet man eine schwache Zf-Röhre, wenn doch eine schwache Leistung durch die Verstärkungsregelung wieder ausgeglichen wird?" Ganz einfach, wenn es eine EF89 ist: Man steckt sie in die Referenzbaugruppe und beobachtet den Ausschlag der Anzeigeröhre. Man sucht sich die relativ beste Röhre aus, bzw. vergleicht mit einem Referenzexemplar. Das einstellbare Hf-Signal liefert der eingebaute Oszillator. Mit dem Schalter S2 vor dem Bremsgitter kann man noch die Regelfähigkeit der Röhre testen. Vorsichtshalber dreht man noch am Schraubkern des Primärkreises, um evtl. eine veränderte Röhrenkapazität auszugleichen. Schließlich findet sich ein diesbezüglicher Hinweis auch in den Abgleichanleitungen der Geräte.

Oder: "Wie muss das aussehen, das ich messen möchte?".

6.6.2 Messungen mit der Referenzbaugruppe

a) Die Frequenzmarke

Zuerst interessiert uns vermutlich, wie man mit einer Frequenzmarke umgeht. Wir verwenden den Primärkreis des Bandfilters auf der Referenzbaugruppe und ziehen die Zf-Röhre. Wir wiederholen die Messung gemäß Abschnitt 1.4.2 und legen das Signal vom Wobbelgenerator über einen 470k Widerstand an den Anschluss 6 des Bandfilters. Am gleichen Anschluss speisen wir die Frequenzmarke ein (mit 45 pF eingekoppelt) und schließen auch den Demodulator-tastkopf dort an. Damit haben wir den Schwingkreis nicht unerheblich verstimmt (s. Abschnitt 1.4) und finden die

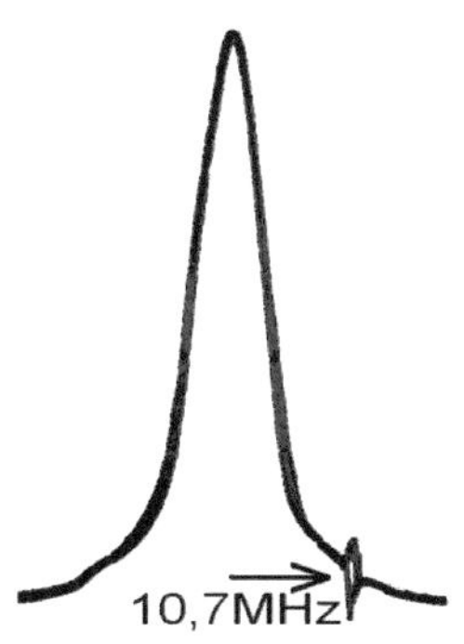

Frequenzmarke ziemlich daneben, wie man **im Bild rechts** sieht. Die Verstimmung ließ sich mit dem Schraubkern der Spule nicht mehr korrigieren. Eine deutliche Warnung zum Umgang mit unseren Vorrichtungen. Aber wir wissen jetzt, wie eine Frequenzmarke aussieht. So ähnlich sieht es auch aus, wenn Modulationsprodukte herumgeistern, was durch die Stilllegung der Oszillatoren vermieden werden kann.

Wenn wir jetzt die Messung mit vorgeschalteter Zf-Röhre wiederholen, können wir das Ausgangssignal mit der Regelspannung abgreifen. Dazu reicht jetzt der normale Tastkopf. Den Ratio-Elko löten wir ab.

Die Messanordnungen zum Wobbeln sind im Band 1 *(Abschnitt 5.02, S. 149/150)* beschrieben.

Allgemein ist zu beachten, dass wir bei genauen Messungen immer deutlich unter dem Bereich der Vollaussteuerung bleiben, damit weder eine Begrenzung noch eine Regelung stattfindet.

b) Die Durchlasskurve im AM-Bereich

Es wurde empfohlen, beim Wobbeln mit der AM-Zf zu beginnen, bevor wir uns an das Ratiofilter heranwagen. Die Zf der Referenzbaugruppe beträgt hier 460 kHz.

Bevor man beginnt, sollte man im Schaltplan oder in der Abgleichanleitung nachsehen, denn die Frequenzen können auch andere Werte haben, 468 kHz oder z.B. 472 kHz. Den y-Eingang des Oszilloskops verbindet man mit dem Nf-Ausgang des Filters, dort wo sich die drei Widerstände (200k, 100k, 100k) treffen. Weil das verwendete Filter (SABA) über eine Einstellmöglichkeit für die Kopplung verfügt, machen wir uns auch damit vertraut. Mit der Rechtsdrehung wird die Kopplung enger, mit einer Linksdrehung vergrößert sich der Abstand der Spulen, die Kopplung wird loser. Das **Bild links** zeigt eine **überkritische** Kopplung, das **Bild rechts** zeigt eine **unterkritische**, jedoch nah an der kritischen Kopplung (*s. auch Band1, S. 107*)

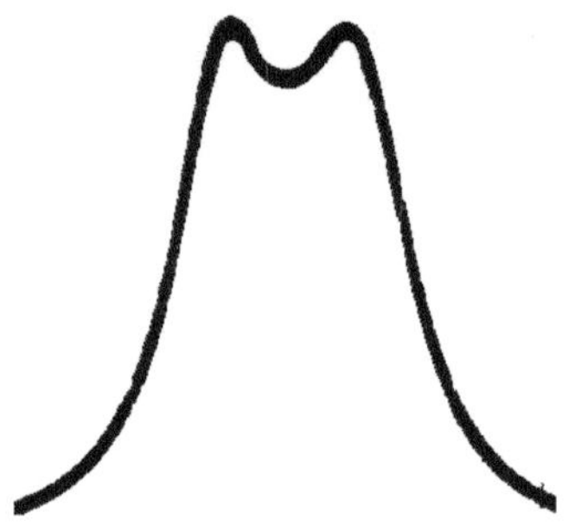 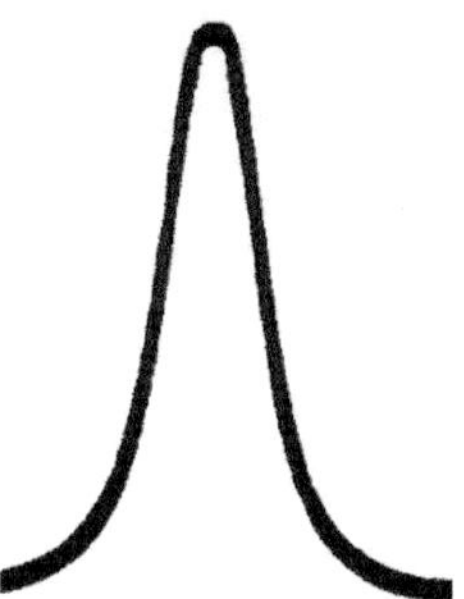

c) Die Wandlerkennlinie

finden wir in der Skizze im Abschnitt 6.2, S. 97. Um diese am Oszilloskop sichtbar zu machen, verfahren wir wieder nach der Anleitung gemäß Band 1 *(Abschnitt 5.02, S. 149/150)*: Der Ratioelko muss wieder angelötet werden, den y-Eingang des Oszilloskops legen wir and den FM-Nf-Ausgang.

Wir beginnen wieder bei ausgeschalteter Referenzbaugruppe und legen die Spannung des Funktionsgenerators (im Wobbelbetrieb) an den Anschluss 6 des Bandfilters. Das Ergebnis sehen wir im **Bild links**. Die Kurve sieht nicht sehr schön aus, haben wir doch wieder eine leichte Fehlanpassung bei der Einspeisung und arbeiten mit einer geringen Signalspannung. Der wichtige Bereich kommt jedoch klar heraus.

Messungen, die man zum ersten Mal macht, dauern meistens etwas länger, man probiert dieses und jenes. Es ist daher vorteilhaft, immer, bzw. soweit möglich, bei ausgeschaltem Gerät zu beginnen.

Jetzt schalten wir die Referenzbaugruppe wieder ein und verwenden – wie zuvor beim Punkt a), – die Zf-Röhre vor dem Filter. Das Ergebnis sehen wir im **Bild rechts**. Die Wandlerkennlinie wird durch Abgleich der Sekundärspule eingestellt. Das Bild ist aber etwas zu schön geraten, hier wurde versuchsweise auch von der Einstellung der Kopplung Gebrauch gemacht. Und das geht ja nicht immer.

Geben Sie nicht auf, wenn es nicht gleich klappt. Untersuchen Sie kritisch Ihren Messaufbau, die Verbindungen zur Masse, die Koppelglieder, usw. Oder überspringen Sie diese Messung, es folgen noch mehrere Gelegenheiten zum Üben (siehe unter e/f).

d) Weitere Anwendungen

Wird der Quarzgenerator zur Untersuchung eines Gerätes benutzt, sollte der interne Signalweg der Referenzbaugruppe bis zur Anzeigeröhre bestehen bleiben, damit die Funktion des Generators überwacht werden kann. Auf die Möglichkeit des Vergleichstests sowohl der Anzeigeröhre als auch der Zf-Röhre wurde hingewiesen.

e) Die S-Kurve zu Fuß, ohne Oszilloskop

Die Arbeitsplätze der Radiobastler in den 50er/60er Jahren waren kaum mit einem Oszillographen (so hieß der damals) ausgestattet. Daher wurde in der Fachliteratur auch die folgende Messung mit einem Drehspulinstrument im μA-Bereich und Nullpunkt in der Skalenmitte beschrieben (z.B. in: "Funktechnik ohne Ballast" von Ing. Otto Limann, 1963).

Man legt zwei in Reihe geschaltete Widerstände mit je ca. 200 kOhm parallel zum Ratioelko. Den Mittelpunkt dieser Reihenschaltung verbindet man über das μA-Meter mit dem Nf-Ausgang des Ratiofilters (s. "Nf-FM" im Bild Seite 106). Man gleicht den Sekundärkreis so ab, dass der Ausschlag des Zeigers bei Veränderung der Messfrequenz um +/- Δf nach beiden Seiten gleich groß ist. Die Mittenfrequenz stellt man vorher nach den bereits beschriebenen Methoden ein.

Im Band 1 wurde schon auf die Vorteile eines Drehspulinstrumentes bei manchen Messungen hingewiesen. Diese sind auf den Sammlerflohmärkten oft günstig zu haben, man sollte zugreifen.

f) Allgemeine Hinweise zum Abgleich des Ratiofilters

Die soeben unter **e)** beschriebene Messung finden wir auch in den meisten Abgleichanleitungen der Geräte, oft mit der Skizze im **Bild rechts**. Die Buchstaben X-Y-Z beziehen sich auf die Kennzeichnung der Messbuchsen bei den SABA-Geräten:

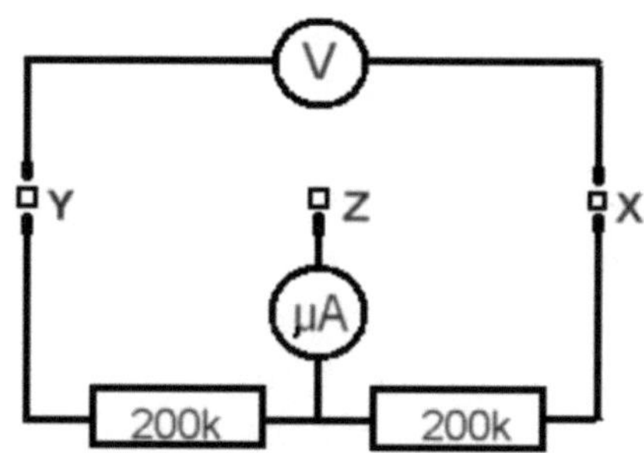

X: Minuspol des Ratioelkos

Y: Masse (Pluspol des Ratioelkos)

Z: NF-Ausgang im FM-Bereich

Auch die **Abgleichanleitungen** für den FM-Bereich beginnen mit dem Ratiofilter. Einige Beispiele:

SABA:

Zf-Abgleich 10,7 MHz 2-Kreis-Filter des Ratiodetektors

1. Entkoppeln des Filters durch Linksdrehen von K 601/603.

2. Primärkreis L 601 auf Maximum abgleichen.

3. Sekundärkreis L 603 auf Nulldurchlauf im geradlinigen der Diskriminatorkurve einstellen.

AEG / TELEFUNKEN:

Messsender +/- Verstimmung muß entgegengesetzten Spannungsanstieg von U_2 (µAmp-Meter) zur Folge haben. Die Spannungsmaxima bei gleicher plus- oder minus-Verstimmung des Messsenders sollen mit +/- 15% übereinstimmen.

SCHAUB-LORENZ:

ZF-Kombifilter L31, 33 (10,7 MHz) (Generator unmoduliert)

1. Kopplung mit (D) durch Linksdrehen unterkritisch einstellen.

2. L31 auf Max. Summenspannung einstellen.

3. L33 auf Nulldurchgang am Mikroamperemeter abgleichen.

Eine allgemeingültige Anweisung, an die sich Vorbesitzer nicht immer gehalten haben, finden wir bei

GRAETZ:

1. Bitte nicht wahllos an Abgleichkernen und Trimmern drehen, bevor das Gerät auf andere Fehler überprüft worden ist und eindeutig feststeht, daß ein Neuabgleich erforderlich ist.

2. AM- und FM-Abgleich sind voneinander unabhängig; es braucht also nur der Empfangsteil nachgeglichen zu werden, der verstimmt ist. Innerhalb der Abgleichkerne AM bzw. FM muß der Abgleich in der Reihenfolge vorgenommen werden, die in der Abgleichtabelle angegeben ist.

7 Der Zwischenfrequenzverstärker

7.1 Erste Prüfungen

Bevor man sich dem Zf-Verstärker messtechnisch zuwendet, wird man sich einen Überblick zu den schaltungstechnischen Feinheiten verschaffen. Auch hier gibt es wieder unzählige Varianten, was die Ausführung und Anordnung der Bandfilter betrifft. In seltenen Fällen sind die Wege der FM- und AM-Zwischenfrequenzen im Schaltbild getrennt dargestellt. Überwiegend findet man die Bandfilterkreise in Reihe dargestellt. Man übersieht leicht, dass es trotzdem für die FM- und AM-Kreise separate Gehäuse geben kann. Man hat dann zwischen den Bandfiltern Bereiche, die zugänglich sind und mit den üblichen, auch durch unvorsichtige Hantierung verursachten Fehlern behaftet sein können.

Der grundsätzliche Aufbau ist jedoch leicht zu überblicken, die Zf-Stufen sind nacheinander in Reihe angeordnet. Findet man Schaltkontakte im Zf-Verstärker, so gilt diesen besondere Aufmerksamkeit. In den meisten Fällen ist das nur die Umschaltung vor dem Gitter der AM-Mischröhre (ECHxx), die Anodenspannung bleibt in der Regel auch im TA-Betrieb stehen. Auf Ausnahmen wurde bereits hingewiesen. Man findet aber auch Schaltkontakte an den Bandfiltern, obwohl die überwiegend verwendeten Kombinationsbandfilter im Prinzip keine Schaltkontakte benötigen. Im Abschnitt 4.3.2 wird die Möglichkeit der Nutzung einer Zf-Röhre als NF-Vorverstärker gezeigt, eine Variante aus den frühen 50ern.

Auch in diesem Abschnitt wird vorausgesetzt (*s. Band 1*), dass Röhren durch Tausch mit Referenzröhren überprüft wurden und die Spannungen an den Anoden und Schirmgittern im grünen Bereich liegen. Auch den Kondensatoren, die die Versorgungsspannungen im Anoden- und Schirmgitterkreis gegen Masse abblocken, gilt unsere Aufmerksamkeit. Weiter wird vorausgesetzt, dass die Oszillatoren in den Mischstufen schwingen. Auch die Demodulatorstufen funktionieren (s. vorhergehende Abschnitte) und stehen zum Nachweis der Zf-Signale zur Verfügung. Denn erst dann ist ja der Verdacht eines Defektes im Zf-Verstärker hinreichend begründet. Dass unter diesen Voraussetzungen der Zf-Verstärker völlig tot ist, kommt selten vor. Er ist oft halb tot, nur auf AM oder FM ohne Funktion oder liefert nur ein schwaches Zf-Signal. Je nach Einschätzung der Lage, kann man mit einer Prüfung der Bandfilter, zum Teil bei ausgeschaltetem Gerät, oder mit einer Signalverfolgung mit Hilfe des Oszilloskops beginnen.

Bezüglich der Abgleichanleitungen wird auf die Hinweise in den Schaltplänen verwiesen, sowie auf die *Abschnitte 2.10 und 5.02* im Band1.

Der Zf-Verstärker beginnt mit der AM-Mischröhre, einer ECHxx. Diese bildet für das FM-Signal die erste Zf-Stufe, wobei das erste vorgeschaltete Bandfilter schon im UKW-Kästchen zu finden ist. Ausnahmen von dieser Regel findet man in den frühen Geräten der Jahre 1950 bis 1952 und in einigen späteren Geräten der Oberklasse.

7.2 Wo fängt man an?

Eigentlich sind wir fast fertig, wenn man von einem Gerät der Mittelklasse mit Standardröhrenbestückung ausgeht. Denn wir haben die Zf-Röhre soeben besprochen. Die nächste Röhre (ECH..) ist für den AM-Bereich schon die Mischröhre, nur für den FM-Bereich arbeitet sie als (erste) Zf-Röhre. Wir orientieren uns daher hier an einem Gerät mit drei Kombinationsbandfiltern (S&H Kammermusikschatulle M57). Es gibt neben der Mischröhre (ECH..) zwei Zf-Pentoden (EF..). Das Bild unten zeigt das Schaltbild mit den wesentlichen Elementen.

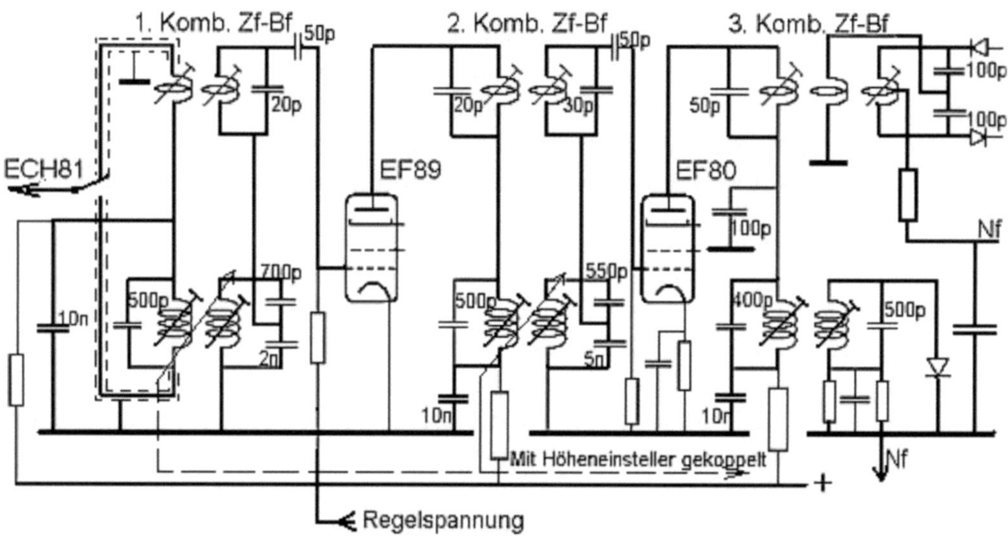

Eine schnelle Analyse der Schaltung zeigt nicht viel Neues. Die Primärkreise des ersten Kombinationsbandfilters werden mit einem Tastenkontakt getrennt angesteuert. Normalerweise sind die Verbindungen vom Bandfilter zum Röhrensockel nur wenige Zentimeter lang, so dass sich eine Abschirmung erübrigt. Hier ist der Weg zum Tastensatz und zurück deutlich länger, so dass geschirmte Leitungen verwendet werden müssen. Die Kapazität der Leitungen macht daher den üblichen Parallelekondensator des FM-Primärkreises überflüssig.

Das zweite Kombinationsbandfilter arbeitet wie üblich ohne Kontakte, die FM- und AM-Kreise sind jeweils in Reihe angeordnet (*s. auch Band1, Abschnitte 2.09.2 und 3.03*). Die beiden ersten Kombinationsbandfilter verfügen über eine Einstellmöglichkeit der Bandbreite. Dazu wird die Kopplung der Kreise für beide Bandfilter synchron auf mechanischem Wege verändert. Der dafür verwendete Seilzug ist mit dem Potentiometer für die Höheneinstellung verbunden, s. auch im **Bild rechts**. Mechanische Antriebe müssen auch auf Bruch, der sich evtl. im Gehäuseinneren des Bandfilters verbergen kann, kontrolliert werden. Konstruktive Details sind jedoch Stoff des ersten Bandes.

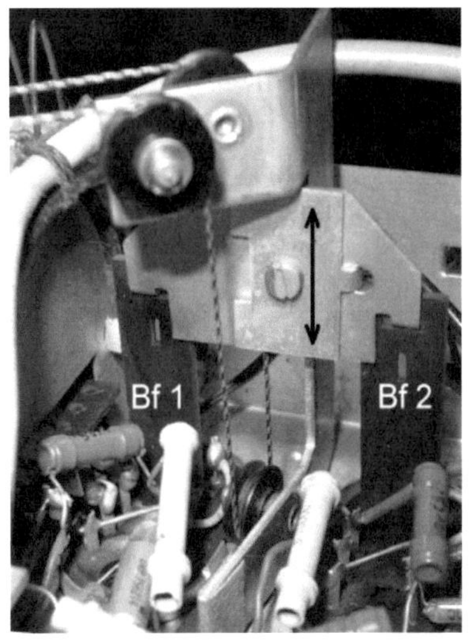

Das dritte Kombinationsbandfilter ist uns von der Funktion her bestens bekannt. Die Regelung der ersten Röhre (EF89) erfolgt für den AM-Bereich auch hier über das Steuergitter. Die Regelspannung des Ratiofilters wird nur für die Steuerung der Anzeigeröhre verwendet.

Die zweite Röhre (EF80), eigentlich keine typische Regelpentode, fällt durch die Einstellung des Arbeitspunktes mittels eines Kathodenwiderstandes auf (s. auch Abschnitte 6.5 und 6.6), wodurch das Steuergitter ca. -2 Volt gegenüber der Kathode aufweist, aber absolut etwa auf Masse liegt, wenn kein Zf-Signal anliegt.

Bevor wir den Zf-Verstärker messtechnisch untersuchen, müssen wir dessen Funktionen im Detail verstanden haben. Das ist eine Voraussetzung für die effiziente Prüfung und Fehlersuche, aber bei Geräten der Oberklasse – wie sich schon bei den Klangregelnetzwerken des Tonverstärkers gezeigt hat – nicht immer leicht durchschaubar.

Damit endet die schnelle Analyse:

Die Regelung des Zf-Verstärkers im FM-Bereich ist bei der Kammermusik-Schatulle M57 (s. Schaltplan S.118) und der Schatulle H52 anders gelöst als üblich. Das im FM-Betrieb nicht gebrauchte Triodensystem der Röhre ECH81 wird wie folgt einbezogen: Wir schauen jetzt nochmals zum Steuergitter der Röhre EF80, dessen Potential bei 0 Volt (gegenüber Masse) liegt, wenn kein Zf-Signal anliegt. Dieses Steuergitter liegt über 50 kΩ an Masse und ist auch über 1 MΩ sowohl mit dem Steuergitter des Triodensystems der ECH81 als auch mit dem Bremsgitter der ersten Zf-Röhre EF89 verbunden (s. dazu gesonderte Schaltskizze S. 118). Die Anode des Triodensystems ECH81 liegt über 1 kΩ am Schirmgitter der zweiten Zf-Röhre EF80 und über 300 kΩ an der Anodengleichspannung (ca. 230 Volt). Damit dominiert an diesem Gitter im FM-Betrieb das Potential der Triodenanode.

Zurück zum Steuergitter der EF80:

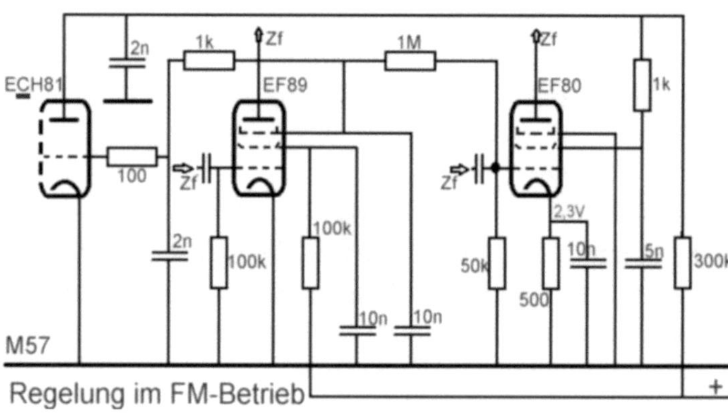

Bei der Besprechung der Audionschaltung (s. Abschnitt 5.1.2) haben wir den Effekt der Gittergleichrichtung kennengelernt. So wird verständlich, dass bei Ansteuerung des Steuergitters der EF80 dessen Gleichspannungspotential in den negativen Bereich fällt. Wird ein Sender empfangen, erscheint das Zf-Signal (U_{SS} ca. 6 Volt) dort einem negativen Gleichspannungspotential von einigen Volt überlagert. Auf dem Weg zum Triodengitter und zum Bremsgitter der EF89 wird die Hochfrequenz mit 10 nF kurzgeschlossen, so dass nur die negative Gleichspannung an die beiden Gitter gelangt. Die EF89 wird mit der negativen Spannung am Bremsgitter geregelt ("gebremst") und der Anodenstrom des Triodensystems wird durch die negative Gitterspannung kleiner. Das hat einen Anstieg der Gleichspannung an der Triodenanode und damit am Schirmgitter der EF80 um ca. 50 Volt zur Folge.

Soweit wieder eine Übung zum Aufspüren von Geheimnissen in Schaltplänen. Es gibt deren viele. Die Funktionsprüfung der Regelung des Zf-Verstärkers ist wichtig, wie bisher dargelegt wurde. Das gehört mitunter zu den Herausforderungen, wenn sich das Regelnetzwerk über mehrere Stufen erstreckt.

7.2.1 Die schnelle Prüfung mit dem Oszilloskop

ist verlockend, hat man doch nicht immer die Geduld für eine Vorgehensweise Schritt für Schritt. Man möchte etwas sehen, wenn man schon nichts hören kann. Hat man noch keinen Hinweis zur Funktion des Zf-Verstärkers, kann man den Tastkopf in der 1:10 -Einstellung an die Steuergitter oder an die Anoden der Zf-Röhren legen. Man beginnt mit dem AM-Bereich, weil hier die Tastkopfkapazität nur einen geringen Einfluss hat. Dabei ist zu beachten, dass die Zwischenfrequenz nur nachgewiesen werden kann, wenn ein Sender empfangen wird. Und das sieht ungefähr so aus:

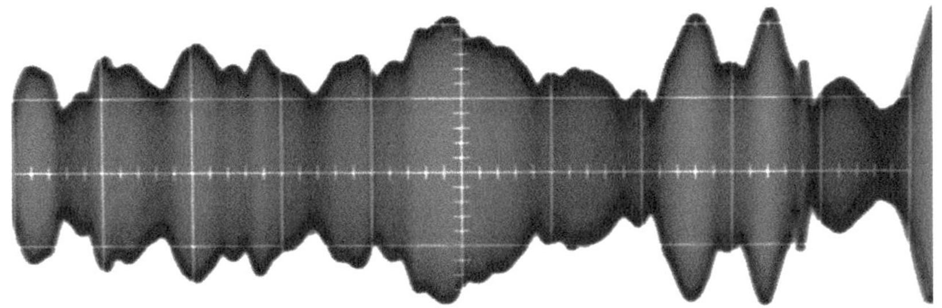

Zwischenfrequenz im Zf-Verstärker (AM)

Für die FM-Zwischenfrequenz sieht das Oszillogramm weniger dekorativ aus (s. im **Bild rechts**). Hier ist die Verstimmung der Bf-Kreise zu beachten, weil die Kapazität des Tastkopfes relativ groß zu der des Schwingkreises ist (s. Abschnitt 1.4). Man muss unbedingt mit der 1:10 Einstellung des Tastkopfes arbeiten. Durch  die leichte Verstimmung wird der Ton etwas leiser, aber mit einer 1:1 Einstellung verschwindet er evtl. ganz.

Die Messungen mit Funktionsgenerator bzw. Wobbelsender verschieben wir auf später.

7.2.2 Prüfung der Bandfilter bei ausgeschaltetem Gerät

Der messtechnische Umgang mit den Bandfiltern bei ausgeschaltetem Gerät wurde schon im Abschnitt 6 gezeigt. Diese Messungen haben den Vorteil, dass man nicht durch Wechselwirkungen mit anderen Bereichen des Empfängers verunsichert wird. Das gilt vor allem, wenn als Ursache ein Drahtbruch (meist im Sockelbereich) oder ein stark verstimmter Kreis bzw. ein aus der Führung herausgerutschter Kern als Ursache in Frage kommt. Die Styroflex- oder keramischen Kondensatoren im Bandfiltergehäuse sind zum Glück selten defekt, aber wenn, dann wird es unangenehm. Je nach konstruktiver Ausführung des Filters kommt man eventuell um einen Ausbau nicht herum.

Wir nehmen uns nun das mittlere Bandfilter des im Abschnitt 7.2 beschriebenen ZF-Verstärkers vor. Es gibt keine Kontakte als mögliche Störungsursache, eventuelle Mischprodukte sind bereits ausgefiltert, so dass wir uns ganz auf die Zwischenfrequenzen konzentrieren können. Es wird vom aktuellen Fall abhängen, in welcher Reihenfolge man die Bandfilter untersucht. Vermutet man einen Defekt im Bandfilter, ist es sinnvoll, diesen zuerst auf einen Drahtbruch oder einen Kurzschluss zu untersuchen. Dazu misst man mit dem Multimeter den ohmschen

Widerstand. Weil dieser in der FM-Spule nur wenige Ohm beträgt, arbeitet man mit kurzen Leitungen, bzw. misst diese vorher aus. Bei dem Bandfilter der hier beschriebenen Referenzbaugruppe zeigte sich die AM-Spule mit 12,2 Ω und die FM-Spule mit 2,3 Ω.

Anschließend führen wir die bereits in den Abschnitten 1.4.2 und 6.6.2 beschriebenen Messungen mit Funktionsgenerator und Oszilloskop durch. Um auch die Leitungen zum Bf-Sockel mit einzubeziehen, nehmen wir die Röhre (hier eine EF89) aus dem Sockel und stecken ein Stück Draht in den Sockelstift 7 (Anode). Nun wissen wir schon, dass mit dieser einfachen Methode die Resonanzfrequenz ermittelt werden kann. Wegen der Kapazität des Tastkopfes, wird aber – vor allem bei dem FM-Schwingkreis – ein etwas zu niedriger Wert angezeigt werden. Das stört noch nicht, weil nur die Funktionsfähigkeit des Filters festgestellt werden soll, ein eventueller Nachgleich erfolgt später.

Das sieht möglicherweise bei einem SIEMENS Kombinationsbandfilter etwas anders aus, denn hier ist ein Nachgleich des AM-Filters wegen der verschweißten Abgleichhalme (s. Anhang E5) etwas schwierig. Es kann daher vorteilhaft sein, die Resonanzfrequenz vorab schon genau ermitteln zu können. Das gelingt (s. kleines Bild rechts), wenn nicht nur das eingespeiste Zf-Signal mit ca. 470 kΩ entkoppelt wird (s. Skizze Seite 14), sondern auch der Tastkopf. Wenn wir nun mit der gleichen Methode noch das erste Bandfilter untersuchen, kann es eigentlich nur noch um einen Nachgleich gehen. Dazu schalten wir das Radio ein und arbeiten unter Spannung weiter.

7.3 Der Nachgleich des Zf-Verstärkers ...

...ist eher einfach, wenn man weiß, was man tut. Defekte im Zf-Verstärker sind relativ selten, wenn Spannungen und Ströme im grünen Bereich sind. Wir können den Nachgleich relativ einfach durchführen, wenn wir Stufe für Stufe auf Maximum (Anzeigeröhre oder Voltmeter) abgleichen, so wie es in den meisten Abgleichanleitungen der Geräte empfohlen wird. Nachdem wir, wie beschrieben, die letzte Zf-Stufe mit den Demodulatoren geprüft haben, legen wir das Signal vom Funktionsgenerator über 10-20 pF an das Steuergitter der AM-Mischröhre (ECHxx). Bei drei Zf-Röhren kann vorsichtshalber noch die mittlere Röhre in die Prüfung einbezogen werden. Das Signal wird so eingestellt, dass die Anzeigeröhre höchstens den halben Ausschlag zeigt. Die Einspeisung des Signals am Steuergitter verhindert die Verstimmung des folgenden Anodenkreises. Das Verfahren ist grundsätzlich im Band1, *Abschnitt 5.02* beschrieben.

Wenn das Gerät Sender empfängt, der Hochfrequenzteil also weitgehend in

Ordnung ist, kann ein Nachgleich bzw. die Prüfung des Zf-Verstärkers ohne Messender durchgeführt werden:

Dazu stellt man einen Sender ein, der die Anzeigeröhre höchstens zum halben Ausschlag bringt und gleicht die Zf-Kreise wie beschrieben auf Maximum ab. Auch die Mittelstellung des Ratiofilters können wir mit Hilfe der Anzeigeröhre am Sekundärkreis des Ratiofilters finden. Im FM-Bereich sucht man zum Schluss noch das erste Bandfilter vor der ECHxx und justiert es ebenfalls auf maximalen Ausschlag der Anzeige. Weil diese Filter meistens im UKW-Kästchen versteckt sind, kann man auch warten, bis wir in diesem alle Einstellmöglichkeiten lokalisiert haben. Für den AM-Bereich führt man diese Prozedur mit dem verbliebenen MW-Sender oder besser im KW-Bereich durch. Wenn wir vorher alle Zf-Kreise, wie zuvor beschrieben, auf die Sollfrequenz überprüft haben, ist der Zf-Verstärker mit ausreichender Genauigkeit auf die Sollfrequenz abgestimmt. Größere Abweichungen von der Sollfrequenz sollte man vermeiden, um den Gleichlauf nicht zu gefährden.

Wer es ganz genau wissen möchte, kann den Zf-Verstärker noch wobbeln (s. Abschnitt 6.6.2), oder mit dem selbstgebauten quarzgesteuerten Generator im FM-Bereich prüfen. Hat man Bandfilter mit einstellbarer Kopplung vor sich, lässt man diese besser unangetastet. Fehljustierungen erkennt man am Besten beim Wobbeln des Filters (s. Abschnitt 6.6.2).

Die Bandbreite der Durchlasskurve wird bei dem 0,7-fachen Wert des Maximums gemessen. Dazu eignen sich einstellbare Frequenzmarken. Diese haben wir vermutlich nicht. Wir messen die Gleichspannung direkt am Nf-Ausgang des letzten Bandfilters und merken uns den Maximalausschlag am Bildschirm oder am Voltmeter. Dann bilden wir die Differenz der Frequenzen, bei denen die Gleichspannung auf den 0,7-fachen Wert sinkt.

7.3.1 Allgemeine Hinweise zu den Messungen am Zf-Verstärker

Bei allen hier beschriebenen Messungen mit externen Hf-Signalen stellt man den Senderwahlknopf so ein, dass keine Sender empfangen werden und schließt den Antenneneingang kurz. Die Einspeisung des Zf-Signals über einen Koppel-kondensator am Gitter der Zf-Röhren wird allgemein in den Abgleichanleitungen so beschrieben. Der Verfasser bevorzugt im FM-Bereich die Einspeisung (Einstreuung) mit dem im Abschnitt 1.5.1 gezeigten Kabel, bei dem an den letzten Zentimetern die Abschirmung entfernt wurde. Das Kabelende kann zwischen die Stifte des Bandfiltersockels, an den Röhrensockel, in ein Bandfiltergehäuse oder auch durch ein Loch (am Bandfilter) des UKW-Kästchens eingeführt werden. Im letzteren Fall zieht man besser die UKW-Oszillatorröhre, um störende Modulationsprodukte zu vermeiden. In einigen Abgleichanleitungen wird die

Einspeisung der FM-Zf mit einem isolierten Draht, der neben der ECC85 eingeschoben wird, beschrieben.

Ein weiteres Kabel (Abschnitt 1.5.1) zeigt einen 50 Ω-Abschluss des Messkabels. Einen entsprechenden Hinweis findet man auch in manchen Abgleichanleitungen. Für die in diesem Buch gezeigten Prüfungen kann bei kurzen Kabellängen bis 10 MHz auch ohne Abschlusswiderstand gearbeitet werden.

In den Abgleichanleitungen findet man auch den bereits oben vermerkten Hinweis zur Signalspannung, hier ein Beispiel von GRAETZ:

"Die Meßsenderspannung soll von kleinen Werten beginnend nur so weit aufgedreht werden, daß bei FM ca. 4 Volt und bei AM ca 1V an den zugehörigen Anzeige-instrumenten liegen, damit nicht durch Übersteuerung ein Fehlabgleich erfolgt".

In den GRAETZ-Abgleichanleitungen finden wir auch den Hinweis, dass das Signal vom Messsender im MW- und LW-Bereich über eine Messspule auf die Ferritantenne gekoppelt werden kann. Dazu gibt es folgende Bauvorschrift:

"Messspule besteht aus ca. 6 Windungen 0,5 mm Schaltdraht, Spulendurchmesser ca. 50 mm. Die Spule wird an Hf-Ausgang und Erde des Meßsenders angeschlossen. Abstand zwischen Spule und Ferritantenne ca. 50 cm."

Des Weiteren wird in den Abgleichanleitungen darauf hingewiesen, dass man die Kreise beim Abgleich entkoppeln oder bedämpfen soll. Damit soll die gegenseitige Beeinflussung reduziert werden. Das ist zu empfehlen, wenn der Zf-Verstärker völlig verstimmt ist. Bei einem Nachgleich geht es meistens nur um geringfügige Korrekturen, sodass diese Maßnahme entfallen kann.

Weitere Untersuchungen mit Funktionsgenerator und Oszilloskop an einem ausgebauten Bandfilter können das Verständnis fördern und ein Gefühl für die Sensibilität der Einstellvorgänge vermitteln. Dazu eignet sich ein AM-Bandfilter. Bei einem Schwingkreis sind im Resonanzfall Spannung und Strom in Phase. Primär- und Sekundärkreis eines Bandfilters weisen im Resonanzfall eine Phasendifferenz von 90^0 auf, die bei Verstimmung kleiner oder größer wird (s. Abschnitt 6.2). Diese frequenzabhängigen Phasenverschiebungen lassen sich einfach am Oszilloskop darstellen. Die **rechts** abgebildeten Oszillogramme zeigen die Phasendifferenz im Resonanzfall bei einer zwei-

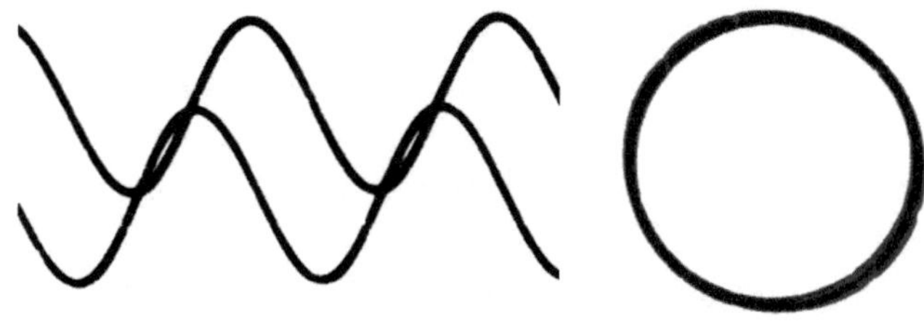

Darstellung der Phasenlagen bei Bandfiltern im Resonanzfall

kanaligen Darstellung und – wie bereits ausführlich abgehandelt – mit Lissajous.

Die mehrfach besprochenen Vorsichtsmaßnahmen beim Anschluss des Signalgenerators und der Tastköpfe müssen beachtet werden.

7.3.2 Wir wobbeln noch einmal

Abschlusskontrolle. Eingangs (Abschnitt 1.3) wurde darauf hingewiesen, dass man auch ohne Wobbelgenerator zum Erfolg kommen kann. Aber man kann dieses Thema nicht auslassen. In den Abschnitten 1.4.2 und 6.6.2 und im Band1 haben wir uns bereits mit dem Einsatz der Wobbelfunktion beschäftigt, nun wollen wir den Zf-Verstärker bzw den gesamten Hochfrequenzbereich durchgängig wobbeln. Die Messpunkte wurden besprochen.

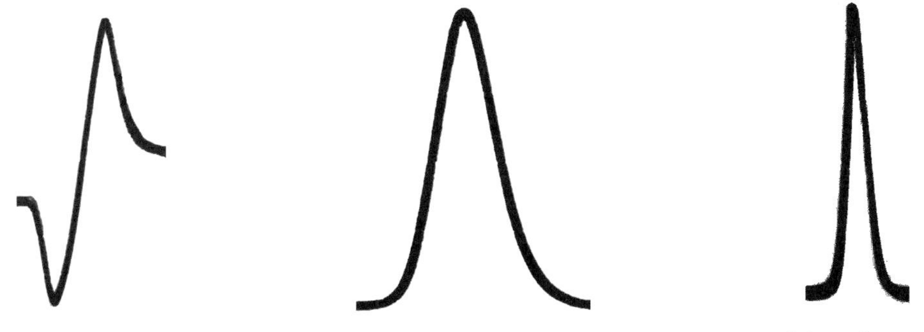

Wandlerkennlinie   Durchlasskurve FM   Durchlasskurve AM

Bei den Bildern links und in der Mitte wurde das Zf-Signal berührungslos in das UKW-Kästchen eingestreut, die Oszillatorröhre wurde gezogen. Die Durchlasskurve AM wurde im Kurzwellenbereich aufgenommen, das Empfangssignal wurde in die Antennenbuchse eingespeist. Das kann man im FM-Bereich auch machen, sofern der Wobbelgenerator bis 100 MHz arbeitet. Bei der AM-Durchlasskurve kann man noch den Drehknopf für die Höheneinstellung betätigen, um die Funktion der Bandbreitenreduzierung zu prüfen. Auch im AM-Bereich können Modulationsprodukte stören, was meistens am Messaufbau liegt. Man kann die Mischröhre (ECHxx) ziehen und das Signal an dem Kontaktstift der Heptoden/Hexodenenanode einspeisen.

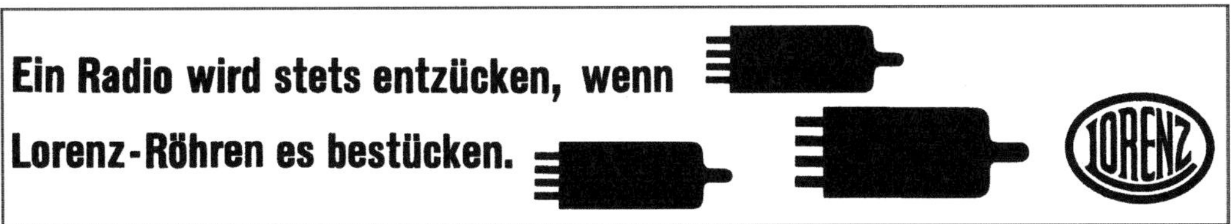

8. Mischung, Oszillator und Hf-Eingang

Die Mischstufen mit den Oszillatoren und Hf-Eingangskreisen wurden bereits im Band 1 *(Abschnitte 3.05 und 3.06)* besprochen. Hier folgen weitere Detaillierungen.

8.1 Grundlagen zum Mischvorgang

Im Abschnitt 4.2 haben wir uns mit der Addition zweier sinusförmiger Schwingungen gleicher Frequenz beschäftigt, die sich in der Phasenlage unterscheiden, aber synchron schwingen. Daraus entsteht wieder eine sinusförmige Schwingung. Sind beide Schwingungen nicht synchron, so kennen wir den Effekt der Schwebung, mit dem sich ein geringer Frequenzunterschied feststellen lässt. Es entsteht eine amplitudenmodulierte Schwingung, die mit der Differenzfrequenz amplitudenmoduliert ist. Wir können damit eine Schwingung, die weit außerhalb des Hörbereichs liegt, nachweisen. Wir gleichen die Frequenz einer Schwingung der 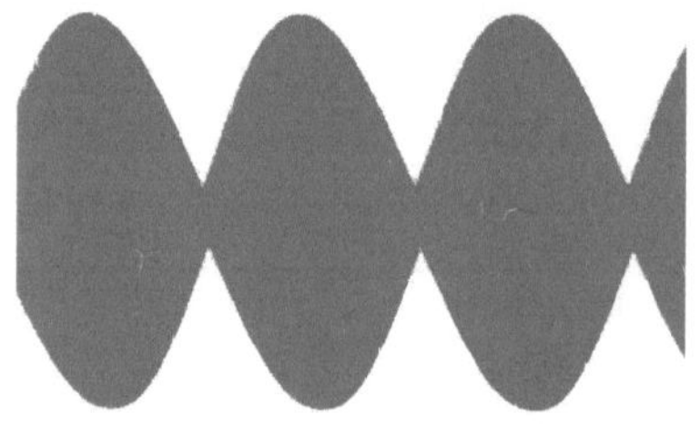 anderen an, bis wir die so genannte Schwebungslücke feststellen. Das ist auf beiden Seiten der Lücke hörbar (die Schwebungslücke natürlich nicht) oder am Oszilloskop (s. im **Bild rechts**) darstellbar. Hier wurde die AM-Zwischenfrequenz mit 460 kHz nachgewiesen. Eine Notlösung, wenn die Zf nicht bekannt sein sollte.

Im nächsten Schritt betrachten wir zwei hochfrequente sinusförmige Schwingungen, die mit einem größeren Frequenzunterschied schwingen. Die Amplituden addieren sich (s. im Bild rechts), was sowohl grafisch als auch mathematisch gezeigt werden kann. In der Summenschwingung bleiben beide Frequenzen erhalten. 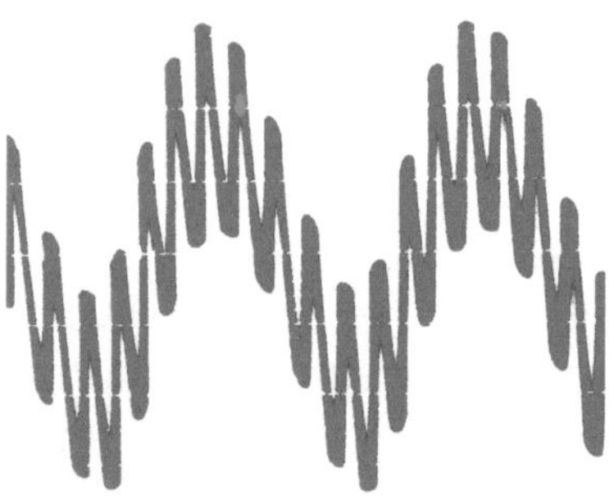

Additive Mischung: Legen wir diese Summenschwingung an das Steuergitter einer Röhre, so entstehen durch die nichtlineare Kennlinie der Röhre nicht nur Obertöne beider Schwingungen (s. Abschnitt 4.2), sondern auch Summen- und Differenzfrequenzen. Weil der Anodenstrom durch die addierten Schwingungen gesteuert wird, sprechen wir von der additiven Mischung. Die zusätzlich entstehenden Summen- und Differenzfrequenzen werden als Kombinationsfrequenzen bezeichnet.

Multiplikative Mischung: Die beiden Schwingungen werden zwei getrennten (Steuer-) Gittern einer Mehrgitterröhre (z. B. ECHxx) zugeführt, der Anodenstrom wird entsprechend dem Produkt beider Spannungen moduliert. Wenn das Steuergitter der Triode intern mit dem dritten Gitter des Hexodensystems verbunden ist, spricht man von einer Mischröhre. Die meistens verwendete ECH81 hat eigentlich ein Heptodensystem, wird in der Literatur aber auch als Hexode bezeichnet.

Da wären noch zwei weitere Begriffe zu klären:

Selbstschwingend oder fremdüberlagert?

Bei einer ECHxx wird der Oszillator mit dem Triodensystem realisiert, die Schwingung wird einem Gitter des Hexoden/Heptodensystems zugeführt. Schwingungserzeugung und Mischung erfolgen in verschiedenen Röhrensystemen, es handelt sich um eine Fremdüberlagerung. Im UKW-Btrieb erfolgen Schwingungserzeugung und Mischung in <u>einem</u> Triodensystem, die Mischstufe ist selbstschwingend.

Für beide Varianten folgt hier nochmals (s. auch Band 1 *Abschnitte 3.04 und 3.05*) je ein Beispiel:

8.2 Das UKW Eingangs- und Mischteil (Tuner)

wird meistens mit zwei Trioden EC92 bzw. ECC85 aufgebaut. Davon arbeitet eine Röhre als Vorröhre und eine als Oszillatorröhre. Bis Mitte der 50er findet man auch eine Pentode als Vorröhre. Anfang der 50er wurde auch das Triodensystem der ECHxx als Oszillatorröhre verwendet und in machen Fällen auch die Hexode/Heptode mit zur Vorverstärkung genutzt.

Die Vorröhre dient der selektiven Vorverstärkung der Eingangsfrequenz und hält die Oszillatorschwingung von der Antenne fern. **Im Bild S. 126** oben sehen wir die UKW-Vorstufe vom SABA Wildbad W5-3D (1954/55): Schon mit der 3-fach Variometerabstimmung (Antennenkreis, Vor- oder Zwischenkreis und Oszillator-kreis). Der Schaltplan zeichnet sich durch Übersichtlichkeit aus: Ganz rechts ist das erste Zf-Bandfilter, noch im UKW-Kästchen, zu sehen. In der Mitte die Misch- und Oszillatorröhre mit einer klassischen Oszillatorschaltung. Die Eingangs-frequenz wird über einen kapazitiven Spannungsteiler eingekoppelt. Die Vorröhre arbeitet in Kathodenbasisschaltung, was eine Neutralisation der Gitter-Anodenkapazität (C_{ga}) erforderlich macht. Diese Kapazität wirkt mitkoppelnd und könnte die Röhre zum Schwingen bringen. Eigentlich sollte sie das nicht tun, denn zwischen Gitter und Anode haben wir uns gerade an einen Phasenunterschied von 180^0 gewöhnt, was eher gegenkoppelnd wirken sollte. Aber die Resonanzkreise vor dem Gitter und nach der Anode bewirken eine weitere Phasendifferenz, den Rest besorgt Cga.

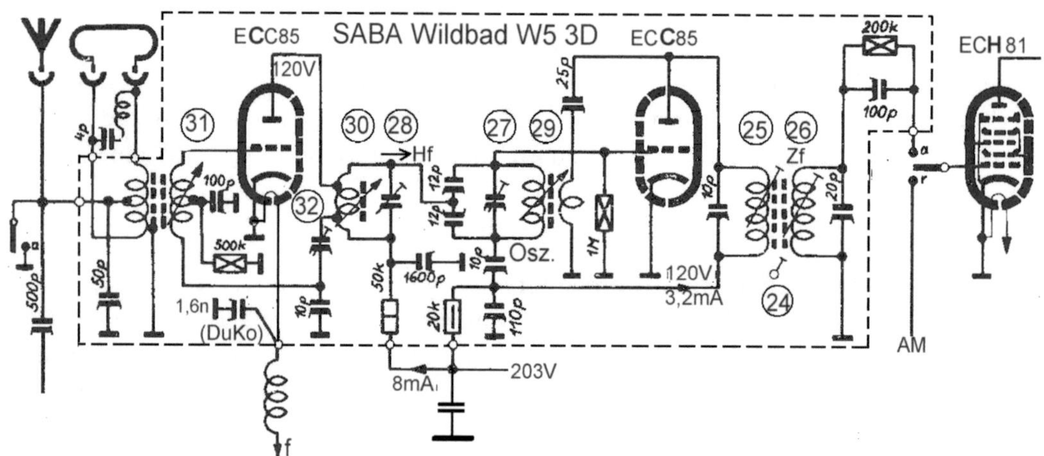

Nun sollte doch eine eventuelle Fehlersuche nicht schwer sein. Wir setzen wieder voraus, dass die Röhren und die Spannungen geprüft und in Ordnung sind, der Zf-Verstärker ab der ECH81 arbeitet und eine Antenne angeschlossen ist. Auch das erste Bandfilter im UKW-Kästchen konnte schon in die Prüfung einbezogen werden (s. Abschnitt 7.3.1).

Die Neutralisation wird der durch eine Mittelanzapfung getrennten Spule am unteren Ende (gegenphasig zur Anoden-rückwirkung) zugeführt. Der Neutralisationsgrad ist einstellbar. Die entsprechende Anweisung in der Abgleichvorschrift lautet:

5. Abgleich der Neutralisation. Sender und Empfänger auf 92 MHz. A)Anodenspannung der Vorstufe abschalten. B) Spannung am Messsender um Faktor 100 erhöhen. C) Neutralisations-Trimmer Pos. 32 auf Minimum einstellen.

Der Anschluss des Voltmeters an den Messpunkten x/y, an dem das Minimum abgelesen wird, ist im Abschnitt 6.6.2 f gezeigt.

Das Bild rechts zeigt eine andere Form der Neutralisation: Die abgleichbare Spule L58

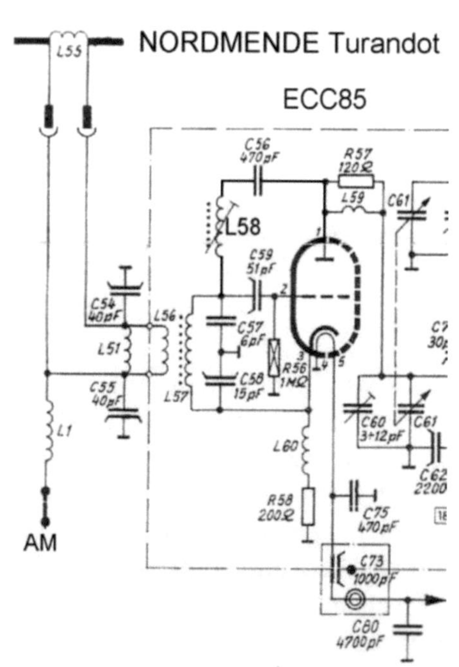

bildet mit der Kapazität Cga einen Parallelresonanzkreis und wirkt als Sperrkreis. Wegen der geringen Kapazität Cga hat die Spule deutlich mehr Windungen (ca. 20) als die übrigen in den anderen Resonanzkreisen. Die Schaltung der Triode ist der Kategorie "Zwischenbasisschaltung" zuzuordnen, die ebenfalls einer Neutralisation bedarf.

Zur Vollständigkeit sieht man im **Bild rechts** noch eine **Gitterbasisschaltung**, die ohne Neutralisation arbeitet.

Dass Thema "Neutralisation" wird im TELEFUNKEN – Laborbuch Band 1 (1) grundsätzlich abgehandelt.
Einen weiteren Aufsatz zum Thema findet man in der FUNKSCHAU 1961 / Heft 18.

8.2.1 Mögliche Fehlfunktionen

Hier steht der Oszillator an erster Stelle, zum Nachweis der Schwingung benutzen wir den schon im Band1

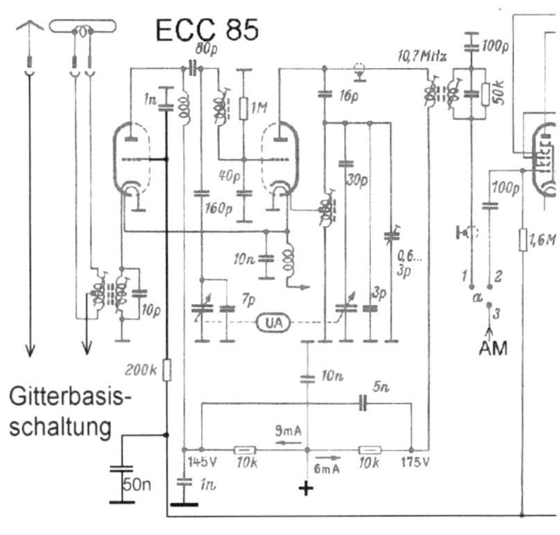

(*Abschnitt 2.05*) erwähnten (Taschen)-Empfänger. Bleibt trotz Nachweis der Oszillatorfunktion der Empfang aus, können wir das im Abschnitt 1.5.1 gezeigte Kabel mit am Ende entfernter Abschirmung mit einer Frequenz von 10,7 MHz (*vom Funktionsgenerator oder von der Referenzbaugruppe AM-FM.Demodulator*) in das UKW-Kästchen einführen, um die Funktion des im Kästchen verbauten ersten ZF-Filters mit einzubeziehen. Verläuft auch dieser Test gut, bleibt noch die Prüfung des Eingangs- bzw. des Vorkreises. Weil der Weg vom Mischvorgang zur Antenne sehr überschaubar ist, sollte sich das Problem lösen lassen. Neben defekten Kondensatoren oder Widerständen und Kurzschlüssen sind mechanische Defekte, zum Beispiel im Spulenvariometer oder bei der Antennenzuleitung möglich. Aber auch eine stärkere Verstimmung mehrerer Kreise kommt als Ursache in Frage. Ein Prüfsignal für den UKW-Empfangsbereich liefert uns wieder der Oszillator von unserem Taschenempfänger, wenn dessen Empfangsfrequenz auf die untere Grenze des Empfangsbereiches eingestellt wird, oder wir haben den im Abschnitt 8.2.4 beschriebenen UKW-Oszillator zur Verfügung. Diese Prüfungen des UKW-Tuners sind einfach durchzuführen, weil wir die nachfolgenden Funktionseinheiten schon bearbeitet haben und sowohl die Anzeigeröhre und den Lautsprecher zur Kontrolle heranziehen können.
Relativ häufig hat man es mit einem – manchmal kaum lösbaren – Problem zu tun:

Der Sender läuft einige Minuten nach dem Einschalten weg, man muss nachstellen. Lokalisiert ist das Problem schnell, es kann sich nur um die frequenzbestimmenden Teile des Oszillators handeln. Wichtig ist die Reinigung aller dieser Teile. Auch die Röhre als Ursache wäre schnell gefunden. Die Kondensatoren, die direkt an den Anschlussstiften der Röhrenfassung angelötet sind, haben einen bestimmten Temperaturkoeffizienten zum Ausgleich. Für die Diagnose hilft uns Kältespray. Dann gibt es noch die Wärmeausdehnung der mechanischen Teile (Spulen, Trimmer, Drehkos, Variometer, Abschirmhauben und korrodierte Lötstellen) einschließlich des Abschirmgehäuses mit einem verschraubten oder verlöteten Deckel. Die Suche nach solchen Ursachen kann mühsam werden, wenn gut versteckte Korrosion der Oberflächen verursachend ist.

8.2.2 Der Abgleich

kann entsprechend der Unterlagen des Gerätes (Rückseite Schaltplan) vorgenommen werden (das Voltmeter wird gemäß der Skizze im Abschnitt 6.6.2 f angeschlossen). Beim SABA Wildbad W5 (s. Seite 126) liest sich das wie folgt:

UKW-Abgleich im abgeschirmten UKW-Eingangsteil
1. UKW-Generator und Empfängerabstimmung auf 88 MHz einstellen. C-Abgleich von Oszillator und Anodenkreis der Vorröhre ECC85: Erst. Pos. 27, dann Pos 20 auf Maximum am Voltmeter abgleichen.
2. UKW-Generator und Empfängerabstimmung auf 98 MHz einstellen. L-Abgleich des Oszillators durch Drehen der Stellschraube am UKW-Antriebshebel: Pos. 29 auf Maximum am Voltmeter abgleichen. L-Abgleich des Anodenkreises der Vorröhre durch Kern-Verstellung: Pos. 30 auf Maximum am Voltmeter abgleichen.
3. UKW-Generator und Empfängerabstimmung auf 92 MHz einstellen. L-Abgleich des Antennenkreises: Pos. 31 auf Maximum am Voltmeter abgleichen.
4. Zum genauen Abgleich 1. . . . 3. Wiederholen.
5. Abgleich der Neutralisation. Sender und Empfänger auf 92 MHZ.
a) Anodenspannung der Vorstufe abschalten.
b) Spannung am Meßsender um Faktor 100 erhöhen (in späteren Anleitungen wird der Wert der Eingangsspannung mit 0.5mV angegeben).
c) Neutralisations-Trimmer Pos. 32 auf Minimum abgleichen.

Wir haben vermutlich keinen Messsender im 100 MHz-Bereich und führen den Nachgleich mit den empfangbaren Sendern und der Abstimmanzeigeröhre durch. An der Neutralisation sollte man nur drehen, wenn es unbedingt sein muss. Falls erforderlich, muss die Einstellung über den gesamten UKW-Empfangsbereich kontrolliert werden. Man achtet auf verzerrten Klang und Schwingeinsatz. Wer keine Einstellmöglichkeit findet, hat einen UKW-Tuner vor sich, der ohne Cga-Neutralisation arbeiten kann (z.B. eine Vorstufe in Gitterbasisschaltung). Es gibt aber auch Neutralisationsschaltungen, die keiner Justierung bedürfen.

Wer auf einen Frequenzgenerator im 100 MHz-Bereich nicht verzichten möchte, baut sich einen auf (s. Abschnitt 8.2.4). Denn es ist bekanntlich einfacher, etwas zum Schwingen zu bringen, als ... Es sei nochmals betont, dass einfache Schaltungen für unsere Zwecke ausreichen, weil wir keine UKW-Tuner entwickeln, sondern nur deren Funktion prüfen und schließlich keine Anfänger mehr sind.

8.2.3 Korrektur der Senderpositionen auf der Skala

Im Band1 und in den Abgleichanleitungen der Geräte (s. Abschnitt 8.2.2) wird beschrieben, wie die Position eines Senders auf der Skala mit dem Oszillatorkreis justiert werden kann. Dabei besteht die Forderung, dass die Senderpositionen über die gesamte Skalenbreite stimmen.

Inzwischen reicht der UKW-Empfangsbereich **bis 108 MHz** und unser Lieblingssender liegt bei 101 MHz. Das ist kein Problem, weil im unteren Bereich meistens keine Stationen zu finden sind, man verschiebt die Sender um 1 MHz nach unten. Dazu muss nur die Oszillatorfrequenz etwas erhöht und der Vorkreis anschließend auf Maximum nachjustiert werden.

Das ist nicht so einfach, wenn wir **Stationen bis 108 MHz** empfangen wollen, denn dazu muss der Empfangsbereich auf die Skalenbreite gestaucht werden. Wir betrachten dazu einen UKW-Tuner, bei dem die **Sender mittels Drehkondensator eingestellt** werden. Das **Bild rechts** zeigt die Prinzipschaltung des Oszillatorkreises. Wir grenzen den gewünschten Empfangsbereich wie folgt ein:

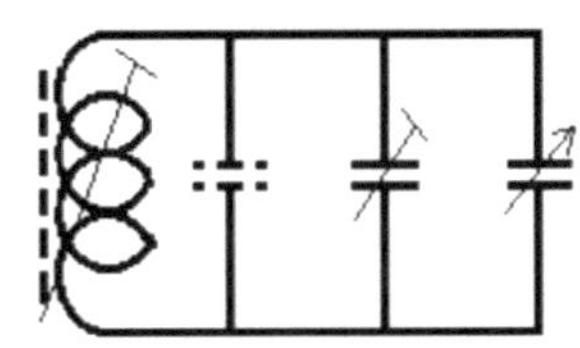

f_O = obere Grenzfrequenz

f_U = untere Grenzfrequenz

Das Verhältnis beider Frequenzen ergibt sich zu:

$$\frac{f_O}{f_U} = \sqrt{\frac{C_U}{C_O}}$$

Wobei C_U und C_O jeweils die gesamte wirksame Kapazität darstellen. Damit mit dem Drehkondensator eine möglichst große Frequenzdifferenz erreicht wird, muss der Trimmer auf einen möglichst kleinen Wert eingestellt werden, was mit der Spule ausgeglichen wird. Wir betrachten rechnerisch zwei Fälle:

Fall 1: $f_U = 86\ \text{MHz}$ $f_O = 100\ \text{MHz}$

$C_O = 9 + 13 + 2 = 24$ pF $C_U = 18 + 13 + 2 = 33$ pF $\sqrt{\dfrac{C_U}{C_O}} = 1{,}17$

damit wird $f_O = 1{,}17 \times 86\ \text{MHZ} = 100{,}8\ \text{MHz}$

$C_O < C_U\ /\ f_O > f_U$

Fall 2: $f_U = 86$ MHz $f_0 = 108$ MHz

$C_O = 9 + 5 + 2 = 16$ pF $C_U = 18 + 5 + 2 = 25$ pF $\sqrt{\dfrac{C_U}{C_O}} = 1{,}25$

Damit wird $f_0 = 1{,}25$ x 86 MHz $= 107{,}5$ MHz

Die Vorgehensweise (analog zur Anleitung im Abschnitt 8.8.2): Man sollte nicht mit einem 3-fach abgestimmten Gerät beginnen, wir betrachten daher ein Gerät mit Drehkondensator-Abstimmung des Oszillators und des Vorkreises. Es ist dabei zweckmäßig, sich die ursprünglichen Positionen der Kerne und Trimmer zu merken, bzw. die vorgenommenen Justierungen zu protokollieren. Denn wir riskieren den Gleichlauf, sollten wir in der Prozedur stecken bleiben:

Den Sender mit der niedrigsten Frequenz wählen und den Kern der Oszillatorspule so einstellen, dass der Sender an einer unteren Skalenposition erscheint. Dann Drehkondensator herausdrehen und durch Veränderung des Oszillatortrimmers den Sender mit der höchstmöglichen Empfangsfrequenz an die gewünschte Skalenposition schieben. Dadurch wandert auch die untere Grenze des Empfangsbereichs nach oben, so dass diese durch Eindrehen des Kernes in der Oszillatorspule wieder nach unten verschoben werden muss, wodurch sich wiederum der Sender mit der höchsten Empfangsfrequenz verschiebt. Das geht immer so weiter, aber die erforderlichen Korrekturen werden immer kleiner, bis die Positionen schließlich stimmen.

Nach jedem Zyklus, bzw. wenn die Empfangsstärke nachlässt, die Prozedur am Zwischenkreis (Vorkreis) wiederholen, wobei man nicht ganz an das jeweils äußere Ende des Empfangsbereiches gehen muss. Jetzt wird aber nicht mehr die Position auf der Skala verändert, sondern jeweils auf Empfangsmaximum eingestellt. Bei der unteren Frequenz mit dem Spulenkern, bei der oberen Frequenz mit dem Trimmer.

Antennenkreis: Einen Sender bei ca. Mitte des Empfangsbereiches auf Maximum abgleichen (nur am Spulenkern, es gibt keinen Trimmer).

Sendereinstellung mit Spulenvariometer: Nach dem gleichen Prinzip vorgehen, nur jetzt bei der unteren Frequenz mit dem Trimmer und bei der oberen Frequenz mit dem Spulenkern abgleichen. $\dfrac{f_0}{f_U} = \sqrt{\dfrac{L_U}{L_O}}$

Die Erweiterung des Empfangsbereiches bis 108 MHz ist bei Spulenvariometern konstruktionsbedingt nicht grundsätzlich bei allen Geräten möglich, zum Beispiel beim SABA Spulenvariometer. Für Exportgeräte wurde hier eine andere "Abstimmstange" eingebaut.

8.2.4 Ein Oszillator 86 bis ...MHz

Nun sind wir, wie eingangs versprochen, in der Königsklasse der Empfangs-frequenzen angekommen. Daraus resultieren höhere Anforderungen an die konstruktive Ausführung, die Schirmung, die Masseverbindungen und die Leitungslängen betreffend.

Ein Schwingkreis hat grundsätzlich im Resonanzfall einen reellen Widerstand. Dieser geht, wie wir schon erfahren haben, bei Anschluss eines Drahtes / Kabels wieder verloren. Wir können den Schwingkreis durch eine nachfolgende, nicht selektive (Strom-) Verstärkerstufe, entkoppeln, oder eine Spulenanzapfung bei 50 oder 75 Ohm herstellen, an das dann ein Kabel mit diesem Wellenwiderstand angeschlossen und mit einem 50- bzw. 75 Ω-Widerstand abgeschlossen wird. Wir sparen uns hier diesen Aufwand, weil ja nur eine Prüffrequenz im Empfangsbereich und im Empfangsbereich +10,7 MHz brauchen, also keine Messungen durchführen.

Bevor wir ans Werk gehen, sei nochmals darauf hingewiesen, dass uns auch das schon erwähnte UKW-Taschenradio helfen kann, dessen Oszillator ja bei einer Empfangsfrequenz von 88 MHz auch noch im Empfangsbereich schwingt. Wir haben somit auch wahlweise eine Signalquelle im Empfangsbereich oder im Bereich der Oszillatorfrequenz zur Verfügung.

Die **rechts** abgebildete einfache, zuverlässig funktionierende, Schaltung stammt aus dem Arsenal des Verfassers, wurde vor einigen Jahrzehnten mit einem Transistor vom Typ AFY11 aufgebaut und jetzt an einen anderen Transistortyp angepasst. Das Foto macht die Anforderungen an den kon-

struktiven Aufbau deutlich, insbesondere bei den Masse-Verbindungen. Die im Bild gezeigte Spule hat eine Drahtlänge von 10 cm. Das macht deutlich, warum die Drahtlängen in der Schaltung so kurz wie möglich gehalten werden müssen. Die Anfertigung einer Zeichnung vor Beginn des Aufbaus ist hilfreich.

Weitere Aufbauhinweise:

Obwohl die hier vorgestellte Schaltung sich mit wenigen Bauteilen sehr übersichtlich darstellt, ist der Aufbau kritisch, wenn man sich erstmals in diesem Frequenzbereich bewegt. In der oben gezeigten Realisierung erfolgt die Frequenzabstimmung mit einem Drehkondensator, der auf der Rückseite der

Platine montiert wurde, damit die Verbindungen kurz gehalten werden konnten. Einfach und gut montierbar ist ein Tauchtrimmer (s. im **Bild rechts**), der unmittelbar neben der Spule platziert werden kann. Die Einstellung ist unproblematisch, weil die obere drehbare Haube auf Masse liegt und daher auch mit der Hand betätigt werden kann. Der im Bild gezeigte Trimmer wurde an der auf Masse liegenden Unterseite der Platine verlötet. Nach Einbau in ein Gehäuse wird der Trimmer durch ein Loch am oben sichtbaren Sechskant eingestellt.

Beim Aufbau wurde wie folgt vorgegangen:

Eine handelsübliche Experimentierplatine wurde auf das Gehäusemaß gekürzt und auf die Rückseite einer kupferbeschichteten Platte geklebt, die dann ebenfalls passend gekürzt wird (s. im **Bild rechts**). Ein Cu-Blech wäre besser, aber schlechter lötbar. Diese Cu-Fläche bildet das Massepotential, das bei Verwendung eines NPN-Transistors das Plus-Potential führt. Das spielt keine Rolle, wenn der Oszillator mit einer unabhängigen Stromversorgung betrieben wird. Dieser Aufbau er

möglicht kurze Verbindungen zur Masse, weil jeweils durchgebohrt werden kann. Für die Spule wurde versilberter Cu-Draht (1 mm), der auf den Spulenträger eines Bandfilters gewickelt wurde, verwendet. Dieser wird erst nach dem Einbau der Spule entfernt, weil die Justierung der Spule auf dem Röhrchen besser gelingt. Die Verwendung einer Luftspule bietet die Möglichkeit eines Abgleichs durch Veränderung der Windungsabstände. Sollte man daneben liegen, wickelt man neu, das bei der Firma Bürklin bezogene Gebinde enthält 25 m Draht. Als Parallelkapazität wurde ein Tauchtrimmer 3...30 pF verwendet.

Zuerst verlötet man die Bauteile, die keine spätere Justage, bzw. Änderung des Wertes erfordern. An Stelle des 4k-Widerstandes *(s. Schaltbild auf der nächsten Seite)* kann man zunächst ein Potentiometer anschließen, um den Punkt des Schwingeinsatzes zu ermitteln, auch den Einbau des 10 pF-Kondensators hebt man sich bis zuletzt auf. Falls Änderungen erforderlich werden *(z.B. durch einen anderen Transistor oder eine andere Versorgungsspannung)* oder man etwas probieren möchte, ist das Teilchen gut erreichbar.

Die Schaltung orientiert sich an dem bereits im Abschnitt 6.6.1 gezeigten Oszillator bzw. auch an dem im Band 1 *Abschnitt 5.03 (Selbstbau eines einfachen Wobbelgenerators)* gezeigten Beispiel. Der Wobbelgenerator wird jedoch mit einer Kapazitätsdiode BB1096 frequenzmoduliert, was bei dem hier vorgestellten Oszillator nachgerüstet werden kann. Alternativ kann das Diodenpaar BB204 verwendet werden. In diesem Fall sollte ein PNP-Transistor verwendet werden.

Das Schaltbild (s. rechts) bedarf daher keiner grundsätzlichen Erläuterungen. Bei Berücksichtigung der Aufbauhinweise ist die Nachbausicherheit hoch. Bei Auswahl eines geeigneten Transistors ist auf eine ausreichende Transitfrequenz zu achten, diese beträgt beim Transistor BF198 400 MHz. Der 10n

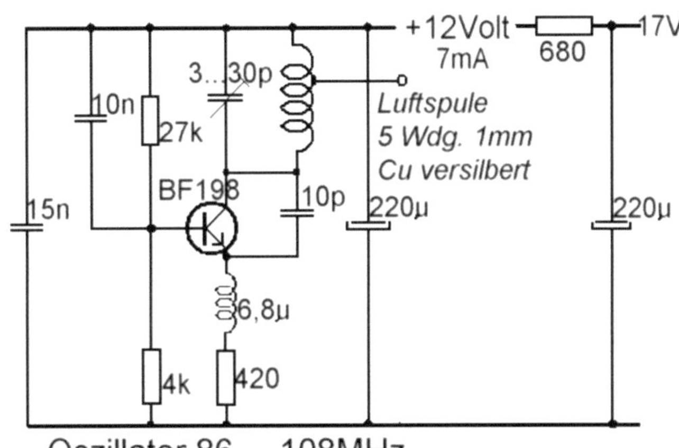

Kondensator *(4,7n tun es auch)* ist keramisch, 15n ist ein Styroflexkondensator *(10n keramisch tun es auch)*.

Die Drossel begünstigt das Anschwingen, ein kleinerer Wert, zum Beispiel die im **Bild rechts** gezeigte selbst hergestellte Variante, tut es auch. CuL-Draht wird auf einen Widerstand im zweistelligen kOhm-Bereich gewickelt.

Auch der Kondensator zwischen Kollektor und Emitter zur Rückkopplung (10 pF) kann selbst hergestellt und genau abgeglichen werden.

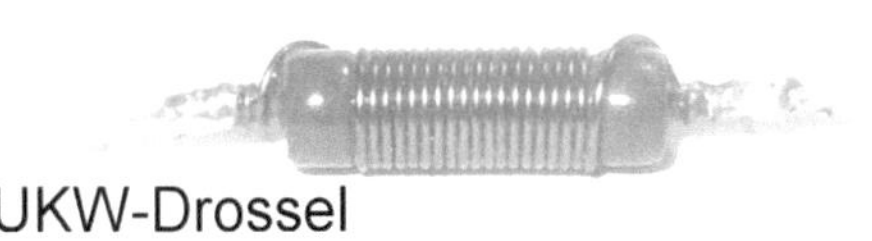

UKW-Drossel

Der Kondensator zur Rückkopplung mit ca. 10 pF (s. im Bild unten rechts) wurde selbst angefertigt. Man findet ähnliche Ausführungen gelegentlich in Rundfunkempfängern. Man kann zuerst eine Probe anfertigen, bei der man ca. 15 pF realisiert und dann durch Kürzen (abkneifen) den optimalen Wert ermittelt. Diesen kann man dann

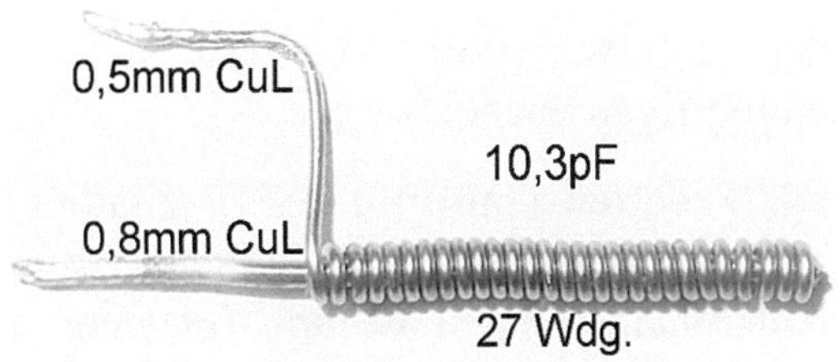

nochmals anfertigen. Die Messung von Kondensatoren mit Werten <100pF sollte nicht mehr mit den Messkabeln erfolgen. Die Messgeräte haben Fassungen, in die der Prüfling kabellos eingesteckt wird.

Die nächsten Bilder zeigen die fertig aufgebaute Schaltung, bzw. das fertige Gerät mit den Abmessungen 73 mm x 57 mm x 28 mm. Die auf dem + Potential liegende Unterseite der Platine wurde mit Karton gegen das Gehäuse isoliert, das aber ebenfalls über den Außenanschluss der BNC-Buchse auf Masse (+) gelegt wurde.

Die Betriebsanzeige mit der hell leuchtenden Diode wird im Schaltplan nicht gezeigt. Sie soll daran erinnern, dass wir es hier mit einem Sender zu tun haben, der nicht eingeschaltet herumliegen sollte.

Die Reichweite ohne angeschlossene Antenne und bei geschlossenem Gehäuse entspricht der eines Oszillators im UKW-Kästchen der Röhrenradios. Die BNC-Buchse wurde über einen Kondensator (ca. 50 pF) mit der vom kalten Ende aus gesehen – zweiten Windung *(genauer: Nach 1,5 Windungen)* der Spule verbunden *(angelötet)*. Dabei probiert man bei angeschlossenem Koaxialbel (s. Abschnitt 1.5.1) eine günstige Position an der Spule aus. Möchte man nur ein UKW-Signal empfangen, arbeitet man ohne angeschlossenes Kabel, evtl. bei geöffnetem Gehäusedeckel. Die BNC-Buchse, bzw. den Anschluss eines Antennendrahtes kann man sich auch sparen, weil man bei einem Test das Signal über den Antenneneingang des zu prüfenden Tuners empfängt. Aber mit der Buchse sieht das Teil etwas professioneller aus, schließlich kann man in einem Fachbuch keine halbfertigen Sachen zeigen.

Die Frequenzstabilität des Oszillators ist hervorragend, es gibt keine Erwärmung bei den Bauteilen. Aber – wie am Anfang dieses Abschnittes ausgeführt – ist eine Anpassung einer Last am Ausgang an den Schwingkreis problematisch. Die Kapazität des Koaxialkabels wird daher – verkürzt durch den Koppelkondensator – die Frequenz geringfügig verschieben. Ein einfacher Draht sollte nicht in die innere Hülse der BNC-Buchse gesteckt werden, weil die Reichweite des Signals durch die Antennenwirkung stark zunimmt. Und der Betrieb eines Senders im

UKW-Bereich ist **bekanntlich verboten.**

Eine Funktionskontrolle ist wie folgt möglich:
Verfügen wir über ein Oszilloskop gemäß der Empfehlung im Abschnitt 1.2, so können Signale im 100 MHZ-Bereich nicht mehr messtechnisch untersucht werden. Man kann evtl. sehen, dass Schwingungen einsetzen, mit etwas Glück setzt auch die Triggerung des x-Kanals ein. Man sieht aber, ob es noch eine Welligkeit bei der Versorgungsspannung gibt, oder ob der Oszillator sich eine andere, wesentlich tiefere Frequenz ausgesucht hat, die sich auch der Schwingung im UKW-Bereich überlagern kann. Aber dass würde man auch deutlich hören, wenn wir die Schwingungen wie gewohnt mit dem Taschenempfänger nachweisen. Denn mit diesem prüfen wir nun, ob der Oszillator über den gesamten Frequenzbereich sauber schwingt. Eine sinusförmige Trägerschwingung ist nicht hörbar. Man erkennt sie daran, dass man nichts mehr hört, weil die Empfindlichkeit des Zf-Verstärkers heruntergeregelt wird und ein an dieser Stelle empfangener Sender, der deutlich schwächer einfällt, einfach verschwindet. Der Feldstärkeanzeiger schlägt deutlich aus.

Die hier aufgebaute Schaltung überschreitet den UKW-Empfangsbereich sowohl am unteren als auch am oberen Ende. Bei der Durchstimmung mit dem Tauchtrimmer ist daher auch die Spiegelfrequenz (s. Band1, *Abschnitt 3.03*) einstellbar, die aber aufgrund der Selektion des Vorkreises schwächer empfangen, bzw. unterdrückt wird.

Für die Spannungsversorgung gibt es mehrere Realisierungsmöglichkeiten:

a. Anschluss an die **Heizspannung** des Zielobjekts, was eine Gleichspannung von ca. 8 Volt ergibt (s. Spannungsversorgung in Abschnitt 6.6 und *Abschnitt 5.03* im Band 1).

b. Anschluss an die Heizspannung mit Spannungsverdopplung. Vorteil: Höhere Gleichspannung. Nachteil: Das Massepotential des Chassis kann nicht mehr verwendet werden. In der elektrotechnischen Fachliteratur wird man eine Vielzahl von Schaltungen zur Verdopplung und Vervielfachung von Spannungen finden. Das **Bild rechts** zeigt eine für unsere Zwecke geeignete Variante. Diese Schaltung ist bereits im Abschnitt 6.6 zu sehen, nur liegt dort zwischen den beiden

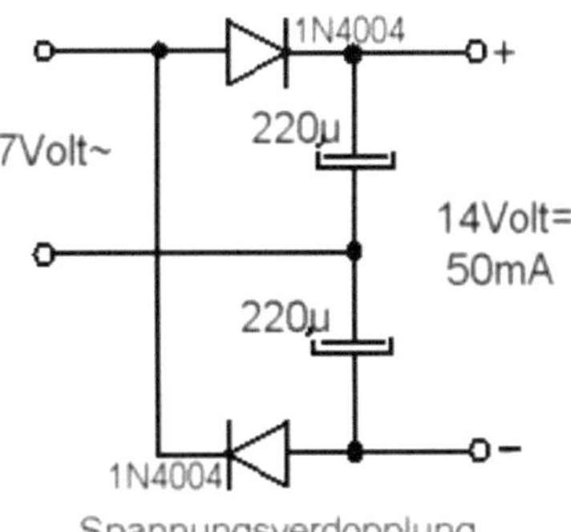

Ladekondensatoren das Massepotential, so dass zwei gleich große Teilspannungen (+/-) abgegriffen werden.

c. Spannungsversorgung mit einem **9 Volt-Block**. Das ist in Anbetracht der geringen Stromaufnahme eine gut machbare Lösung. Der Platzbedarf entspricht der Siebkette mit zwei Elkos, die nun entfällt.

d. Verwendung eines (vorhandenen) **Steckernetzteils**. Eine einfache ungeregelte Ausführung bietet die Möglichkeit, neben der Nennspannung für die Oszillatorschaltung noch eine um einige Volt höhere Gleichspannung zum Betrieb einer Abstimmdiode zu erzeugen. Eine noch verbliebene 50 / 100 Hz-Welligkeit hat ein Modulationsbrummen zur Folge. Das kann erwünscht oder unerwünscht sein.

Bei dem hier gezeigten 100 MHz-Oszillator wurde die **Variante d)** gewählt. Bei einer noch vorhandenen Welligkeit muss ein Siebkondensator mit 2200 µF verwendet werden, ggf. zu einer Siebkette mit einem Widerstand erweitert.

8.2.5 Ein Ausflug in die Theorie der Hochfrequenzleitungen

Für eine ausführliche Besprechung dieses interessanten Themas wären wir ziemlich lange unterwegs. Wir beschränken uns daher – **stichpunktartig** – auf die für uns wichtigen Anwendungen.

Im Abschnitt 1.5.1 haben wir schon von einem Abschlusswiderstand gelesen und im vorigen Abschnitt 8.2.4 ist uns ein Wellenwiderstand begegnet.

➤ Eine unendlich lange Hochfrequenzleitung hat einen reellen, frequenzunabhängigen Widerstand, den so genannten Wellenwiderstand. Die Signale (Wellen) sind ins Unendliche unterwegs.

➤ Unterbricht man die Leitung und schließt die Wunde mit einem Widerstand in der Größe des Wellenwiderstandes ab, verhält sich die Leitung wie eine unendlich lange Leitung.

➤ Die genannten Eigenschaften betreffen sowohl Paralleldraht- als auch Koaxialleitungen. Beide Leitungstypen sind in unseren Radios verbaut. Die koaxiale Hf-Leitung zwischen dem UKW-Tuner und der ersten Zf-Röhre, die Paralleldrahtleitung (240 Ω) verbindet den Antenneneingang des Tuners mit der Antennenbuchse und wird auch als Zuleitung zum Antennendipol verwendet (s. "Kleine Antennenkunde" *im Band 1, Abschnitt 2.07*).

➤ Entspricht der Abschlusswiderstand nicht dem Wellenwiderstand, entsteht eine so genannte Stoßstelle. Ein Teil des Signals wird reflektiert und auf dem Rückweg der hinlaufenden Welle überlagert. Die maximal mögliche Leistung (s. auch "Leistungsanpassung" im Abschnitt 4.1) kann nicht mehr übertragen werden.

> Wir betrachten nur die Extremfälle der Fehlanpassung: Die am Ende kurzgeschlossene und die am Ende offene Leitung. In beiden Fällen wird die Welle vollständig reflektiert und bildet durch die Überlagerung mit der hinlaufenden Welle eine stehende Welle aus.

Spätestens jetzt erinnern wir uns an das Experiment mit der so genannten Lecherleitung (*österreichischer Physiker Ernst Lecher 1856–1926*) im Physikunterricht, das die stehenden Wellen mit einem Lämpchen entlang zweier parallel durch den Saal gespannten Drähten nachweist.

Die am Ende offene λ/4 Leitung zeigt ein Strommaximum, sie verhält sich wie ein Serienresonanzkreis.

Die am Ende kurzgeschlossene λ/4 Leitung zeigt ein Spannungsmaximum, mit der Länge λ/2 ein Strommaximum, wir beobachten Resonanzeigenschaften.

Um es kurz zu machen: Eine am Ende kurzgeschlossene Leitung der Länge λ/4 verhält sich wie – bzw. ist ein Parallelschwingkreis, eine λ/2 Leitung stellt einen Serienresonanzkreis dar. Ist die am Ende kurzgeschlossene Leitung kürzer als λ/4, verhält sie sich induktiv, bei einer Länge zwischen λ/4 und λ/2 wirkt sie kapazitiv. Bei einer offenen Leitung verhält es sich umgekehrt.

Schließt man ein λ/4 Leitungsstück **kapazitiv oder induktiv** ab, kann man mit kürzeren Leitungslängen arbeiten. Wir haben damit ein universell einsetzbares, preiswertes Bauteil kennen gelernt. Wegen des charakteristischen Aussehens spricht man auch von Stichleitungen.

Jetzt fragt sich der Leser "warum erzählt er uns das", denn selbst im UKW Bereich entsprechen λ/4 noch 75cm. Und das wäre auch für unseren 100 MHz-Gerator keine gute Lösung. Das sähe für einen 500 MHz-Generator anders aus, zumal die Länge wegen des Ausgleichs der schon verbauten Kapazitäten der Röhre bzw. des Transistors noch kürzer ausfallen kann.

Aber wir finden diese Stichleitungen auch in einigen Radios, zum Beispiel als Verlängerungsspule zur Anpassung der UKW-Gehäuseantenne (s. im **Bild rechts** *und im Band 1, S.74*).

Oder mit offenem Ende als Saugkreis für Harmonische des Oszillators (anderer Geräte), aber eher in Fernsehgeräten als in Radios.

8.2.6 Ein Referenztuner?

Ein Leser fragte, ob es sinnvoll bzw. möglich sei, mit einem Referenztuner zu arbeiten. Mit den im vorliegenden Buch beschriebenen Möglichkeiten zur Prüfung sollte es eigentlich nicht erforderlich sein. Weil es aber ohne Komplikationen möglich ist und auch zusätzliche Prüfmöglichkeiten erlaubt, kann man es wagen. Man gewinnt mindestens weitere Erfahrungen im Umgang mit Signalen im 100 MHz-Bereich. Wer mit den Einstellmöglichkeiten der Mess- und Prüfgeräte und der Interpretation der abgelesenen Ergebnisse noch unsicher ist, wird möglicherweise mit dem Einsatz von Referenzbaugruppen zusätzliche Sicherheit gewinnen.

Bei der **Auswahl eines geeigneten Tuners** entscheidet man sich für eine Version mit geschlossenem Gehäuse ohne externe Komponenten. Ideal ist der schon im Band 1, *(s. Abschnitt 3.04)* beschriebene TELEFUNKEN-Tuner, der für eine universelle Verwendung und für einen einfachen Austausch konzipiert wurde (s. Erläuterungen zu 9.3.3 im Abschnitt 9.4). Wenn alle Bauteile des Tuners im Kästchen verbaut wurden, ist die Wiederbelebung auf dem Seziertisch denkbar einfach. Die Masseverbindung wird entweder durch die feste Montage des Tuners auf dem Chassis oder durch ein angelötetes Masseband hergestellt. Dann gibt es einen Anschluss für die Heizspannung und einen für die Anodenspannung. Das reicht für ein erstes Erfolgserlebnis: Der Nachweis der Oszillatorschwingung mit dem Taschenempfänger (s. auch Band 1, *Abschnitt 2.05, S.71*).

Nun befassen wir uns mit dem noch nicht erwähnten Anschluss, dem Zf-Ausgang. Dieser verbindet den Sekundärkreis des im Tuner verbauten ersten Zf-Bandfilters mit dem Gitter der ECHxx Röhre, bzw. mit den Kontakten zur FM/AM-Umschaltung vor diesem Gitter. Die Verbindung erfolgt mit einem Koaxialkabel, das unbedingt mit ausgebaut werden sollte, weil dessen Kapazität die Abstimmung des Sekundärkreises beeinflusst (s. auch Abschnitt 6.4). Auch bei diesem Kabel wird der Außenleiter nur einseitig an Masse angeschlossen, zum Beispiel an den Massepunkt der ECHxx. Für die generelle Verwendung eines ausgebauten Tuners als Referenztuner sollte dieser fest, möglichst mit eigener Stromversorgung, aufgebaut werden. Denn ein Referenztuner muss auf bestmögliche Empfangs-leistung abgeglichen werden, um auch als Vergleichsnormal dienen zu können. Eine feste Verdrahtung und eine *(evtl. einstellbare)* Versorgungsspannung reduziert die Abhängigkeit vom Versuchsaufbau. Das trifft auch für die noch anzuschließende Antenne zu, ohne die kein Zf-Signal entstehen kann.

Es kann sinnvoll sein, einen Tuner mit möglichst langem Zf-Kabel zu wählen, was dessen Anschluss erleichtert. Anschluss an was?

Dazu betrachten wir folgende Fälle:

a) Prüfung eines zur Reparatur ausgebauten Tuners

vor dem Einbau durch Vergleich mit dem Referenztuner. Wir verbinden nacheinander beide Tuner mit dem Gitter der ECHxx. Sicherer ist es jedoch, wenn wir das Zf-Kabel des Tuners jeweils an den Eingang der Referenzbaugruppe "AM/FM-Demodulator" anschließen. Die dort verbaute Anzeigeröhre wird als Messinstrument verwendet. Obwohl mindestens eine Zf-Stufe fehlt, erreicht die Anzeigeröhre den Vollausschlag. Die Verwendung beider Referenzbaugruppen bietet den Vorteil, dass beide aufeinander abgestimmt sind und nur jeweils der Prüfling abgeglichen werden muss. Ein weiterer Vorteil wurde bereits erwähnt: Man vermeidet Schäden beim Hantieren im Gewirr der verdrahteten Bauteile im Chassis des Radios unter Spannung. Beim Anschluss des Referenztuners an die Demodulatorbaugruppe kann es evtl. vorteilhaft sein, wenn der Tuner von dieser Baugruppe mit den Betriebsspannungen versorgt wird.

Bei einem Vergleich der Empfindlichkeit des zu prüfenden Tuners mit dem Referenztuner verwenden wir den im Abschnitt 8.2.4 vorgestellten Oszillator. Diesen positionieren wir etwas entfernt, so dass die Anzeigeröhre nicht voll ausschlägt, die Regelspannung schalten wir ab.

Nun haben wir es zu einem, aus eigenen Mitteln aufgebauten Messplatz, gebracht!

b) Prüfung eines Tuners ohne Ausbau

ist ebenfalls möglich, dazu muss nur die Verbindung zum Steuergitter der ECHxx getrennt werden, die bei den meisten Geräten zugänglich ist. Dieser Versuch kann hilfreich sein, wenn man zum Beispiel eine Verzerrung beim UKW-Empfang nicht lokalisieren kann. Bei günstigen Einbauverhältnissen ist auch eine Verbindung des eingebauten Tuners mit der Referenzbaugruppe AM/FM-Demodulator möglich.

Das **Bild unten** zeigt links den mehrfach erwähnten TELEFUNKEN Tuner, rechts daneben ein vom Verfasser für diesen Abschnitt verwendeten sehr handlichen GRUNDIG Tuner, der in den 50er und 60er Jahren verbaut wurde.

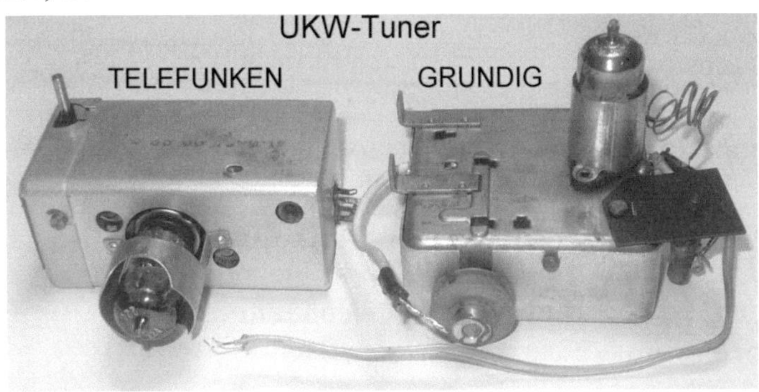

c) Arbeiten mit dem Referenztuner

Referenzbaugruppen sind keine Messgeräte. Man urteilt durch einen Vergleich mit einer Baugruppe / Bauteil bekannter Qualität. Bei Referenzröhren kann man die Qualität messen und das beste Exemplar als Referenz verwenden.

Bei einem UKW-Tuner ist es schwieriger, einen besten zu finden, weil sich diese schon im schaltungstechnischen Aufbau unterscheiden. Man nimmt einen Tuner, der sich leicht anschließen lässt und mit dem sich gute oder sehr gute Ergebnisse erzielen lassen. Wir müssen die Referenzbaugruppe nicht neu aufbauen, wenn uns im Vergleichtest ein Tuner mit noch besseren Ergebnissen begegnet.

Das **Bild unten** zeigt einen Referenztuner mit Spannungsversorgung, die der bei der Demodulatorbaugruppe verwendeten Schaltung entspricht.

Hat man die Referenzbaugruppe AM/FM-Demodulator aufgebaut, verzichtet man beim Referenztuner auf eine eigene Spannungsversorgung. So einfach der Aufbau von Referenzbaugruppen auch im Hochfrequenzbereich möglich ist, können doch Probleme bei der Zusammenschaltung solcher Baugruppen entstehen. Man muss, wie mehrfach ausgeführt, auf die Masseverbindungen achten.

Schon im Vorwort wird von den Besonderheiten beim Umgang mit Schaltungen im Hochfrequenzbereich gesprochen. Misserfolge bei der Messtechnik sind ärgerlich, aber man hat dazugelernt, wenn eventuelle Probleme – manchmal mühsam – überwunden werden konnten.

Aber auch ohne Anschluss an die Demodulatorbaugruppe ist ein vergleichender Funktionstest möglich, denn die Zwischenfrequenz am Zf-Ausgang des Tuners kann am Oszilloskop sichtbar gemacht werden (s. im **Bild rechts**), wenn ein Sender empfangen wird.

8.3 AM-Mischstufe und Eingangskreise mit der Röhre ECHxx

Die Unterschiede zur Verarbeitung der UKW-Empfangsfrequenzen wurden erläutert: Die Bildung der Zwischenfrequenz erfolgt im AM-Betrieb fremdüberlagert mit multiplikativer Mischung (s. Abschnitt 8.1). Die AM-Zwischenfrequenz beträgt knapp 5 Prozent der FM-Zwischenfrequenz. Die Empfangsfrequenzen im Mittelwellenbereich liegen bei ca. 1 Prozent der UKW-Empfangsfrequenzen. Das macht für uns vieles leichter, die Zwischenfrequenz und die Oszillatorfrequenzen können ohne Probleme mit dem Oszilloskop betrachtet werden.

Es empfiehlt sich jedoch, den 1:10 Spannungsbereich am Tastkopf einzustellen.

Bei einer Fremdüberlagerung sind die Eingangs- und Oszillatorkreise weniger verflochten, weil das Triodensystem der Mischröhre nur der Schwingungserzeugung dient. Trotzdem stellt sich das Schaltbild dieses Empfängerteils oft sehr unübersichtlich dar, weil wir es meistens mit zwei bis vier Empfangsbereichen zu tun haben: MW und LW, oder zusätzlich ein bis zwei Kurzwellenbereiche.

Selbstverständlich gibt es Ausnahmen, vor allem bei älteren Geräten.

Das Bild rechts zeigt ein Beispiel für eine übersichtliche Darstellung im Stromlaufplan.

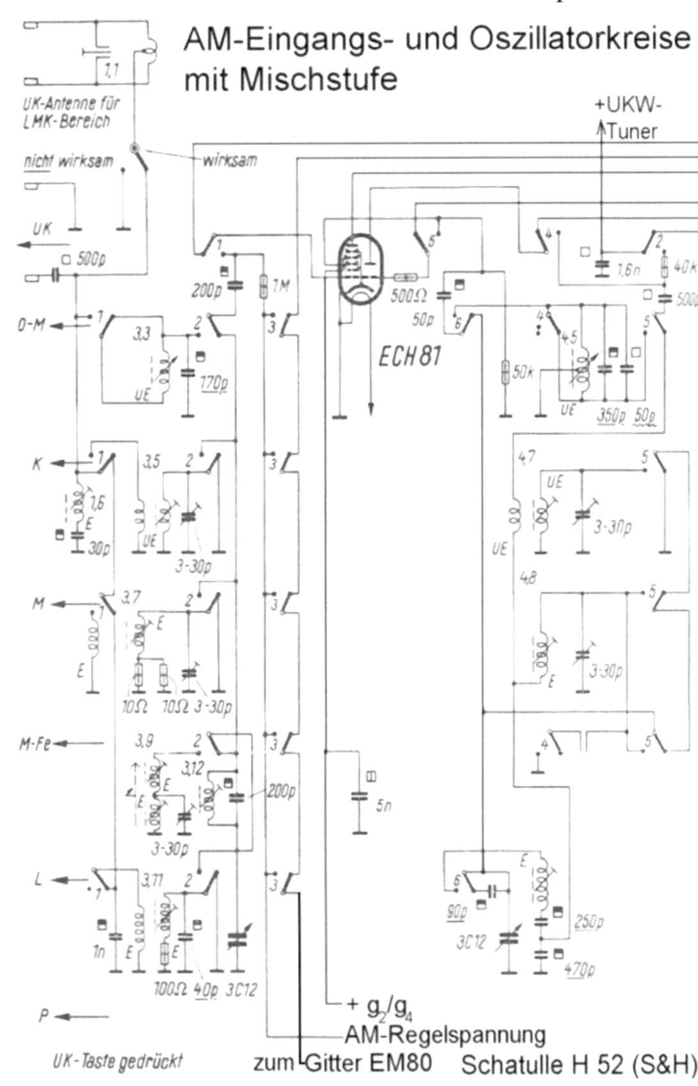

Die Eingangs- und Oszillatorkreise sind nebeneinander, aber mit deutlichem Abstand dargestellt. Die zu einer Funktion (Empfangsbereich) gehörenden Kontakte folgen einer waagerechten Linie, beginnend mit den links dargestellten Pfeilen. Das erleichtert deren Lokalisierung und macht die sonst üblichen Darstellungen der Kontaktmatrix überflüssig. Bei unübersichtlichen Darstellungen orientiert man sich zusätzlich an den Symbolen für die Drehkondensatoren.

8.3.1 Mögliche Fehlfunktionen

lassen sich anhand des auf Seite 141 gezeigten Stromlaufplanes feststellen. Durch Auswahl der verschiedenen Empfangsbereiche erfährt man, in welchem Bereich der Oszillator nicht schwingt oder keine Empfangsfrequenz nachweisbar ist. Bei der Prüfung des Zf-Verstärkers war bisher nur das Heptodensystem der ECHxx mit einbezogen, so dass bei fehlender Oszillatorfunktion auf allen Empfangsbereichen noch einmal die Spannungsversorgung des Triodensystems kontrolliert werden sollte. Aber ein Oszillator will schwingen.

Im Band 1 wird auf die Möglichkeit hingewiesen, die Funktion des Oszillators mit Hilfe eines Referenzempfängers nachzuweisen. Weil die Oszillatorspulen der AM-Bereiche frei zugänglich sind, können wir deren Funktion mit Hilfe der im Abschnitt 1.5.1 gezeigten Suchspule am Oszilloskop darstellen. Wir halten die Suchspule an die Oszillatorspule, bzw. verwenden diese Methode auch zum Lokalisieren der Oszillatorspulen. Wir vermeiden mit dieser Methode die Beeinflussung des Oszillators durch den Tastkopf.

Ist trotz schwingenden Oszillators kein Empfang möglich, können wir einen schnell aufgebauten Resonanzkreis an das Steuergitter der Mischröhre legen. Dazu eignet sich der im Abschnitt 1.5.2 gezeigte Drehkondensator, der mit einer Spule (Ausbau oder selbst gewickelt) ergänzt wird. Vielleicht haben wir die Detektorschaltung im Abschnitt 5.1.1 ausprobiert, deren Resonanzkreis nun Verwendung finden kann. Dazu klemmt man 1 bis 2 Meter Kabel als Antenne an. Manchmal reicht diese Antenne (ersatzweise auch der Finger) oder der Schraubendreher direkt am Steuergitter des Heptodensystems aus.

Im Band 1 wurde schon darauf hingewiesen, dass Drahtbrüche an den Spulen durch unvorsichtiges Hantieren auftreten können. Aber die häufigste Ursache für Störungen im AM-Empfangsbereich zeigt der auf Seite 141 abgebildete Stromlaufplan sehr deutlich: **Mehr als 20 Kontakte sind involviert!**
Deren Reinigung wäre kein Problem, nur eine Fleißarbeit, wenn alle Kontakte zugänglich wären. Ebenfalls mühsam ist deren Lokalisierung im Stromlaufplan, weil manche Funktionen durch die Reihenschaltung zweier Spulen realisiert werden.

8.4 Vorstufen im AM-Bereich

Die Entwicklung der Technik beim AM-Empfang war Anfang der 50er Jahre mehr oder weniger abgeschlossen. Die Weiterentwicklung der Geräte fand zunächst beim UKW-Empfang statt und als Folge der besseren Tonqualität auch bei den Tonträgern, stand das Klangvolumen im Fokus der Weiterentwicklung. Trotzdem gab es bis Mitte der 50er Jahre immer wieder einige Geräte oberhalb der Mittelklasse mit einem weiteren abstimmbaren Kreis, bzw. Bandfilter und mit einer zusätzlichen Röhre zwischen der Antenne und der Mischröhre. Das erforderte meist noch einen weiteren Drehkondensator und viele zusätzliche Kontakte. Die Kammermusikschatulle M57, die sich im AM-Empfangs- und Mischteil nur durch eine selektive Vorstufe mit einer EF89 unterscheidet, hat in diesem Bereich ein Dutzend weitere Kontakte. Anfang der 50er Jahre bot man dem anspruchsvollen AM-Hörer auch mehrere Kurz- und Mittelwellenbereiche. In diesem Fall zählt man bei einem Gerät mit einer Vorstufe auch mal 40 Kontakte und sechs gekoppelte Drehkondensatoren (Telefunken T 5001 - ohne Abb.), das deutet auf eine Sackgasse hin. Reinigen konnte man die insgesamt **56 Kontakte** dieses Gerätes nur, wenn man zuvor zwei bis drei Monatseinkommen (1951) zurückgelegt hatte.

Der Nutzen von AM-Vorstufen war umstritten, vor allem nach Einführung der drehbaren Ferritantennen für den Mittel- und Langwellenbereich. So wurde – neben anderen Argumenten – von der Industrie der sparsame Umgang mit AM-Vorstufen begründet. In der FUNKSCHAU 1956/Heft 14 gab es dazu in der Rubrik "FUNKSCHAU Streitgespräch" Stellungnahmen verschiedener Hersteller, ausgelöst durch einen Leserbrief zum Thema.

Schaut man sich die AM-Vorstufen genauer an, wird man feststellen, dass selten alle Empfangsbereiche von der zusätzlichen Selektion profitierten. Manchmal sind es nur die Kurzwellenbereiche, manchmal sind gerade diese Bereiche davon ausgeschlossen. Man muss berücksichtigen, dass vor allem beim Kurzwellenempfang, bei dem Störsignale auch dem Nutzsignal überlagert auftreten, beide Signale gut behandelt (verstärkt) werden. Man wird weiter feststellen, dass es auch bei der Realisierung einer AM-Vorstufe eine unüberschaubare Vielfalt gibt. So ist die Vorstufe nicht immer an einem Dreifach-Drehkondensator zu erkennen. Im Anodenkreis der Vorröhre findet man auch Kopplungen zum Gitter der Mischröhre ohne abgestimmte Kreise (aperiodische Kopplung). Diese Kopplungsart ist trotzdem nicht durch das fehlende dritte Plattenpaket des Drehkondensators erkennbar, weil es auch in den Eingangskreisen (vor der Vorröhre) zwei Plattenpakete geben kann. Entweder durch ein abgestimmtes Bandfilter oder durch die Aufteilung auf verschiedene Empfangsbereiche. Interessant ist in diesem

Zusammenhang, dass es einige Geräte gab, die nur den Empfang von der Ferritantenne über eine Vorstufe realisierten.

Weiter fällt auf, dass die Vorröhre auch zusätzlich als erste Zf-Stufe des FM-Bereiches herangezogen wurde, aber nicht generell.

Im Band 1 (*Abschnitt 5.04*) wird eine Variante gezeigt, bei der im Mittelwellenbereich die Vorröhre des UKW-Tuners für eine nicht selektive Vorverstärkung genutzt wird. Das kann als vertriebliche Maßnahme gesehen werden. Man wird auch zu dieser Variante einige Beispiele finden.

Eine gut umgesetzte Lösung mit einer AM-Vorstufe ist hörbar.

Der folgend abgebildete Schaltplanausschnitt (OPTA Rheingold 5055 W) zeigt ein Beispiel für eine AM-Eingangs- und Mischschaltung für alle Bereiche (LW, MW und KW) mit Dreifachabstimmung. Die Eingangskreise sind zum Teil als

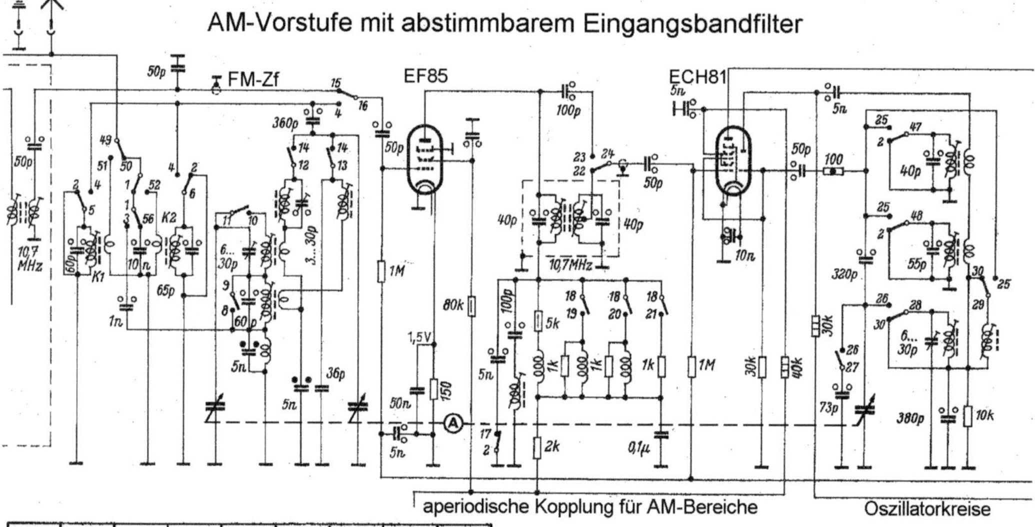

3D	TA		LW	MW	K2	K1	UK	
55 54 53	40 42 41		27 26	9 8	2 48 25	2 47 25	32 31	23 24 22
		10 11	30 29 25	30 28 26	18 20	18 19	36 2	34 35 33
• • •	35 45 •	21 18 •	2 •	2 •	1 50 52	50 49 51	43 2 17	44 2 37
		3 1 56	13 14	12 14	2 6 4	2 5 4	39 40 38	4 16 15

durchstimmbare Bandfilter aufgebaut, was schon zwei Plattenpakete des Dreifach-Drehkondensators erfordert. Mit dem dritten Paket werden die Oszillatorkreise abgestimmt, Vor- und Mischröhre sind daher aperiodisch (nicht abstimmbar) gekoppelt. Neben einem Saugkreis für 468 kHz gibt es in diesem

Bereich drei stark bedämpfte Spulen. Die für die AM-Übertragung maßgeblichen Bauteile werden im FM-Betrieb mit einem 5 nF Kondensator überbrückt, so dass das in Reihe liegende Zf-Bandfilter für 10,7 MHz wirkt.

Bevor nach (Kontakt)-Fehlern gesucht werden kann, müssen diese anhand des nebenstehenden Planes zugeordnet werden. Das wird für diesen Fall eine relativ leichte Übung, weil – trotz Vorstufe – nur ca. 20 Kontakte involviert sind.

Ein weiteres Beispiel (SCHAUB Transatlantic 55) zeigt auf den ersten Blick eine klassische Variante: Antennen-(Eingangs)-Kreis, Vorkreise und Oszillatorkreise werden je mit einem Plattenpaket des Dreifach-Drehkondensators abgestimmt. Dabei wirkt die Vorröhre EF93 nur für Mittel- und Langwelle mit der

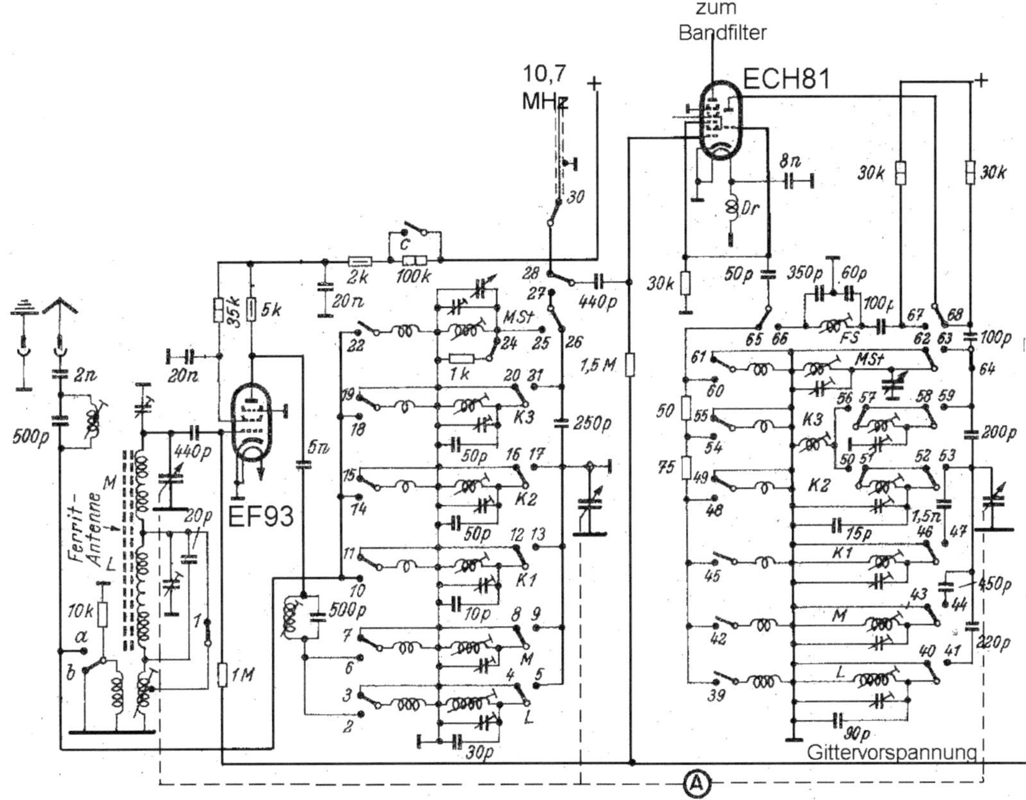

Ferritantenne. Die übrigen Empfangsbereiche (LW, MW, K1, K2, K3, und ein MW Stationsempfang) werden unter Umgehung der Vorröhre an das Gitter der Mischröhre geführt. Gleiches gilt für die FM-Zwischenfrequenz, die ebenfalls die Vorröhre nicht nutzt. Man kann sagen, dass hier die Möglichkeiten einer Vorstufe nicht genutzt wurden. Gut gemeint für einen Wellenjäger auf Mittelwelle, aber auch 1954 waren Wellenjäger vor allem auf Kurzwelle aktiv.

Auf den Restaurateur warten ca. 33 Kontakte nur im Bereich der im Bild oben dargestellten Kreise.

Sieht man von den bereits im Band 1 beschriebenen möglichen Fehlern ab, das sind zum Beispiel bei der Reinigung abgerissene Spulendrähte, stark verstimmte Kreise, kann man die Kontakte als wesentliche Verursacher von Fehlern in den AM-Empfangsschaltungen sehen.

Die teilweise kritischen Anmerkungen zu den Vorstufen sollten den Leser nicht davon abhalten, sich mit einem solchen Gerät zu beschäftigen. Der Verfasser erzielt mit seiner Kammermusikschatulle M57, deren Dreifach-Drehkondensator in allen AM-Empfangsbereichen auf Eingangskreise, Vorkreise und Oszillatorkreise wirkt, hervorragende Empfangsleistungen.

Das gilt auch für den UKW-Empfang. Hier wirken mit der Vorstufenröhre vier Zf-Röhren (EF89, ECH81, EF89, EF80) mit insgesamt 5 Bandfiltern.

9 Praxis und Übungen

9.1 Ein Normalfall

Ein kompaktes Gerät der Mittelklasse mit Standard-Röhrenbestückung: Gavotte 7 von TELEFUNKEN. Es soll für den täglichen Gebrauch bei radiotechnischen Laien vorbereitet werden. Das erfordert auch vorbeugende Maßnahmen. Die Reihenfolge der Maßnahmen könnte wie folgt aussehen:

a) Die Begutachtung (Sichtkontrolle) ergab folgendes:

Das Gerät befindet sich im Originalzustand, Reparaturen sind nicht feststellbar. Der originale Schaltplan steckt in der dafür vorgesehenen Hülle und sieht unbenutzt aus. Das Gerät könnte längere Zeit gut geschützt gelagert worden sein, das Chassis zeigt – abgesehen von einer Staubschicht – weder Ablagerungen noch Korrosion. Die mechanischen Bauteile sind gut beweglich. Für den Restaurateur weniger erfreulich ist der kompakte Aufbau, Kondensatoren und Widerstände sind zum Teil übereinander verbaut, was zeitaufwändige Demontagen erfordert. Das **Bild rechts** zeigt folgende Auffälligkeit: Der Siebelko hatte Elektrolyt ausgestoßen. Die Messwerte liegen im grünen Bereich, die Netzsicherung hat den vorgeschriebenen Wert, hatte nicht ausgelöst und ist auch nicht erneuert worden. Es spricht also nichts dagegen, das Gerät mit den üblichen Vorsichtsmaßnahmen (Elkoformierung und Maßnahmen nach Abschnitt 2.1) einzuschalten.

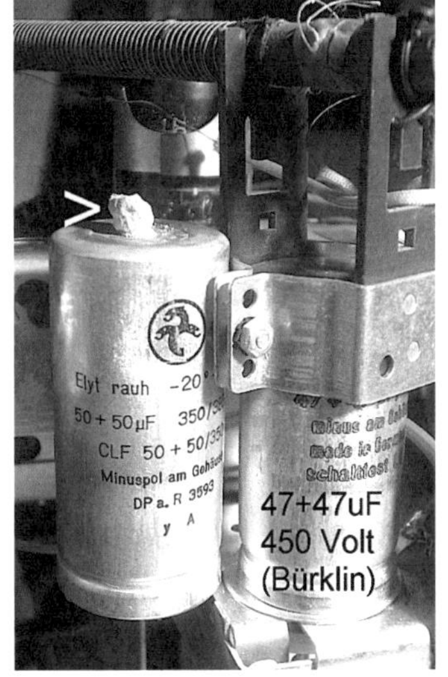

Wegen der oben beschriebenen Voraussetzungen ersetzen wir jedoch den Siebelko (2 x 50 µF, 350/385 Volt) sofort, ohne weitere Prüfungen. Der neue Elkobecher hat den gleichen Durchmesser und nur eine geringfügig kleinere Höhe. Die Montageschellen für die Ferritantenne dürfen nicht zu streng montiert werden, der Elkobecher könnte sich verformen, was an dem ausgebauten Elko sichtbar wurde.

Anschließend erfolgt die Einschaltung mit den bekannten Maßnahmen.

b) Im nächsten Schritt machen wir uns mit dem Schaltplan vertraut.

Die Schaltung zeigt keine Besonderheiten, sowohl der Hf- als auch der Nf-Bereich stellt sich übersichtlich dar und bedarf daher keiner weiteren Erläuterungen. Es ist lediglich zu befürchten, dass die beiden elektrostatischen Seitenlautsprecher nachgelassen haben. Im Band 1, *Abschnitt 7.06* wird eine mögliche Reparatur beschrieben. Im Schaltplan sind die Seitenlautsprecher als über Induktivitäten (Luftspulen) angeschlossen dargestellt. Diese sind unübersehbar, es sind die spiralförmig gewickelten Anschlusskabel.

Das **Bild rechts** zeigt den Nf-Teil der Gavotte 7. Die Klangformung entspricht dem im Abschnitt 4.3.1 d) gezeigten Beispiel. Die Werte der in die Klangformung einschließlich der Gegenkopplung involvierten Bauteile sind angegeben, damit man deren Funktion in Anlehnung an die im Abschnitt 4.3 gezeigten Beispiele nachvollziehen kann. Dabei kann testweise, wie im Abschnitt 4.3.1 beschrieben, der Fußpunkt des Lautstärkestellers auf Masse gelegt werden.

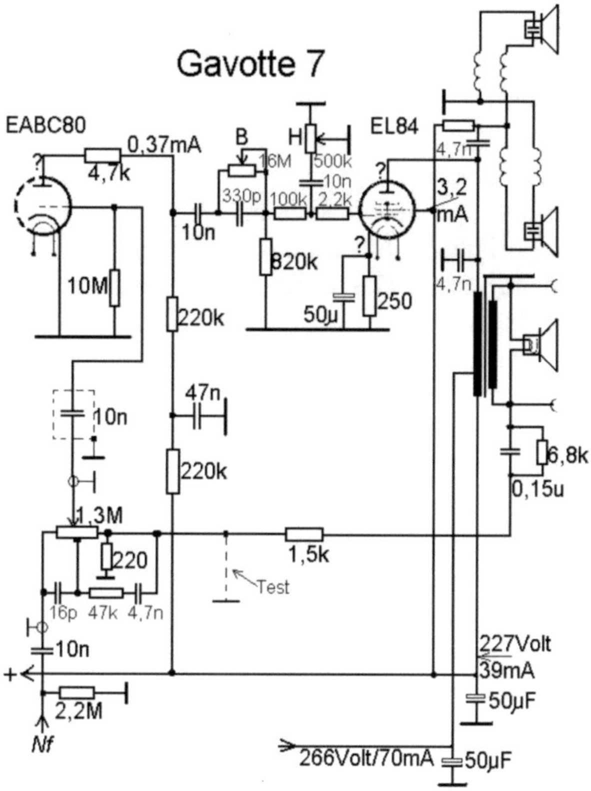

Sobald das Gerät am Netz bleiben kann, messen wir die Anodenspannungen an den Röhren und an der Kathode der Endröhre. Das erspart uns die Messung der entsprechenden Ströme (s. auch im Band 1, *Abschnitt 3.09 a*).
Die weiteren Maßnahmen wurden hinreichend beschrieben.

c) Die oben gezeigte Grafik eignet sich gut für **einige Fragen und Rechenaufgaben.** Hier sind sie:
(Der Verfasser mag so etwas in der Rolle eines Lesers überhaupt nicht. Umso mehr bereitet es ihm Vergnügen, einmal auf der anderen Seite sitzen zu dürfen).

1) *Wie groß ist der Strom und die Gleichspannung (Sollwerte) an der Kathode der Endröhre EL84?*
2) *Wie groß ist die Gleichspannung an der Anode des Triodensystems EABC80?*
3) *Wie groß wird die Leerlaufspannung ungefähr während der Einschaltphase an der Anode der EABC80? (Netztrafo in 240 Volt-Einstellung)*
4) *Was passiert während der Einschaltphase mit der Gittervorspannung der*

148

Endröhre?

5) *Der hier gezeigte Schaltplanausschnitt entspricht dem Originalplan von TELEFUNKEN. Es wurde darauf hingewiesen, dass originale Schaltpläne auch fehlerhaft sein können. Überprüfen Sie die relative Phasenlage des Gegenkopplungspfades.*

6) *Welche Kondensatoren müssen unbedingt geprüft – oder sollten im Hinblick auf die oben beschriebenen Voraussetzungen – besser vorbeugend ersetzt werden?*

9.2 Übungen im Hf-Bereich

9.2.1 Stromlaufpläne in den AM-Eingangs- und Oszillatorkreisen

Lokalisieren Sie in den Stromlaufplänen der bezeichneten Abschnitte die Saug- oder Sperrkreise für die AM-Zwischenfrequenz (sofern vorhanden).

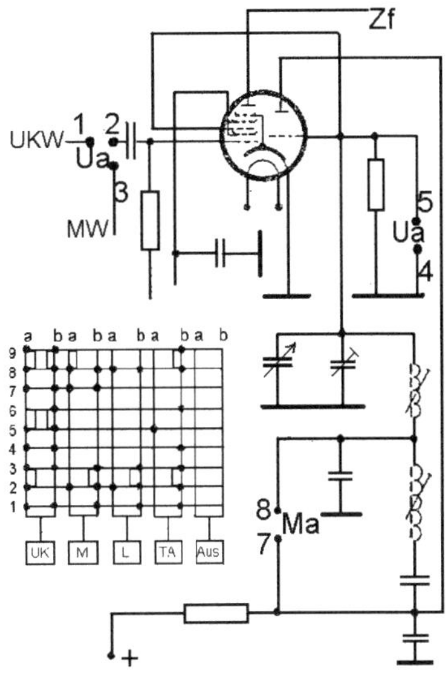

1) *Abschnitt 5.1.3 Zweikreisempfänger E566*
2) *Abschnitt 5.1.4 SABA Triberg W 52*
3) *Abschnitt 8.3 Schatulle H52*
4) *Abschnitt 8.4 OPTA Rheingold 5055 W*
5) *Abschnitt 8.4 SCHAUB Transatlantic 55*
6) *Abschnitt 9.3 BRAUN SK 22*
7) *Lokalisieren Sie die Oszillatorspule für den Langwellenbereich in nebenstehender Skizze. Die Tastenkontakte sind als "nicht gedrückt" gezeichnet.*

9.2.2 Phasenlagen im Zf-Verstärker

Nebenstehend ist das Schema einer Zf-Stufe abgebildet.

1) *Geben Sie die Phasenverschiebung des Hf-Signals an den Messpunkten 2 und 3 gegenüber dem Eingangssignal am Steuergitter der ersten Zf-Röhre an.*
2) *Versuchen Sie diese Phasenlagen relativ zum Eingangssignal am Oszilloskop abzubilden.*

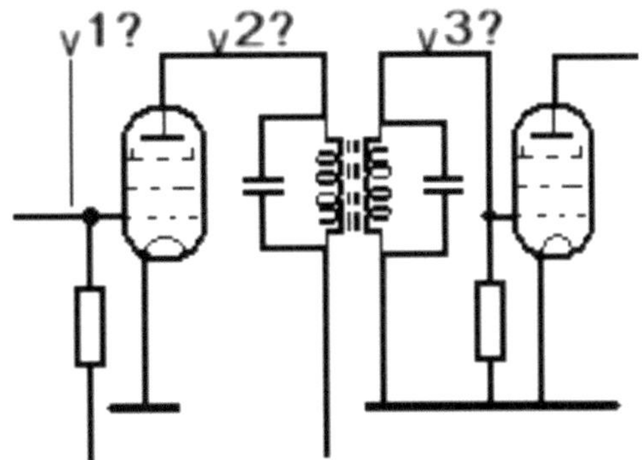

9.3 Schaltungstechnik

9.3.1 Das besondere Gerät

ist hier ausnahmsweise kein Modell der Oberklasse, sondern eher am unteren Ende einzuordnen: Ein Kleinsuper mit 5 Röhren zum Preis von 145,- DM (13). Die zuvor gezeigte Gavotte war mit DM: 279,- (13) deutlich teurer.

Hier geht es um das Modell **SK 2/2** von BRAUN, ein Gerät im "Retro Design" für UKW (bis 104 MHz) und MW, als Zweitgerät gedacht. Nicht nur für Nachrichten, denn der Klang ist bemerkenswert, worauf schon im Abschnitt 4.3.1 a hingewiesen wurde.

Der SK 2/2 kann zu den Kultradios gezählt werden. Die moderne Technik der Mittelklasse auf kleinstem Raum im Design eines nostalgischen Gerätes. Man kann sich fragen, ob dies eine höher zu bewertende Leistung der Ingenieure und Konstrukteure ist, als ein Gerät mit 10 Röhren zu entwickeln. Der Verfasser hat großen Respekt vor den einfachen Lösungen, den genialen Einfällen, z. B. eine

vertrieblich wirksame "Dynamik-Expansionsschaltung" (GRUNDIG Konzertgerät 6099) mit einer Skalenlampe zu realisieren (s. Abschnitt 9.3.2).

Der Ausbau des Chassis ist beim SK 2/2 sehr einfach durchzuführen, weil der Lautsprecher am Chassis angebaut wurde. Ein Ausbau wäre auch bei einer defekten Skalenlampe erforderlich. Im Gegensatz zu anderen Geräten dieser Preisklasse wurden keine Sparschaltungen verwendet, sogar eine EL84 ist vorhanden. Auch auf einen so genannten Spartrafo (Autotransformator), der bei Geräten dieser Preisklasse üblich ist, wurde verzichtet.

Das **Bild oben rechts** zeigt einige Besonderheiten: Das Gerät hat
> ➢ Keine der üblichen Glasskalen
> ➢ keinen Tastensatz
> ➢ keinen seitlichen Wellenschalter
> ➢ Die Klangblende wird an der Rückseite eingestellt (s. unteres Bild)

> Die Sender werden mit der runden drehbaren Skala eingestellt
> Lautstärke und Wellenbereich werden mit je einem kleinen Knopf unter
> der Skala eingestellt.

Wir wollen an Hand des Stromlaufplanes (bearbeiteter Originalplan) einen
zweiten Blick auf dieses Gerät aus dem Jahr 1960 werfen und staunen, was den
Konstrukteuren alles einfiel, weil kein Platz und kein Geld für einen Tastensatz
vorhanden war. Letzteres ist für den Restaurateur sehr angenehm, weil trotz der
kleinen Abmessungen des Chassis alle Bauteile gut zugänglich sind.

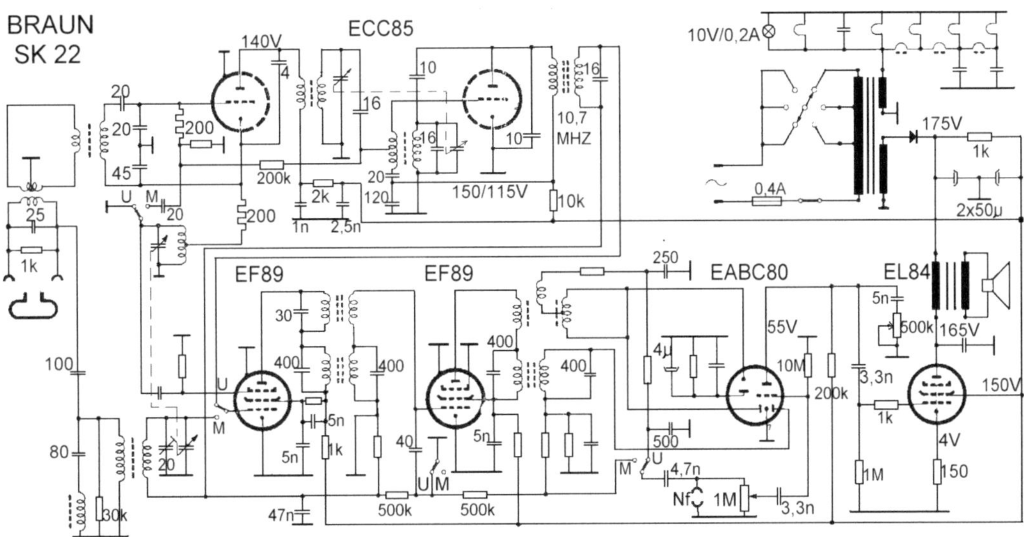

Auf den ersten Blick ein fast normales Radio, aber man vermisst die übliche
ECH81, alles andere scheint vorhanden zu sein.
Der UKW-Tuner ist wie üblich, mit einer Doppeltriode ECC85 aufgebaut: Eine
Vorstufe und eine selbstschwingende Mischstufe, der das erste Zf-Bandfilter folgt.
Der nachgeordnete Zf-Verstärker ist zweistufig (2 x EF89), wir erkennen auch das
Ratiofilter bzw. den Ratiodetektor. Das kann man als bestens ausgestattet
bezeichnen.

Nun wechseln wir wieder die Seiten:
*Analysierenn Sie die weiteren Unterschiede, die man zu einem standardmäßig
ausgestatteten Gerät feststellen kann.*

Zum Beispiel:
1) *Üblicherweise wird hier eine EL95 verwendet. Warum also eine EL84?*
2) *Beschreiben Sie die Oszillator- und Mischstufe im AM Bereich. Welche Art von
Mischung wurde realisiert (s. Abschnitt 8.3)?*

3) *Besonderheiten bei der Spannungsversorgung?*

4) *Beim Antennenanschluss?*

5) *Anzahl der Kreise im AM-Bereich?*

6) *Auf der Chassisrückseite ist der im Schaltplan mit "Nf" bezeichnete Anschluss zu sehen. Wir finden aber nur drei einfache Umschaltkontakte (U / M).*

9.3.2 Eine Dynamik-Expansionsschaltung

wurde schon erwähnt. Das **Bild rechts** zeigt einen vereinfacht dargestellten Schaltplanausschnitt des GRUNDIG Konzertgerätes 6099.

Was versteht man unter "Dynamik"?

Wikipedia meint:

"Mit Dynamik wird in der Musik die Lehre von der Tonstärke bezeichnet. Dabei unterscheidet man

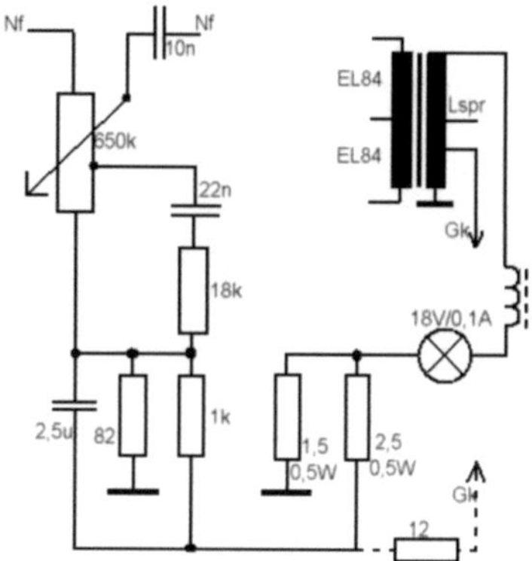

> *einheitliche Lautstärken (Stufen),*
> *gleitende Veränderungen der Lautstärke (Übergänge),*
> *abrupte Veränderungen der Lautstärke (Akzente)."*

Eine Dynamikexpansion vergrößert den Unterschied zwischen einer niedrigen und einer hohen Lautstärke. Die Schaltung zeigt folgendes:

Die Sekundärwicklung des Ausgangstransformators hat mehrere Anzapfungen:

> Die schon bekannte Spannung für die Gegenkopplung, die zum Fußpunkt des Lautstärkestellers geführt wird. Dieser Pfad wird hier nicht gezeigt.
> Die Anzapfung für den Betrieb der Lautsprecher.
> Eine größere Spannung für die Funktion der Dynamik-Expansion.

Im Normalbetrieb (ohne Dynamikexpansion) wird die Verbindung zur Glühlampe unterbrochen, ein Widerstand (12 Ω) verbindet mit der normalen Gegen-kopplungswicklung. Für eine bessere Übersichtlichkeit wurden die verbauten Umschaltkontakte nicht dargestellt.

- *Analysieren Sie die Schaltung bezüglich dieser Funktion.*

9.3.3 Schaltplananalyse

ist zunächst Übungs- und Erfahrungssache. Manche Anordnungen erschließen sich jedoch erst, wenn man vergleichbare Pläne zu Rate zieht, vorzugsweise von Geräten des gleichen Herstellers, möglichst aus demselben oder +/- ein bis zwei Modelljahren. Das ist auch eine gute Möglichkeit, Fehler im Schaltplan zu finden.

Der nebenstehend gezeigte Schaltplanausschnitt erschließt sich auch nicht ohne weiteres. Der in Gavotte- oder Jubilate-Geräten von TELEFUNKEN verbaute UKW-Tuner hat ein Dreifach-Spulenvariometer, was durchaus üblich ist (s. SABA-Tuner im Abschnitt 8.2).

Die Skizze zeigt das Zf-Bandfilter vor dem Ausgang des Tuners. Die **Spule 109** ist Teil des Dreifach-Variometers, dessen andere Spulen man im Vorkreis und im Oszillatorkreis findet.
Die Anschlüsse A,B,C sind am Gehäuse gekennzeichnet.

*1) Versuchen Sie eine Analyse bezüglich der Funktion der im Bild rechts gezeigten **Spule 109**.*
*2) Welche Bezeichnung könnte der Tastenkontakt "E" in dem **unten rechts** gezeigten Schaltplanausschnitt haben?*
3) Die Anode der EL41 liegt über einen Kondensator in Reihe mit einer Spule (siehe im Bild unten links) auf Masse. Die Art der Wicklung lässt auf eine Funktion im Tonfrequenzbereich schließen, die Induktivität ist einstellbar. Der Kontakt 46 ist im UKW-Betrieb offen.

Welche Funktion vermuten Sie?

Ziehen Sie den Abschnitt 8.1 zu Rate.

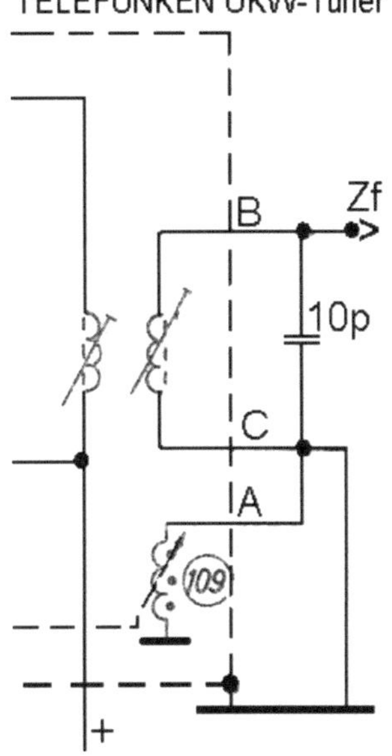

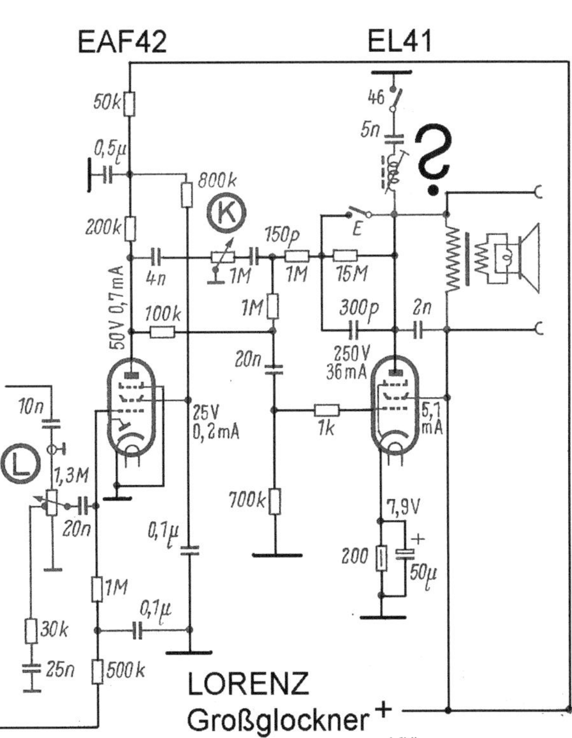

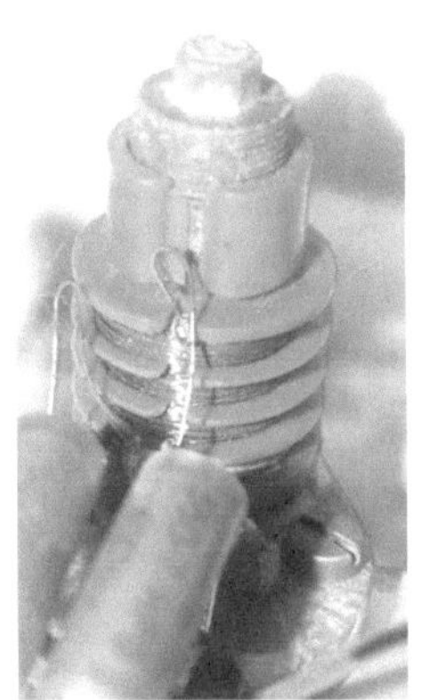

9.4 Einige Antworten

Zu 9.1 / 1-6:

1: Der gesamte Anodengleichstrom beträgt 70 mA (s. ganz unten in der Schaltskizze S. 148). In der Primärwicklung des Ausgangstransformators teilt sich der Strom auf: Ein Teil versorgt die Anode der Endpentode, der andere Teil (39mA) fließt durch die Brummkompensationswicklung zur Versorgung der übrigen Funktionseinheiten.

Damit ergibt sich der Anodenstrom der Endröhre zu: 70 mA – 39 mA = **31 mA**

Durch die Kathode fließt zusätzlich der Schirmgitterstrom (3,2mA), das sind 34,2 mA, die durch den Kathodenwiderstand fließen. Nach Ohm liegen dann **8,6 Volt** am Kathodenwiderstd bzw. am Kathodenelko.

2: Die Anode des Triodensystems liegt über die in Reihe liegenden Widerstände 4,7 kΩ + 220 kΩ + 220 kΩ = 444,7 kΩ an 227 Volt (am zweiten Siebelko). Der Anodenstrom (0,37mA) verursacht einen Spannungsabfall von 0,37 x 444,7 = 165 Volt. Es verbleiben ca. **63 Volt** an der Anode.

3: Die Leerlaufgleichspannung eines Brückengleichrichters mit Siebelko beträgt ca. das 1,4-Fache der Eingangswechselspannung (Band1 *Abschnitt 7.02)*

Die Gleichspannung einer Selenbrücke unter Last beträgt ca. das 1,16-fache der Eingangswechselspannung (s. Abschnitt 3.1.1)

Die Leerlaufspannung liegt damit ca. um das 1,2 -fache über dem im Schaltplan am ersten Siebelko angegebenen Gleichspannung: 266 x 1,2 ≈ **320 Volt**.

4: Eine kurzzeitige Spannungsübertragung über den Koppelkondensator (10 nF) auf das Steuergitter der EL84 wäre belanglos, weil die Röhre noch stromlos ist. Die Flanke des Einschaltvorganges wird jedoch schon durch die Siebkondensatoren abgefangen. Die Zeitkonstanten beider Schaltungsglieder liegen in der gleichen Größenordnung.

5: Das obere Ende der Sekundärwicklung liegt auf Masse, (s. auch Abschnitt 4.3.1 d), die Gegenkopplungsspannung ist gegenphasig zur Eingangsspannung.

6: Alle Kondensatoren im Bereich der Anodenspannungen. An erster Stelle der Koppelkondensator zwischen der Triode und der Pentode, aber auch die beiden 4,7 nF Kondensatoren vor den elektrostatischen Lautsprechern. Der Kondensator 47 nF zwischen den 220k Widerständen kann vorbeugend ersetzt werden. Wenn man mit dem Klang zufrieden ist, können die Kondensatoren im Klangregelnetzwerk verbleiben. Der Kathodenelko (50 µF) muss immer geprüft werden.

Zu 9.2.1

1: Ein Zweikreiser hat keinen Zwischenfrequenzverstärker, Sperr- und Saugkreise sind daher nicht erforderlich

2: Der Saugkreis zeigt sich links im Schaltbild zwischen Antennenbuchse und Masse.

3: Saugkreis, ebenfalls zwischen Antenne und Masse, ganz links im Schaltbild.

4: Der Saugkreis befindet sich im Anodenkreis der EF85, im UKW-Betrieb wird er mit den Kontakten 17/2 überbrückt.

5: Ein Sperrkreis befindet sich in der Antennenzuleitung, ein zweiter Sperrkreis wirkt in der MW- und LW-Einstellung im Anodenkreis der EF93.

6: Der Saugkreis ist unten links im Schaltplan angeordnet.

7: Im Bereich der Oszillatorkreise ist nur der Kontakt "Ma 7/8" wirksam, der beim Drücken der MW-Taste geschlossen wird. Damit haben wir die (obere) Oszillatorspule für den Mittelwellenbereich gefunden. Bei nicht gedrückter MW-Taste ist dieser Kontakt offen, die obere und die untere Spule sind in Reihe geschaltet. Diese Lösung, im Langwellenbereich der Mittelwellenspule eine Induktivität hinzu zu schalten, wird oft, auch in den Eingangskreisen, verwendet. Man sucht dann vergebens nach den ganz dicken Langwellen-spulen (s. im Band 1, *Abschnitt 2.09.1* und im **Bild rechts**). Bei der Lokalisierung der Oszillatorspule(n) mit einer Suchspule (s. Abschnitt 8.5) finden wir dann auch beide Spulen.

Zu 9.2.2:

Das nebenstehende Bild zeigt die Phasen-lagen an den Mess-punkten 1 bis 3.

1: Signal am Steuer-gitter der ersten Zf-Röhre >1 Signal an der Anode der ersten

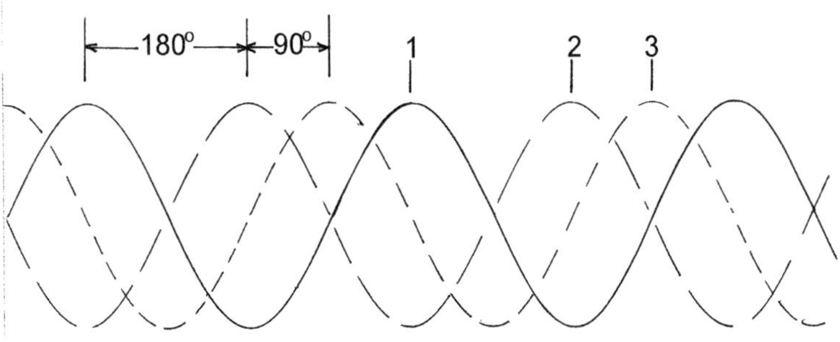

Zf-Röhre >2, Signal am Steuergitter der zweiten Zf-Röhre >3.

Auf die Phasenverschiebung (90°) eines auf die Resonanzfrequenz abgestimmten Bandfilters wird im Abschnitt 6.2 hingewiesen. Die Phasendifferenz zwischen den Steuergittern zweier aufeinander folgenden Zf-Röhren beträgt daher 270°. Um ein Oszillogramm entsprechend der oben gezeigten Skizze zu erhalten, muss folgendes beachtet werden:

> Man wählt den AM-Bereich aus, um die Einflüsse der Messapparatur gering zu halten.

> Die Untersuchung des Ratiofilters hat gezeigt, dass sich schon bei geringfügiger Abweichung von der Resonanzfrequenz die Phasenlage (90°) deutlich ändert. Daher muss der Abgleich mit angeschlossenen Messleitungen überprüft und ggf. korrigiert werden.

> Führt man die Messung an der ersten Zf-Röhre (ECH..) durch, schaltet man das Oszillatorsignal ab, in dem man das Triodengitter auf Masse legt.

2: Bei der Interpretation des Oszillogramms muss man sich den Elektronenstrahl von links nach rechts laufend vorstellen. Die Genauigkeit der Einstellung kann geprüft werden in dem man den x-y-Betrieb einstellt. Wie bereits beschrieben, müssen dazu die Amplituden der Signale in gleicher Größe dargestellt werden und die Tastköpfe kalibriert sein. Nur dann wird sich, wie erwartet, zwischen -2- und -3- ein Kreis auf dem Bildschirm zeigen.

Zu 9.3.1 / 1-6

1: Die Verwendung der EL84 ermöglicht eine starke Gegenkopplung durch Weglassen des Kathodenelkos. Auf sonstige Gegenkopplungspfade und auch auf die übliche Brummkompensation in der Primärwicklung des Ausgangstransformators konnte verzichtet werden. Der Anodenstrom beträgt nur ca. 25mA.

2: Man findet den Oszillator, wenn man das zweite Plattenpaket des AM-Bereichs (durch eine gestrichelte Linie mit dem ersten Plattenpaket verbunden) sucht. Das erste Triodensystem der Röhre ECC85 wird – neben der Funktion als Eingangsstufe im UKW-Tuner in Zwischenbasisschaltung – als Oszillatorröhre für den Mittelwellenbereich verwendet. Als Mischröhre dient die erste EF89, das Oszillatorsignal wird an das Bremsgitter geführt. Damit sind die Voraussetzungen für eine multiplikative, fremderregte Mischung gegeben.

3: Wegen des geringen Anodenstromes der Endröhre kommt man mit einer Einweggleichrichtung aus. In Kleingeräten ist die Einweggleichrichtung durchaus üblich, weil oft ein Spartrafo (Autotransformator) für die Anodenspannung verwendet wurde.

Im Heizstromkreis fällt auf, dass statt der üblichen Skalenlampe 7V / 0,1A eine Lampe 10 V / 0,2 A verwendet wurde. Man kann von dieser Lampe beim Betrieb mit nur 6,3 Volt eine höhere Lebensdauer erwarten. Und das ist gut so, weil zum Wechseln der Lampe das Chassis ausgebaut werden müsste.

4: Im UKW-Betrieb fällt die mehrfache selektive, aber breitbandige Ankopplung der Antenne auf. Damit wird eine unzulässige Abstrahlung der AM-Oszillatorfrequenz verhindert. Für den Mittelwellenbereich gibt es keinen gesonderten Antenneneingang, die UKW-Antenne – bzw. die Antennenbuchse – wird verwendet.

5: Obwohl der SK 2/2 auch als UKW-Empfänger mit MW-Bereich bezeichnet werden könnte, zählen wir auch hier die üblichen 6 Kreise.

6: Die Nf-Buchse ist nur als Ausgang für Tonbandaufnahmen vorgesehen. Trotzdem ist die Verwendung als Eingang möglich, wenn man die Antenne von der Antennenbuchse abzieht (es gibt keinen eingebauten Dipol).

Zu 9.3.2

Hier wird folgende Eigenschaft einer Glühlampe genutzt: Die hier verbaute Lampe (18 V / 0,1 A) hat in kaltem Zustand einen Widerstand von 15 Ohm, bei Nennstrom, wie sich errechnen lässt, sind es 180 Ohm. Bei 6,5 Volt misst man ca. 130 Ohm. Die Wirkungsweise wird deutlich, wenn wir die Schaltungsanordnung umzeichnen (die vorher gezeigte Anordnung orientiert sich am Originalschaltplan). Zunächst fiel auf, dass für die uns bestens bekannte Gegenkopplung zum Fußpunkt des Lautstärkestellers bei eingeschaltetem Dynamik-Expander eine höhere Spannung an der Sekundärwicklung des Ausgangstransformators abgegriffen wird. Das hat zur Folge, dass die Lautstärke noch kleiner wird. Mit zunehmender Laut-

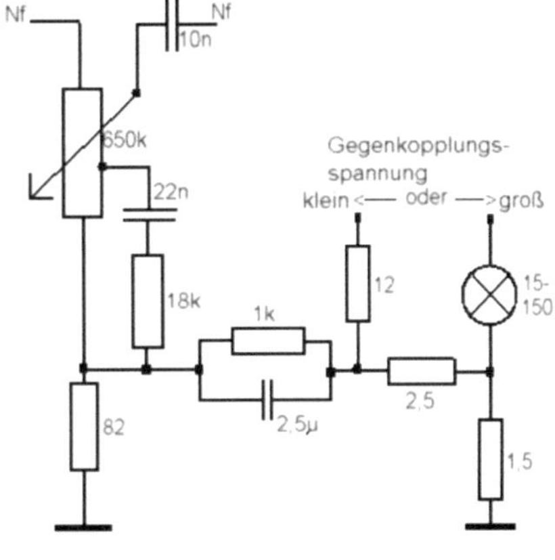

stärke der Musik steigt die am Ausgangstrafo abgegriffene Spannung, bis die Glühlampe zu glimmen, bzw. zu flackern beginnt, was eine deutliche Vergröße-rung des Widerstandes dieser Lampe zur Folge hat. Dadurch wird die dem Fußpunkt des Lautstärkestellers zugeführte Spannung kleiner, was eine Erhöhung der Lautstärke zur Folge hat. Die Glühlampe bildet mit dem 1,5 Ohm Widerstand in Reihe einen Spannungsteiler. Die Lampe ist in diesem Modell im Chassis verbaut und nicht von außen sichtbar. Es sei nochmals darauf hingewiesen, dass jeweils nur eine Gegenkopplungsspannung zugeführt wird *("klein" oder "groß")*. Durch die Trägheit der Glühlampe wird verhindert, dass man bei einer kurzen Spitze des Tonsignals vor Schreck vom Stuhl fällt.

Aus den oben angegebenen Widerstandswerten geht hervor, dass die größten Widerstandsänderungen im unteren Spannungsbereich stattfinden, bei normaler Lautstärke. Bei Disco-Lautstärke würde eine Dynamikexpansion keinen Sinn haben, denn der größte Dynamikbereich unserer Ohren liegt ebenfalls bei einer normalen Lautstärke. Das macht nochmals die Genialität dieser einfachen Schaltung deutlich.

Verstehen wir die Dynamik als wesentliches Merkmal der Musik, kann von einem Musikempfinden bei Discolautstärke keine Rede sein. Die den Lautsprechern zugeführte Tonspannung wäre dann gleichgerichtet – zum Aufladen von Batterien sinnvoller genutzt *(jüngere Leser werden um Nachsicht bei den letzten Ausführungen gebeten)*.

Es wurden auch Schaltungen realisiert, die das Gegenteil, eine Dynamik-kompression, bewirkten: Zur Schonung des Nachbarn und für leise Hintergrund-musik.

Zu 9.3.3

1: Das war unfair: Man wird in den Unterlagen zu den Geräten Gavotte, Jubilate, ... keine Hinweise zur Spule 109 finden, weil diese bei Geräten ohne Kurzwellenbereich außer Funktion ist. Beide Enden der Spule liegen auf Masse.

Der TELEFUNKEN UKW-Tuner war der erste Einheitstuner in den 50er Jahren zum Einsatz in möglichst vielen Geräten. Auch für Bastler war er in den einschlägigen Geschäften erhältlich. Die meisten Geräte waren jedoch mit Kurwellenbereichen ausgestattet. Hier hatte die **Spule 109**, deren oberes Ende am Anschluss A liegt, in Reihe mit der KW-Oszillatorspule die Funktion einer einstellbaren Kurzwellenlupe (Bandspreizung).

Das erschließt sich erst mit dem Blick in die Schaltpläne anderer TELEFUNKEN-Geräte.

Hilfreich wäre auch ein Blick auf das Innenleben des Tuners, der sich leicht öffnen lässt, wenn die Anschluss-drähte abgelötet werden. Beim Anblick der Spule wird klar, dass diese nichts mit dem im Plan darüber gezeichneten Zf-Bandfilter zu tun haben kann. Die

Bauteile (Kondensatoren) sind sehr schwer erreichbar, für eine eventuell erforderliche Reparatur ungeeignet. Aber der TELEFUNKEN-Tuner war als Austauschobjekt konzipiert.

2: Der Kontakt "E" liegt im Gegenkopplungsweg zwischen den Anoden der beiden Nf-Röhren, er überbrückt in geschlossener Position den Kondensator 300pf. Dadurch werden die Höhen weniger gegengekoppelt, also stärker betont. Die Überbrückung des 15M-Widerstandes nimmt die Lautstärke etwas zurück.

3) Die Messung dieses Serienresonanzkreises (Saugkreis) zeigt – nach Ersatz des 5n-Kondensators – eine Resonanzfrequenz von 9 kHz. Das entspricht dem Kanalabstand im MW/LW-Bereich. Unter ungünstigen Umständen können zwei beieinander liegende Stationen, in diesem Abstand von 9 kHz, empfangen werden. Dabei kann sich, wie in den Abschnitten 8.1 und 9.5.3 beschrieben, die Differenzfrequenz (9 kHz) als Schwebung bemerkbar machen. Das soll durch den Saugkreis unterdrückt werden.

9.5 Störungssuche wie früher

In den 50er Jahren verfügten die meist jüngeren Radiofreunde weder über die Mittel noch über den Platz für einen messtechnisch gut ausgestatteten Arbeitsbereich. Man setzte auf Signalverfolgung mit einfachen, meist selbst aufgebauten Mitteln. In den fachbezogenen Zeitschriften und Büchern wurden entsprechende Bauanleitungen und Tipps veröffentlicht. Die Verwendung von Prüfspitzen und Suchspulen, sowohl zum Einstreuen als auch zum Aufnehmen und Verfolgen von Signalen war üblich. Dazu gehörte ein Signalgenerator und ein Verstärker, beides konnte bald mit den ersten bezahlbaren Transistoren aufbaut werden. Damit wurde auch der Einbau in etwas größere Prüfspitzen möglich. Kopfhörer waren meist noch vorhanden.

Die **Skizze rechts** zeigt einen Bauvorschlag für einen Tastkopf aus dem Jahr 1958, mit dem sowohl hochfrequente als auch niederfrequente Signale verfolgt werden können. Die abgetasteten Signale werden über ein abgeschirmtes Kabel einem Tonverstärker zugeführt.

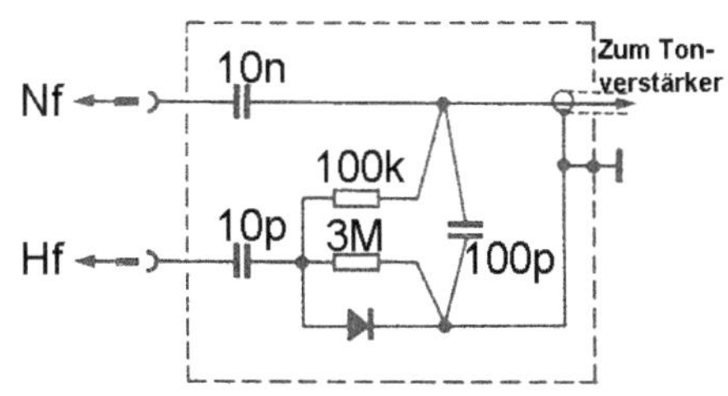

FUNKSCHAU 1958 / Heft 1

Die in diesem Buch vorgestellten Referenzbaugruppen sind im Vergleich aufwändiger, können aber mit ausgebauten Teilen preiswert realisiert werden. Man hat auch die Möglichkeit, die nicht mehr benötigten Fernsehröhren der P-Serie zu verwenden, um nicht die Bestände mit E-Röhren zu dezimieren. Damals gab es bei den 50er-Radios noch keine Schrottchassis, man musste die benötigten Teile erwerben, einfache Lösungen wurden daher bevorzugt.

Wir wollen nun versuchen, mit den in diesem Buch besprochenen Mitteln zu arbeiten und ein anderes Umfeld zu betrachten, dass nicht nur früher wichtig war: Die Störungssuche und Reparatur an einem anderen Ort. In manchen Fällen hat man wenig Chancen, eine entsprechende Arage abzulehnen. Bei einer Musiktruhe oder einem Tischgerät der 20 Kg-Klasse wird man erst versuchen vor Ort zu arbeiten, bevor man an einen Transport denkt. Weil aber bei den alten Radios meist mehr fehlt als eine defekte Röhre *(früher kam der Techniker mit dem Röhrenkoffer ins Haus)*, passt jedes Radiogerät in handelsübliche Kofferräume. Aber da gibt es noch die Musiktruhen.

Die hier vorgestellten Referenzbaugruppen sind eher für den Einsatz in der eigenen Werkstatt gedacht. Der Aufbau sollte vor allem bei dem noch weniger erfahrenen Restaurateur das Verständnis der Röhrentechnik fördern. Fortgeschrittene werden sich Prüf- und Messmittel eher mit Halbleitern oder im Fachhandel angebotenen Bausätzen aufbauen. Vor allem dann, wenn Mobilität gefragt ist. Für Tonverstärker und Signalgeneratoren mit den für unsere Zwecke relevanten Frequenzen gibt es Bausätze und fertig aufgebaute Baugruppen. Hat man sich für Referenzbaugruppen entschieden, kann man damit Erfahrungen für eine mobile Ausrüstung sammeln. Hier kann man sich auf wenige einfache Mittel beschränken, geht es doch nur um die Entscheidung, ob ein Transport in die Werkstatt erforderlich ist. Der Referenzröhrensatz und das Multimeter sind immer im Gepäck. Auch der Servicetechniker musste sich früher mit Funktionsprüfungen, auf Signalverfolgung beruhend, begnügen. Aber er hatte uns eines voraus: Er kannte die potentiellen Schwachstellen seiner Geräte und konnte auch mal vor Ort ein verdächtiges Bauteil gezielt auswechseln. Seine Arbeit unterschied sich grundsätzlich von unseren Problemen: Der Servicetechniker suchte und behob **einen Fehler**. Wir müssen sämtliche Funktionen in Frage stellen, müssen nach vielen Fehlern suchen und sämtliche Funktionen prüfen.

9.5.1 Signalverfolgung im Nf-Bereich

Die Verwendung von Suchspulen im Nf-Bereich haben wir bereits kennen gelernt. Tastköpfe können nicht nur am Oszilloskop verwendet werden, sondern auch am Eingang eines Tonverstärkers. Der Verstärkereingang muss mit einem Koppelkondensator versehen sein. Nun lassen sich sämtliche Signale abgreifen und hörbar machen. Ein kleines

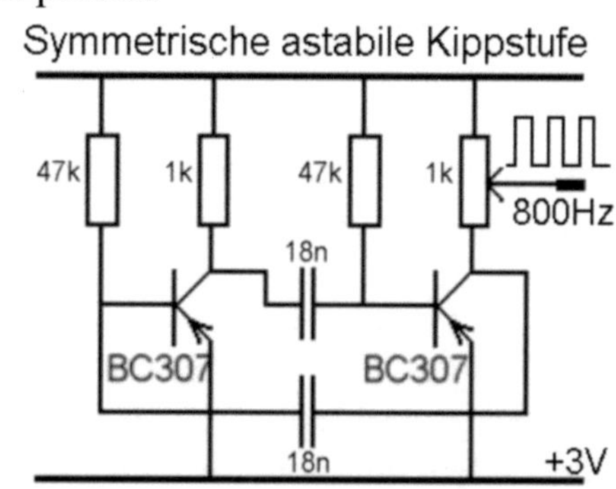

Radio im TA-Betrieb kann ebenfalls als Verstärker verwendet werden. Als Signalgenerator dient der Funktionsgenerator. Auch dort ist der Anschluss eines Tastkopfes zur Signalübertragung möglich. Für eine Minimallösung im mobilen Einsatz reicht ein 800 Hz Generator aus, der mit zwei Transistoren (s. im **Bild unten Seite 160**) oder mit einem Operationsverstärker aufgebaut werden kann. Wir brauchen dazu keinen Sinusgenerator, ein einfach zu realisierender Rechteckgenerator für einen symmetrischen Puls genügt. Das hat sogar den Vorteil, dass auch Obertöne mit auf den Weg gegeben werden. Zur Dimensionierung kann man die **rechts gezeigte Formel** verwenden. Die Formel beschreibt die Theorie, in der Praxis wird man die errechneten Werte etwas korrigieren müssen. Für die Spannungsversorgung reichen zwei

$$f = \frac{725}{Rk\Omega \times CnF} kHz$$

Micro- oder Mignonzellen, so dass der kompakte Aufbau einer Sonde möglich ist. Das Massekabel mit Klemme darf nicht vergessen werden.

Auf den Vorteil bei der Verwendung eines Rechteckpulses zur einfachen Signalverfolgung – nicht nur im mobilen Einsatz – wurde im Abschnitt 4.3.3 hingewiesen.

In der FUNKSCHAU 1954 / Heft 16 wird ein einfacher (Breitband-) Multivibrator mit einer ECC40 gezeigt, dessen Einsatzmöglichkeiten wie folgt zusammengefasst wurden:

Der Multivibrator hat sich seit Jahren als recht nützliches Hilfsgerät für die Reparaturpraxis erwiesen. Mit ihm können rasch und zuverlässig folgende Prüfungen durchgeführt werden: Fehlersuche – Empfindlichkeitsprüfungen – Vorwärtsabgleich – Abgleich abgleichbarer Kreise auf einen nichtabgleichbaren Kreis – Gleichlaufkontrolle – Nachjustieren von Mehrfachdrehkondensatoren – Zwischenfrequenzabgleich – Prüfung von Niederfrequenzverstärkern (in Verbindung mit einem Kathodenstrahl-Oszillografen) auf Amplitudenverzerrungen und Phasendrehungen. ...

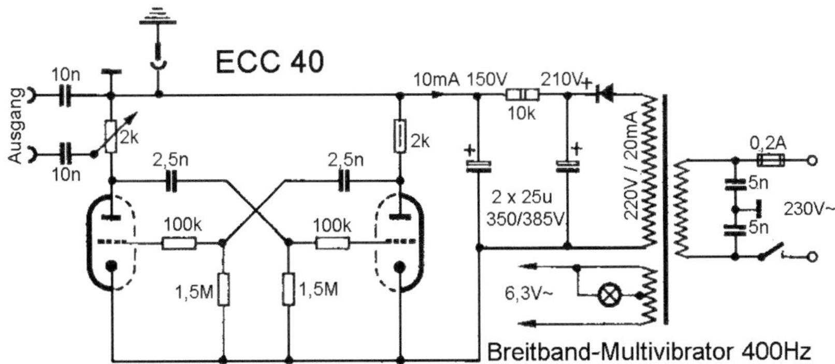

Das Bild zeigt die für Röhrenfreunde einfach aufzubauende Schaltung, Ein passender Netztrafo ist im Abschnitt 6.6 (S. 105) beschrieben. Es ist zu beachten, dass hier der **+Pol auf Masse** liegt. Für die in obenstehendem Textauszug beschriebenen Prüfungen im Hf-Bereich wäre ein unsymmetrisches Tastverhältnis des Pulses von Vorteil (s. Abschnitt 4.3.3).

Grundsätzlich gibt es zwei Varianten bei der Signalverfolgung:

a) Man legt das Tonsignal an die TA-Buchse des Radiogerätes und verfolgt das Signal mit dem an einen externen Verstärker *(z.B. unsere Referenzbaugruppe)* angeschlossenen Tastkopf. Ein abgeschirmtes Kabel mit abisoliertem Ende tut es auch.

b) Man hört auf den Lautsprecher des Radios und arbeitet sich rückwärts mit einer an den Signalgenerator angeschlossenen Prüfspitze oder Tastkopf bis zum Eingang *(TA-Buchse)* vor.

9.5.2 Signalverfolgung im Hf-Bereich

Im FM-Bereich haben wir schon Generatoren für 10,7 und 100 MHz kennen gelernt. Auch das Taschenradio zum Nachweis der Oszillatorschwingungen und zur Erzeugung eines unmodulierten Signals im Bereich der Empfangsfrequenz kann zum Einsatz kommen. Sollten diese einfachen Prüfungen ohne Erfolg bleiben, wird der Transport unumgänglich. Denn auch das ist heute viel einfacher als in den 50er Jahren. Bei Musiktruhen nimmt man eventuell nur das Chassis mit.

Im AM-Bereich ist das fast so einfach wie im Nf-Bereich. Man muss nun den Demodulatortastkopf an den Verstärker anschließen, um das Prüfsignal hörbar zu machen. Das erübrigt sich, wenn der Tonverstärker schon funktioniert. Für eine erste Prüfung im mobilen Einsatz reicht ein 1 MHz-Generator, der ebenfalls als Pulsgenerator aufgebaut werden kann. Wie im Abschnitt 4.9 gezeigt, wird die Rechteckform in den Resonanzkreisen zur Sinusform. Generatoren für die Zwischenfrequenzen im AM-Bereich können noch mit einer astabilen Kippstufe aufgebaut werden. Bildet man einen Teil der Widerstände vor der Basis des Transistors als Doppelpotentiometer aus, können alle üblichen AM-Zwischenfrequenzen erreicht werden. Wer mit CMOS-Bausteinen gearbeitet hat, wird diese bevorzugen.

Für einen 1 MHz Generator kann man auch auf handelsübliche Quarzgeneratoren zurückgreifen. Mit wenig Aufwand ergänzen wir unsere Oszillatoren noch mit einem **Quarzoszillator für den MW-Bereich: 1MHz**

Das **Bild rechts** zeigt den handelsüblichen Baustein. Er ist TTL / CMOS kompatibel und kann entsprechend ergänzt werden. Das ist zunächst nicht nötig, wenn es nur um die Erzeugung eines sinusförmigen Signals geht. Der Anschluss der Versorgungsspannung (+5 Volt) reicht aus, um am Ausgang ein rechteckförmiges Signal zu erzeugen. Das kann so verwendet werden, aber ein

sinusförmiges Signal ist vorzuziehen, weil es keine Oberwellen gibt. Dazu koppeln wir lediglich einen auf 1 MHz abgestimmten Resonanzkreis (s. Abschnitt 4.9) an, wie es die **rechts abgebildete** Schaltskizze zeigt. Der Rechteck- und Sinusverlauf des Signals wurde mit dem Oszilloskop aufgenommen.

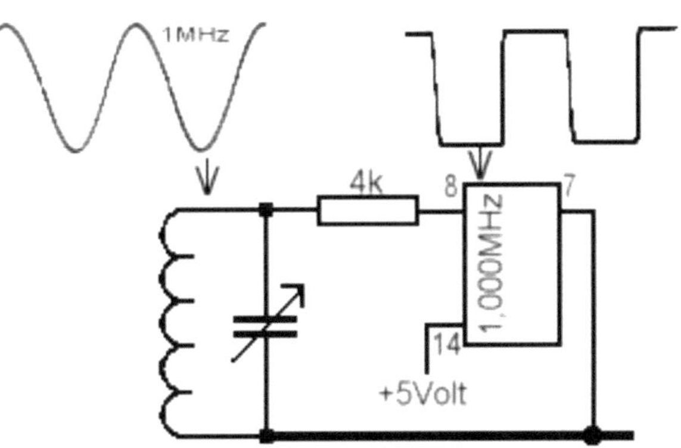

Einige Bauformen des Oszillatorbausteins haben keine Markierung an der Unterseite. PIN 7 ist aber mit dem Durchgangsprüfer lokalisierbar, weil er mit dem Gehäuse verbunden ist. Pin 1 ist nicht beschaltet. Auch wenn die Frequenz deutlich niedriger ist, als bei den bisher vorgestellten Oszillatoren, muss vor allem die Versorgungsspannung gut abgeblockt werden, damit die Zuleitungen weder zur Antenne noch zur einer Induktivität werden. Die Spule des Schwingkreises reicht aus, um das Signal im Nahbereich drahtlos zu verbreiten. Für Experimentierzwecke reicht der oben gezeigte Aufbau, Spulen haben wir vermutlich herumliegen, ein Ferritstab mit Spule kann es auch sein, abgestimmt wird mit einem Drehkondensator bis 500 pF. Die Spule ist auch einfach zu wickeln, s. Abschnitt 5.1.1.

Dieser Oszillatorbaustein erfreut sich großer Beliebtheit, ist er doch einfach und preiswert aufzubauen und kann je nach Geschmack erweitert werden. Zu einem Heimsender, der ein amplitudenmoduliertes Signal aussendet und alte Mittelwellenradios mit Musik vom mp3-Gerät zum Klingen bringt. In Etagenwohnungen ist davon abzuraten. Auch der Anschluss eines Nachbrenners ist nicht zu empfehlen, man könnte überraschend Besuch bekommen. Die Signalstärke des Bausteins ist für den Hausgebrauch ausreichend.

Wer sich weitere Anregungen zum Umgang mit diesem Baustein holen möchte, wird im Internet, z.B. bei L5 im Anhang B fündig.

9.5.3 Messen wie früher

mit fast vergessenen Methoden. Not macht erfinderisch, man musste mit einfachen Mitteln auskommen. Wir wollen die Frequenzen der Sender in den AM-Bereichen mit den Zahlen auf der Skala in Deckung bringen. Das war zu AM-Zeiten wichtig, weil man die Sender mit Kenntnis der Frequenzangaben einstellte. Wir gehen wieder davon aus, dass wir kein Oszilloskop besitzen und besinnen uns an das im Abschnitt 8.1 dargestellte **Prinzip der Schwebung**, dass unter den Schlagworten "Interferenz" und "Amplitudenmodulation" einzuordnen ist.

Wir schließen eine Suchspule an unseren Funktionsgenerator an und bringen die Spule in die Nähe der Ferritantenne oder in die Nähe des Röhrensockels der Mischröhre (ECHxx). Das haben wir schon einige Mal getan, hat diese Methode doch den Vorteil, dass die Abstimmung der Schwingkreise nicht beeinflusst wird. Nun versuchen wir, bei einer Position in der kein Sender empfangen wird, die Empfangsfrequenz zu finden, bis ein Ausschlag der Anzeigeröhre beobachtet wird. Nun passiert das, was wir schon von den Versuchen im UKW-Bereich kennen: Es wird still im Lautsprecher, weil die Verstärkung heruntergeregelt wird.

Wir wollen aber die **Position eines Senders** bestimmen, den wir nun einstellen und dann mit dem Funktionsgenerator suchen. Dabei ist darauf zu achten, dass das eingestreute Signal nicht wesentlich stärker als der empfangene Sender ist, damit dieser nicht durch den Regelmechanismus verschwindet. Wir hören einen Pfeifton, wenn die Sendefrequenz erreicht wird und wenn wir sensibel mit dem Einstellknopf der Frequenz umgehen, erkennen wir auch die Schwebungslücke. Genauer lässt sich die Sendefrequenz nicht bestimmen, die nun mit der Oszillatorspule auf den Platz verwiesen wird. Wir suchen uns für diese Übung eine Senderposition in der Skalenmitte und korrigieren die Randbereiche, falls erforderlich, mit der im Abschnitt 8.2.3 beschriebenen Methode.

Wenn wir am Röhrensockel einer Zf-Röhre einstreuen, können wir mit dieser Methode auch **die Zwischenfrequenz bestimmen**.

Weitere Versuche, die nicht der Fehlersuche dienen, aber bereits beschriebene Effekte bestätigen, lassen sich wie folgt durchführen: Man kann die Frequenzen suchen, die mit beim Mischvorgang entstehenden Oberwellen des Oszillators ebenfalls die Zwischenfrequenz ergeben. Das ist, wenn auch wesentlich schwächer als vorher, hörbar. Man kann weiter am Funktionsgenerator einen Rechteckpuls einstellen und dessen ungeradzahlige Oberwellen nachweisen.

Nun versuchen wir noch, die Senderpositionen im UKW-Bereich zu kontrollieren. Unser Funktionsgenerator steht bei 100 MHz nicht zur Verfügung und der Oszillator im Abschnitt 8.2.4 hat keine Frequenzanzeige. Aber er ist, einmal eingestellt, frequenzstabil. Sicher haben wir einen UKW-Empfänger aus neuerer Produktion, an dessen Frequenzanzeige die Sendefrequenz mit Quarzgenauigkeit abgelesen werden kann. Man sollte den Oszillator dabei etwas abseits liegen lassen, damit dessen Frequenz nicht durch die Nähe der Hände beeinflusst wird. Die eventuell erforderliche Nachjustierung der Senderpositionen ist im Abschnitt 8.2.3 beschrieben.

9.5.4 Aufspüren von Störfeldern in den AM-Bereichen

Damit sind sowohl Störfelder die innerhalb des Gerätes entstehen, als auch solche von außen gemeint. Die erste Wahl wäre wieder der Taschenempfänger, der über möglicht viele Wellenbereiche verfügen sollte. Weil die AM-Bereiche sehr viele Störsignale empfangen, lässt sich nur schwer feststellen, welche systembedingt sind und welche im Nahbereich entstehen. Zuerst aber prüfen wir, ob der Taschenempfänger (Referenzempfänger) die gleichen Störungen empfängt, wie unser Patient. Dann wissen wir, wo gesucht werden muss. Das Auffinden von Störfeldern innerhalb des Gerätes wurde im Abschnitt 1.5.1 kurz beschrieben. Bei Brummstörungen unterscheiden wir zwischen einem 50 Hz und einem 100 Hz Ton. 50 Hz Felder entstehen vor, 100 Hz Störungen nach dem Gleichrichter (s. auch Abschnitt 4.2.2).

Auch bei Störungen von außen arbeiten wir mit den mehrfach erwähnten Suchspulen. Wir brauchen ein kleines Arsenal solcher Spulen, weil – je nach Frequenzbereich – mit verschiedenen Windungszahlen, mit oder ohne Kern, gearbeitet wird. Dabei können Spulen mit mehreren tausend Windungen (0,05 mm CuL oder HF-Litze) zum Einsatz kommen, die mit einem Koaxialkabel einseitig an die Antennenbuchse angeschlossen werden. Hat man eine Spule des SABA-Suchlaufmotors übrig, die nicht mehr verwendbar aber elektrisch in Ordnung ist, kann diese als Suchspule verwendet werden.
Fehlende oder falsche Masseverbindungen zählen zu den häufigsten Ursachen von Störgeräuschen. Das betrifft nicht nur die Verdrahtung, sondern auch verschraubte Verbindungen von Bauteilen und Baugruppen.

Bei der Suche nach der Ursache externer Störungen fangen wir im eigenen Haus, das wesentlich mehr Störquellen haben kann als die Etagenwohnung, an. Das hat den Vorteil, dass die Suchspulen auch an das Oszilloskop angeschlossen werden können. Man sieht dann, was die Steuerungen von Heizung und Solaranlagen mitbringen. Aber auch das Haus, die Wohnung, ist mit Elektronik reichlich ausgestattet. Denn die vielen Signale der Kommunikationstechnik im GHz-Bereich werden getastet. Energiesparlampen, insbesondere LED-Strahler haben ein erhebliches Störpotential im Mittel- und Langwellenbereich.

Gegen Industrieanlagen in der Umgebung ist man vermutlich machtlos.

10 Die Automatik-Modelle von SABA

Im ersten Band wurden einige Radios mit Sendersuchlauf vorgestellt, von denen die Modelle von SABA einen herausragenden Platz einnehmen. Das liegt vor allem an der automatischen motorgesteuerten Scharfabstimmung, die nach dem Suchlauf einsetzt. In späteren Jahren wurde die automatische Scharfabstimmung generell elektronisch mit Dioden realisiert. Im *Abschnitt 6.01* des ersten Bandes wird das Prinzip der SABA-Automatik am Beispiel des Modelles "Konstanz Automatik 8" beschrieben, das eine vereinfachte Lösung darstellt. Folgend wird die in den Modellen "Meersburg" und "Freiburg" mit der so genannten Steuerwippe realisierte Variante, die in der zweiten Hälfte der 50er Jahre eingeführt wurde, beschrieben. Das Prinzip der Steuerung ist über viele Jahre gleich geblieben. Der Restaurateur kann daher wesentliche Teile wie Transformatoren, Motoren und die gefürchtete Getriebekupplung aus anderen Automatik-Modellen verwenden, wenn Ersatz erforderlich ist. Wegen der verschiedenen Funktionen der Automatik (Schnell-Lauf, Suchlauf, Stopp, Scharfabstimmung) lässt sich schwer eine Reihenfolge bei den Restaurationsarbeiten vorschlagen. Abschnitt 10 ist modular, funktionsbezogen gegliedert, die Reihenfolge der Arbeitsabläufe wird von Fall zu Fall variieren. Die folgend gewählte Reihenfolge kann bei einem Totalausfall der Automatik angewandt werden. Das ist leider nicht selten.

10.1 Die Vorbereitungen

Zuerst kümmern wir uns in gewohnter Weise um den Empfänger bei abgeschalteter Automatik. In die ersten Prüfungen der Stromversorgung beziehen wir den Steuermotor mit ein, indem wir die Wicklungen auf Masseschluss und den ohmschen Widerstandswert *(ca. 1 kOhm je Spule)* prüfen. Fällt der Motor dabei durch, wird er sofort ausgebaut und für später beiseite gelegt. Im Modell Freiburg 7 verbleibt das Getriebe im Chassis und kann dort auch ohne Ausbau gereinigt werden. In den späteren Modellen bilden Motor und Getriebe eine Einheit. Wir messen dann noch die Motorkondensatoren. Einer liegt meistens deutlich daneben und kann auch sofort ausgebaut bzw. ersetzt werden *(Achtung: Auf die hohe Spannungsfestigkeit achten)*. Wichtig ist die Dokumentation aller offenen Wunden, denn das Projekt kann länger dauern, wenn wichtige Teile beschafft werden müssen. Wenn wir dann vorsichtig ans Netz gehen, versuchen wir noch die Netzsicherung vorübergehend auf den niedrigsten möglichen Wert *(ohne Automatik)* zu reduzieren. Man saniert diese Automatik-Modelle sicher nicht um sie anschließend wegzustellen. Wegen der Komplexität insbesondere der Freiburg-Modelle ist man daher gut beraten, **alle** Papierkondensatoren auszutauschen und bei den weiteren Maßnahmen nicht zu kleckern.

Hat man bezüglich des Motors keine Beanstandungen, lässt man trotzdem die Automatik vorerst abgeschaltet, weil im Umfeld des Motors sehr hohe Wechselspannungen auftreten. Die Automatik nehmen wir uns daher erst vor, wenn keine weiteren Hantierungen im Bereich des Empfängers mehr erforderlich sind.

Die Steuerwippe ist schon eine erste Baustelle im Rahmen der Vorbereitungen. Dort sind im Modell Freiburg-Automatic 125 (s. im **Bild rechts**) 10 Kontakte verbaut, in einigen Modellen mehr, in anderen weniger. Diese Kontakte steuern den Schnelllauf und den Suchlauf, jeweils nach rechts und links. Die Kontakte werden durch Tasten von Hand betätigt und elektromagnetisch, durch die rechts im Bild sichtbare Spule, gehalten. Schon geringe Kontaktsrörungen beinträchtigen die Funktion der Automatik. Die Steuerwippe sitzt direkt über der Bodenabdeckung des Gehäuses. Durch die Löcher in dieser Abdeckung zirkuliert die Luft und bringt alles, was in dieser Luft schwebt, mit. Entsprechend verschmutzt finden wir daher die Steuerwippe oft vor. Um es kurz zu machen:

Die Mechanik der Steuerwippe muss gangbar gemacht und die Kontakte müssen gereinigt werden. Dazu muss die Wippe ausgebaut werden, weil die Kontakte auf der Innenseite montiert sind. Das geht nicht ohne das Ablöten einiger Drähte. Nach dem Lösen der Wippe haben wir besseren Zugang zu den Lämpchen der Tastenbeleuchtung und können auch den Bereich unter der Wippe reinigen bzw. dort verbaute Kondensatoren wechseln. Die schon erwähnte Spule, die von einem Triodensystem (Relaisröhre) gesteuert wird, prüfen wir bei der Gelegenheit auf Masseschluss und deren Ohmschen Widerstand (ca. 10 kOhm). Diese Spule ist selten defekt. Der Eisenkern der Spule hält einen Doppelanker, dessen Berührungsflächen frei von Schmutzpartikel sein müssen. Je nach Zustand der Wippe müssen auch die beweglichen Teile des Ankers demontiert, gereinigt und gefettet werden. Dass die Kontakte der Wippe nach dem Reinigen gründlich, bei mehrfacher Betätigung auf Durchgang geprüft werden, versteht sich von selbst. Also unter Umständen eine mehrstündige Prozedur, noch bevor wir ans Netz gehen. Es ist daher empfehlenswert, die Belegung der Steuerwippe vor dem Ablöten der Anschlussdrähte **fotografisch zu dokumentieren**.

Wegen der komplexen Wirkungsweise der Phasenlagen in der Automatiksteuerung kann ein Vertauschen zweier Drähte zu Fehlfunktionen führen. Daher ist auch Vorsicht geboten, wenn man ein Gerät vor sich hat, an dem schon gebastelt wurde.

10.2 Die Signale zur automatischen Scharfabstimmung ...

...werden im so genannten Steuerfilter erzeugt. Wir gehen davon aus, dass die Automatikfunktionen im Wesentlichen gegeben sind und suchen nach weiteren Optimierungsmöglichkeiten. Bevor wir das im Bereich des Motors versuchen, sollten die Steuersignale im grünen Bereich liegen. Wir orientieren uns am Steuerdiskriminator des Freiburg 9, s. im **Bild rechts**.

Die Zwischefrequenz wird von der Anode der zweiten Zf-Röhre über 5 pF an das Gitter der Triode (Modulationsröhre) gelegt. Das Zf-Koaxialkabel sieht in den meisten Schaltbildern ziemlich lang aus, ist aber im Gerät nur wenige Zentimeter kurz. Der Koppel-

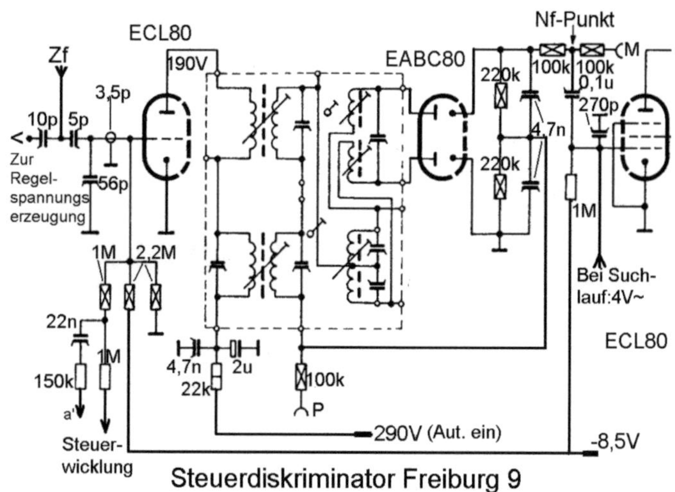

Steuerdiskriminator Freiburg 9

kondensator (5 pF) sitzt noch am Sockel des Bandfilters hinter der zweiten Zf-Röhre. Die Kapazität des Kabels ist in manchen Plänen vermerkt (hier: 3,5 pF) und muss mit dem Kondensator am Gitter – durch 5 pF verkürzt – der Kapazität des Anodenkreises der Zf-Röhre zugerechnet werden. Aus der Zwischenfrequenz wird – über 10 pF eingekoppelt – mit zwei Diodensystemen eine Regelspannung erzeugt *(im Plan nicht dargestellt)*.

Am Steuergitter der Modulationsröhre liegt außerdem eine 50 Hz Wechselspannung ("b", s. Skizze S. 173), von der so genannten Steuerwicklung des Netztransformators. Mit dieser Spannung wird die Zwischenfrequenz moduliert, die jetzt die Rolle einer Trägerfrequenz übernimmt. Am Ausgang des Steuerfilters (Steuerdiskriminator) liegt daher nur ein Signal, wenn ein Sender empfangen wird.

Und das können wir sehr einfach mit dem Oszilloskop sichtbar machen. Es sei nochmals darauf hingewiesen, dass die jetzt folgenden Maßnahmen erst nach vollständiger Wiederherstellung aller Funktionen des Empfangsteils sinnvoll durchgeführt werden können.

Um die Signale am Gitter der Modulationsröhre zu prüfen, kann die Automatik noch abgeschaltet bleiben. Der Tastkopf kann direkt, auch in der Einstellung 1:1, an das Gitter gelegt werden. Es sind keine Verstimmungen zu befürchten, auch im UKW-Bereich wird der Empfang nicht beeinträchtigt. Die nachfolgenden Darstellungen sind im UKW-Bereich aufgenommen worden:

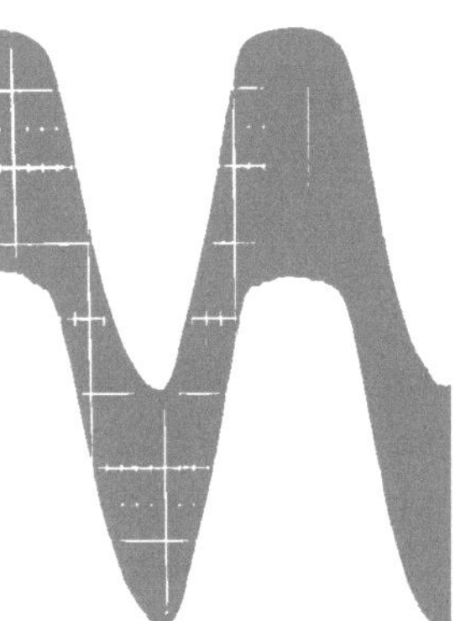

Das Bild links zeigt die 50 Hz Wechselspannung, die einer Gleichspannung von ca. -8 Volt überlagert ist. Das Bild lässt sich nicht ganz scharf einstellen, weil das Rauschen zwischen den Sendern etwas vor sich hin wabert. Es liegt also noch keine Zwischenfrequenz an.

Diese sehen wir im **Bild rechts**, moduliert mit der 50 Hz-Spannung. Die 10,7 MHz-Frequenz lässt sich noch gut darstellen, wenn man die Ablenkfrequenz des Oszilloskops entsprechend erhöht.

Nun können wir die **Automatikfunktion einschalten** und das rechts abgebildete Signal dem Steuerfilter anbieten.

10.2.1 Der Abgleich des Steuerfilters

sollte uns nicht schwer fallen, haben wir uns doch ausführlich mit Bandfiltern und der Funktion des Ratiodetektors beschäftigt. Hier finden wir einen (Flanken-) Diskriminator vor. Der auffällig sichtbare Unterschied zum Ratiodetektor liegt darin, dass die Dioden nicht entgegengesetzt gepolt verbaut werden. Die sekundärseitig entstehenden, um 180^0 in der Phase verschobenen Teilspannungen (s. Ratiodetektor, Abschnitt 6.2) werden **subtrahiert**, nicht addiert. In der Resonanzposition subtrahieren sie sich zu Null. Das schauen wir uns jetzt am Ausgang des Filters, am so genannten **Nf-Punkt** an, der auch an der **Messbuchse (P)** zur Verfügung steht.

Das Bild rechts zeigt den Resonanzfall, es ist nur die demodulierte Zwischenfrequenz, das Ton- signal zu sehen. Die automatische Scharfstellung arbeitet. Das merkt man, wenn man versucht den Sender mit der Hand zu verstellen, an einem spürbaren Widerstand, der Wahlknopf will nicht. Warum, das so ist, sehen wir in den nächsten Bildern. Nun wirken die beiden um 180^0 gegeneinander verschobenen Teilspannungen (die sich im Resonanzfall aufheben) einer Verstimmung entgegen, wenn man versucht, den Sender nach rechts oder nach links zu korrigieren. Man sieht entweder die obere oder die untere der rechts abgebildeten Darstellungen. Diese Spannungen (50 Hz) haben eine

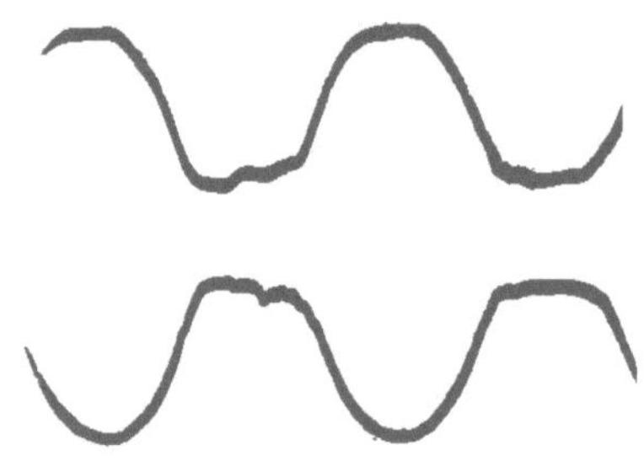

Amplitude von ca. 5 Volt (U_{SS} ca. 10 Volt). Dreht man den Wahlknopf weiter, verschwinden sämtliche Signale, weil die Trägerschwingung (hier die Zf) fehlt. Die gezeigten Oszillogramme sind als Stichproben zu werten. Gerätespezifische Abweichungen sind möglich.

Der Nachgleich ist nun denkbar einfach: Der Primärkreis wird auf Maximum und der Sekundärkreis auf Mitte (Nulldurchgang) eingestellt. Dabei hat man eine Hand am Senderwahlknopf, um die Mittigkeit zu prüfen. Der gefühlte Widerstand muss nach beiden Seiten gleich groß sein. Der Blick auf die Anzeigeröhre macht die Kontrolle vollständig.

In manchen Abgleichanweisungen für die Automatic-Modelle gibt es folgenden Hinweis zum Nachgleich des Steuerfilters:

Nachabgleich des Steuerfilters
Bei geringfügiger Verstimmung des Steuerfilters (Skalenzeiger steht links oder rechts neben dem Sender) kann ohne technische Hilfsmittel ein Nachgleich leicht vorgenommen werden:
1. Betreffenden Wellenbereich einschalten.
2. Mit Automatic auf starken Sender einstellen.
3. Mittels Schraubenzieher L 35 (für Kurz – Mittel – Lang) oder L 31 (für UKW) vorsichtig drehen bis der Skalenzeiger genau auf Sender steht und die Leuchtsektoren der magischen Auges ihre größte Ausdehnung erreicht haben.

Die Spulen der Sekundärkreise L 35 und L 31/32 erreicht man durch die jeweils mittleren Löcher im Filtergehäuse, die Spulen der primären Kreise findet man durch die jeweils innen liegenden Löcher. Durch die jeweils außen liegenden Löcher ist der Kopplungsgrad einstellbar, was wir lieber nicht versuchen sollten. Ab dem Modell Freiburg 9 ändern sich die Bezeichnungen der Spulen.

Grundsätzlich haben wir noch folgendes Problem: Es gibt heute eine wesentlich höhere Senderdichte, was bei der Justierung Probleme machen kann. Da helfen wir uns mit dem selbst gebauten UKW-Sender, der eine unmodulierte Schwingung aussendet. Der Antennenstecker wird gezogen, die Signalstärke folgt nun aus dem

Abstand zum Sender. Nun stören auch die Tonfrequenzen beim Nulldurchgang nicht mehr.

Die im Steuerfilter erzeugten, am Nf-Punkt bzw. am Gitter der Motorröhre liegenden Spannungen ermöglichen nicht nur das Halten des Senders, sie steuern auch das Auffinden im so genannten Suchlauf. Der Stopp des Suchlaufs findet automatisch statt, die Elektronik wechselt in den Modus "Scharfabstimmung". Dieser Zustand, in dem der Motor im so genannten Rüttelbetrieb arbeitet, bleibt so lange bestehen, bis die Automatik abgeschaltet, oder ein neuer Suchlauf begonnen wird.

10.3 Die Schnell- und Suchlaufsteuerung

Wir betrachten den im Abschnitt 10.2 gezeigten Schaltplanausschnitt nun weiter rechts und beginnen am Steuergitter der Motorröhre.

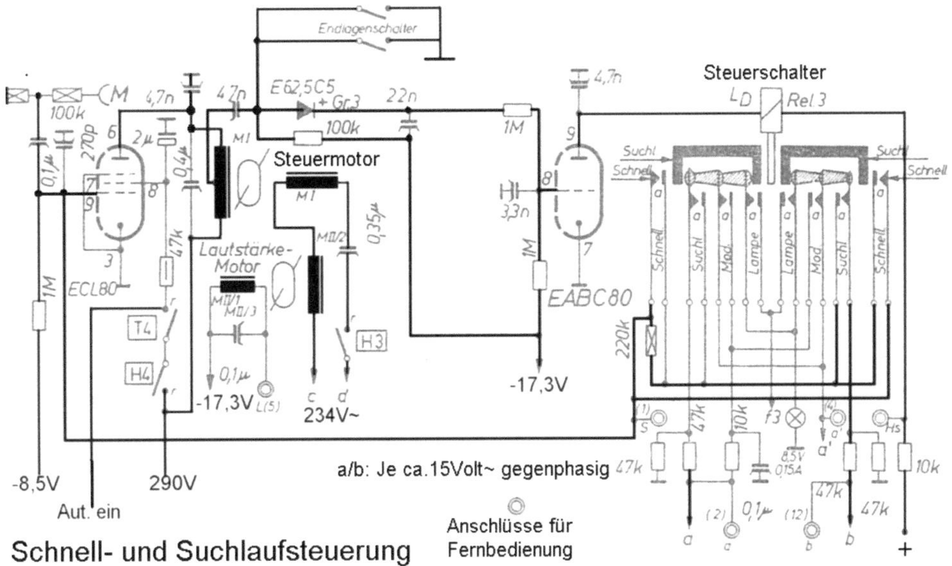

Wir sind im Abschnitt 10.2.1 in der Betriebsart "Scharfabstimmung", besser als automatische Nachlaufsteuerung bezeichnet, stehen geblieben. Nun wollen wir doch einen anderen Sender einstellen. Wir betrachten zunächst nur die Steuerung der Vorgänge, mit dem Motor werden wir uns später beschäftigen.

Bevor wir die Steuerwippe betätigen, machen wir uns mit dem oben gezeigten Schaltplanausschnitt (Freiburg 9) vertraut: Im vollständigen Originalplan findet man die Spannung an der Anode der Motorröhre mit 260 Volt, den Strom mit 11,5 mA angegeben. Diese Werte wurden hier für eine bessere Übersichtlichkeit weggelassen, sind sie doch auch bei jedem Modell etwas anders. Der Anodenstrom fließt durch zwei *(der vier)* hintereinander geschaltete Spulen des Motors, die das Steuerfeld erzeugen. Den Gleichstromwiderstand einer Spule hatten wir schon mit ca. 1 kOhm gemessen (s. Abschnitt 10.1). Rechnen wir das nach, bleibt etwas übrig. Das liegt vor allem daran, dass die Spannungs- und Stromangaben in den Plänen selten ganz genau mit der Praxis übereinstimmen.

Im Nachstimm-Modus sorgt der Motor dafür, dass das Steuerfilter im Nulldurchgang bleibt. Damit kann keine 50 Hz-Spannung, die zum Anlaufen des Motors erforderlich wäre, an das Steuergitter der Motorröhre gelangen.

Werfen wir noch einen Blick auf die Relaisröhre: Dort passiert gar nichts, weil am Steuergitter eine deutlich negative Spannung (-17 Volt) liegt.

Nun betätigen wir die Schnelllauftaste,

das ist die jeweils äußere Hälfte der Tasten. Dadurch wird sowohl eine Seite des Ankers an den Spulenkern gedrückt als werden auch sämtliche Kontakte einer Seite geschlossen. Von innen aus beginnend, wird folgendes durch die Kontakte bewirkt:

> ➢ Die grüne Lampe in der Mitte der Steuertasten leuchtet.
> ➢ Die Spannung "a" wird, als a' bezeichnet, an das Gitter der Modulations-röhre gelegt und wirkt dort der dort anliegenden Weschelspannung "b" entgegen. Die Spannung a' ist jedoch größer als die Spannung b, sodass die dem Steuerfilter zugeführte Modulationsspannung umgepolt wird. Der Motor, bzw. der Sender, wird nun nicht mehr festgehalten.
> ➢ Der nächste Kontakt legt die Spannung a oder b an das Steuergitter der Motorröhre, der Motor läuft los. Weil die Modulationsspannung umgepolt wurde, kann diese den Motor nicht mehr festhalten.
> ➢ Solange die Schnelllauftaste gedrückt gehalten wird, ist der Motor nicht zu bremsen, weil der Schnelllaufkontakt durch die Überbrückung eines Widerstandes die Suchlaufspannung erhöht. Die Sender werden überrannt. In anderen Schaltungsvarianten wird der Suchlauf durch einen "Bremsstrom" langsamer als der Schnelllauf. Ein 18 kOhm Widerstand liegt parallel zur Steuerwicklung und reduziert dadurch den Strom in der Wicklung.

Lässt man die Schnelllauftaste los, bleiben die inneren Kontakte der Steuerwippe geschlossen, weil der Anker des Steuerschalters gehalten wird. Der dafür erforderliche Strom wird wie folgt erzeugt:

Zwischen den im Anodenkreis liegenden Motorspulen *(das sieht im Schaltplan wie eine Mittelanzapfung aus)* wird die Steuerspannung abgegriffen, durch einen 47 nF Kondensator von der Gleichspannung getrennt, in der nachfolgenden Diode

(Einweggleichrichter) gleichgerichtet, mit einem 22 nF Kondensator geglättet. Es verbleibt eine Gleichspannung von ca. 24 Volt, die über 1 MOhm am Gitter der Relaisröhre liegt und die negative Spannung am Gitter gut kompensiert. Das Gitterpotential liegt dann ungefähr bei Null. Dadurch fließt ein Gleichstrom von 4,3 mA durch die Spule des Steuerschalters, das entspricht dem Haltestrom dieses Relais. Der Anker kann niemals durch den Spulenstrom angezogen werden.

Die Automatik befindet sich nun in der Betriebsart "Suchlauf".
Zur Auslösung des Suchlaufs reicht das Antippen der inneren Hälfte einer Taste. Damit der Anker sicher "kleben" bleibt, ist die Reinigung und Justierung der Kontaktflächen wichtig. Eine weitere oft beobachtete Störung des Suchlaufs liegt bei einer defekten Gleichrichterdiode, die durch eine handelsübliche Si-Diode ersetzt werden kann. Eine nicht mehr ganz frische Motorröhre kann die Ursache für einen zu langsamen Suchlauf sein.

Während des Such- oder Schnelllaufs wird die Röhre EF86 im Tonverstärker durch eine negative Spannung gesperrt, das Gerät ist **stumm geschaltet**. Anschließend steigt die Lautstärke wieder langsam an. Die negativen Spannungen zur Vorspannung der Röhrengitter werden von der Steuerwicklung des Netztrafos gewon-

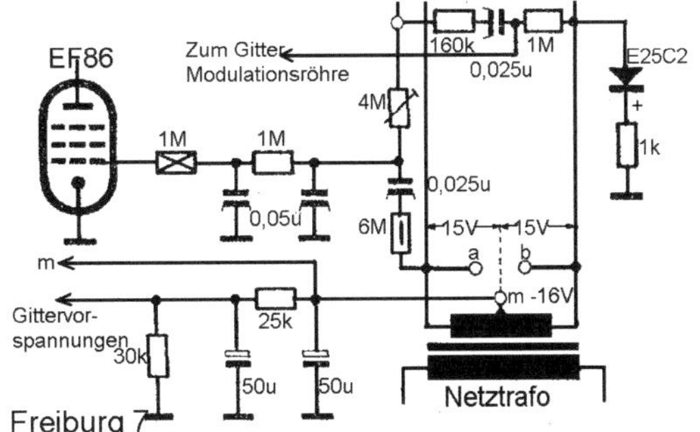

nen, die auf ca. -16 Volt gelegt wird. Die Wechselspannungen a/b bzw. a' transportieren die Gleichspannung. Wird die Spannung "a" durch einen Kontakt der Steuerwippe verbunden, so wird diese geschaltete Spannung mit a' bezeichnet (s. Gitter der Modulationsröhre im Abschnitt 10.2).

10.3.1 Der Stopp
Der Motor stoppt, wenn ein mit ausreichender Stärke einfallender Sender gefunden wird. Die am Gitter der Modulationsröhre liegende Modulations-spannung wirkt nun gegenphasig zu der Steuerspannung am Gitter der Motorröhre, beide Spannungen heben sich auf, der Motor bleibt stehen. Damit entfällt die Wechselspannung im Anodenkreis der Motorröhre, am Gitter der Relaisröhre dominiert nun wieder die negative Vorspannung, der Anker des Steuerschalters fällt ab. Dadurch entfällt die Steuerspannung am Gitter der Motorröhre, die Modulationsspannung am Gitter der Modulationsröhre wird wieder umgepolt, so dass der Motor nun den Sender vollends in den Nulldurchgang hineinzieht. Wir sind wieder in der Betriebsart der automatischen Nachlaufsteuerung. Es ist kein Fehler, die Automatik jetzt zu deren Schonung abzuschalten. Denn der gefundene

Sender wird nicht weglaufen, wenn der UKW-Tuner in Ordnung ist. Und der ist schließlich vom Feinsten!

10.3.2 Die Kabelfernbedienung

kann die Vorteile eines Automatic-Modells erst zur Geltung bringen. Das geht nur mit einem Freiburg, die Meersburg Modelle sind nicht fernbedienbar. Die Fernbedienung enthält eine Steuerwippe in Miniaturausführung, zwei Schalter zur Umschaltung zwischen "Sprache" und "Musik" mit zwei Anzeigelämpchen und einen Schalter zur Steuerung des Lautstärkemotors.

Ab dem Modell Freiburg 125 kann über die Fernbedienung auch zwischen UKW und AM umgeschaltet werden. Dafür sind kräftige, nicht gerade geräuscharme Elektromagnete erforderlich, der dafür erforderliche Stromstoß wird in einem 200µF Elektrolyt-Becherkondensator gespeichert. Die fernbediente Umschaltung kann daher nicht in kurzen Abständen betätigt werden.

Bei der Verwendung einer Fernbedienung ist die einwandfreie Funktion der etwas versteckten Endlagenschalter besonders wichtig, weil man eventuell nicht merkt, wenn ein Motor wegen nicht funktionierender Kontakte in den Dauerlauf verfällt. Das kann zur Überlastung und Zerstörung führen.

Leider sind die Fernbedienungen ziemlich knapp, schwer oder teuer beschaffbar. Ist der Leidensdruck groß genug, gelingt möglicherweise der Bau einer eigenen Variante, vielleicht auch für einen drahtlosen Betrieb.

10.4 Steuermotor und Lautstärkemotor

Beginnen wir mit dem **Lautstärkemotor**. Der ist gut versteckt, wird manchmal vergessen und kann nur mit der Fernbedienung benutzt werden. Dann ist er auch nur für Sekundenbruchteile in Betrieb, und daher so gut wie nie defekt. Man wechselt auf jeden Fall den Motorkondensator (0,1 µF) aus. Man wird feststellen, dass der Lautstärkesteller etwas schwergängig ist. Das liegt an der Rutschkupplung zum Motor, die gut gereinigt und gangbar gemacht werden muss. Denn der Motor sollte sich nicht mit drehen, wenn man die Lautstärke mit einer schnellen Drehung einstellt. Ein Ausbau ist dafür selten erforderlich.

Unsere Fürsorge gilt dem **Steuermotor**. Das Getriebe wird zerlegt, gründlich gereinigt und gefettet. Damit der Motor geräuschlos arbeitet, achtet man beim Zusammenbau besonders auf die gegeneinander verspannten Zahnräder. Leider ist die Anzahl defekter Spulen sehr hoch. In diesen Fällen muss der Motor völlig zerlegt werden, um die defekte(n) Spule(n) zu ersetzen. Folgend wird daher ausschließlich und ausführlich über den Steuermotor berichtet.

Der Steuermotor ist ein Ferraris-Motor (L6). **Das Festfeld** wird durch eine Reihenschaltung zweier gegenüberliegenden Spulen mit einem Kondensator erzeugt. Durch den Kondensator (z.B. 0,35 µF) hat das Festfeld gegenüber dem Steuerfeld die zum Lauf erforderliche Phasenverschiebung von 90^0. Das nebenstehende Oszillogramm zeigt die Spannungsverläufe an den Spulen für das Festfeld und das Steuerfeld im Suchlauf. Im Vergleich mit den Darstellungen im Abschnitt 4.2.1 c und e erkennen wir eine Phasenverschie-

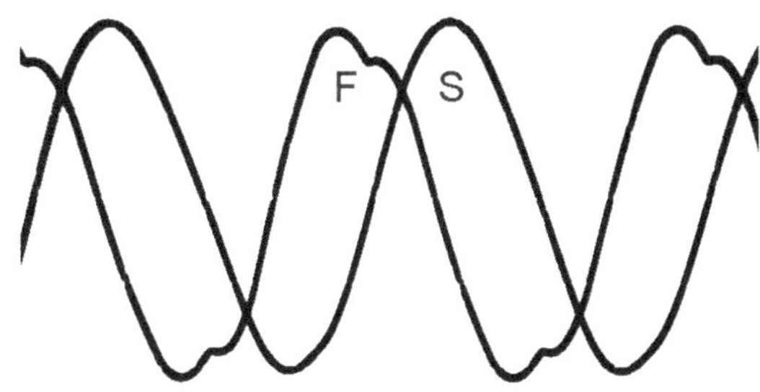

bung von 90^0. Noch genauer ist die Prüfung, wenn wir auf den x-y-Betrieb des Oszilloskops umschalten. Der erwartete Kreis ist etwas verbeult, aber es ist ein Kreis und keine Ellipse! Wer am Bildschirm wem nacheilt, liegt an der Richtung des Suchlaufs, weil die Steuerwechselspannung jeweils umgepolt wird.

Die ebenfalls gegenüberliegenden Spulen des **Steuerfeldes** werden durch einen Parallelkondensator (0,4 µF) zur Resonanz bei 50 Hz gebracht. Das hat einen reellen Wechselstromwiderstand zur Folge. Diese Aussagen bezüglich der Wirkung der Motorkondensatoren findet man in den Unterlagen des Herstellers. Außerdem fließt durch die Spulen des Steuerfeldes der Anodengleichstrom, was die Rüttelbewegung des Motors zur Folge hat. Diese ist nötig, um jegliche Haftreibung zu verhindern. Diese Unruhe des Motors entsteht durch die Gleichstrommagnetisierung, die das sinusförmige Wechselfeld nach jedem Nulldurchgang überwinden muss.

Ab dem Modell Freiburg 125 haben beide Motorkondensatoren den Wert **0,3µF**. Die Spulen sind nach wie vor austauschbar, aber der Motor hat andere Eisenbleche bekommen. Die konstruktiven Maße sind gleich geblieben.

Sicherheitshinweis: Im Wechselstromkreis können hohe Spannungen auftreten, die deutlich über der angelegten Spannung von 230 - 240 Volt~ liegen. Wegen fehlender Umschaltmöglichkeit des Netztrafos bei vielen Automatik-Modellen kann diese Spannung noch überschritten werden. Die an den Spulen und Kondensatoren gemessenen Wechselspannungen liegen dagegen **zwischen 400 und 500 Volt**. Weil der Verfasser damit nicht selten beschäftigt war, gibt es auch dafür eine – in diesem Buch die letzte – Referenzbaugruppe, damit man nicht die Übersicht verliert. Denn im schlimmsten Fall müssen wir eine neu gewickelte Spule einmessen. Die Baugruppe enthält sowohl die Kondensatoren, die in den verschiedenen Automatik-Modellen verbaut wurden, als auch einen Drehschalter zur Feinabstimmung in 10 nF-Schritten. Bezüglich der Dimensionierung der Testschaltung kann man sich an der einfachen Automatik des Konstanz 8 (*s. Band 1, Abschnitt 6.01*) orientieren. Man benötigt eine 50 Hz-Wechselspannung (230 - 240 Volt) für das Festfeld und ca. 100 / 150 Volt umschaltbar für das Steuerfeld. Die Spannungen können mit **einer** gut angezapften Trafo-Sekundärwicklung gewonnen werden, weil die Stromkreise der Feldspulen galvanisch getrennt sind.

10.4.1 Auf dem Motorprüfstand

Dieser sieht eher wie ein Containerschiff aus, eignet sich aber für den Probelauf eines generalüberholten Motors vor dem Einbau. Ströme und Spannungen, 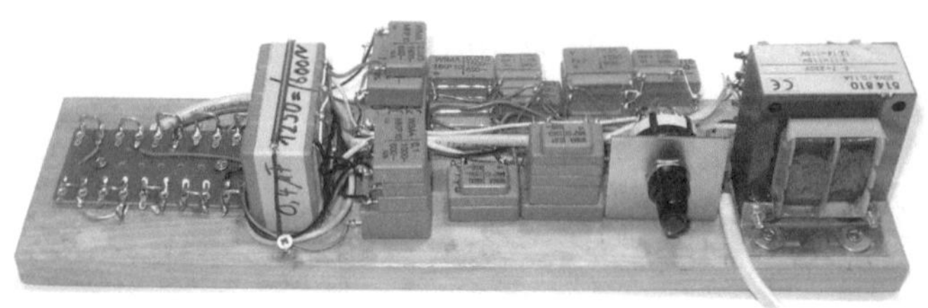 Drehzahl, Drehmoment, Laufruhe, und die Wärmeentwicklung können, auch im Vergleichstest mit einem Referenzmotor, untersucht werden. Für die Spannungsversorgung wurde ein Trenntrafo (primär: 230 Volt / sekundär: 115-115 Volt) verwendet.

Sucht man die Sollwerte für Ströme und Spannungen, wird man bei den einzelnen Modellen verschiedene Werte und auch verschiedene Motorkondensatoren finden. Über die Zeit, die ein guter Motor für den Durchlauf über eine Skalenbreite brauchen sollte, findet man keine Angaben.

Ein ehemaliger SABA-Mitarbeiter, vor Jahren dazu befragt, musste passen: Das sei ziemlich diffizil, es gäbe diesbezüglich keine zwei gleichen Geräte. Aber 20 Sekunden für einen Durchlauf seien im grünen Bereich.

Den Motor so schnell wie möglich zu machen, kann nicht das Ziel sein. Zu schnelle Motore könnten die Sender überfahren. Schließlich gibt es da noch die Mittel- und Kurzwellenbereiche, bei denen die Automatik die Sender finden muss.

Ein Freiburg 9, generalüberholt, zeigt folgende Merkmale:

> ➢ Auch Sender, die das Magische Band nicht ganz ausreizen, werden gefunden.
> ➢ Die Automatik stoppt in beiden Richtungen des Suchlaufs.
> ➢ Such- und Schnelllauf durchfahren die Skala in 18 bzw. 22 Sekunden.
> ➢ Die Wechselspannungen an der Anode der Motorröhre betragen 160 / 120 Volt.
> ➢ Die Wechselspannung für das Festfeld (Spulen und Phasenschieber-kondensator) beträgt 240 Volt.
> ➢ Der Senderwahlknopf bewegt sich im Suchlauf mit ca. 30 U/min.

> Die zwischen Spule und Eisen gemessene Temperatur beträgt nach ca. einer Stunde 70^0 C.

Wir wollen versuchen, diese Zahlen zu bewerten und schließen einen ebenfalls generalüberholten Motor mit Getriebe mit diesen Spannungswerten an den Prüfstand an.

> Der Mitnehmer an der Getriebewelle bewegt sich ohne Last mit ca. 55 U/min, mit einer vergleichbaren Last entspricht die Drehzahl dem Wert des Freiburg 9.
> Motor und Getriebe laufen im Leerlauf und unter Last geräuschlos.
> Die Motortemperatur erreicht 58^0 C.
> Eine Erhöhung des Parallelkondensators zum Steuerfeld (0,4 µF) um 0,1 µF bleibt in dieser Konstellation ohne messbare Auswirkungen, weil der durch die Motorröhre bedingte Vorwiderstand fehlt.
> Der Wechselstrom im Festfeld beträgt 45 mA.
> **Eine Erhöhung des Festfeldkondensators um 0,1 µF lässt den Strom auf 55 mA steigen.** Er ist auf dem Weg zum Serienresonanzkreis. Bei ca. 0,5 µF wird es eng.

Bezüglich der Geschwindigkeit des Suchlaufes lässt sich feststellen, dass diese vorwiegend von der Suchlaufspannung und von der Belastung abhängt.
Wir brauchen also eine gute Motorröhre und eine bestens laufende Mechanik im Bereich des Motorgetriebes und der Seilzüge.
Bezüglich der Wärmeentwicklung kann es eng werden, was die vielen durchgebrannten Spulen bestätigen. Nach den Erfahrungen des Autors sind überwiegend Spulen des Festfeldes betroffen. Bei vielen Automatic-Modellen fehlt die Umschaltmöglichkeit auf 240 Volt (s. auch Abschnitt 3.1.1).
Wie bei den Netztransformatoren, liegen Temperaturen von 70^0 noch im grünen Bereich. Dass nicht mehr viel Luft bleibt, sieht man an den großen Lüftungsbohrungen unter dem Motor im Unterboden des Gehäuses. Eine dicke Decke unter dem Radio sollte vermieden werden.

Die Belastung der Festfeldspulen liegt bei normalen Strom- und Spannungswerten bei ca. 10 VA, die Leistungsaufnahme aus dem Netz steigt bei eingeschalteter Automatik um ca. 20 Watt, was auch an der fehlenden Umschaltmöglichkeit des Netztrafos liegt, er ist am Ende seiner Möglichkeiten (s. Abschnitt 3.1.1). Betreibt man ein so

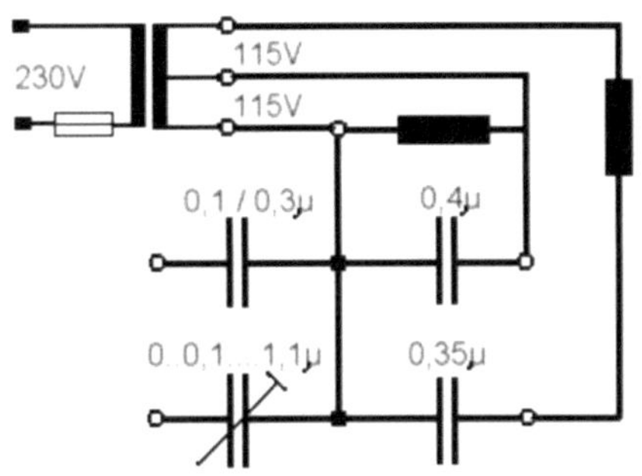

Anschluss der Motorspulen am Prüfstand

komplexes Radiogerät mit überhöhter Spannung, sollte man auch die Netzstabilität kennen bzw. überwachen. Diese ist regional unterschiedlich und kann vor allem in Gebieten mit großflächiger Solarstromgewinnung nach oben abweichen.

Mögliche Maßnahmen:
Die im Schaltplan angegebene Spannung zur Versorgung des Festfeldes (z.B. 235 Volt) sollte nicht überschritten werden. Ein Vorwiderstand schafft Abhilfe. Bei einer Reduzierung dieser Spannung von 238 auf 212 Volt in dem oben beschriebenen Versuchsaufbau zeigte sich keine messbare Reduzierung der Drehzahl des Motors. Eine Reduzierung des Festfeldkondensators von 0,35 µF auf 0,33 µF ist auch noch möglich. **Beide Maßnahmen reduzieren den Strom.**
Meistens findet man den Kondensator des Steuerfeldes ziemlich davongelaufen vor. Es kann aber, im Gegensatz zum Festfeld, keine Schädigung der Motorspulen geben. Der Kondensator sollte trotzdem ersetzt werden, man weiß ja nicht was er noch vorhat. Dieser Kondensator soll, sagt SABA, dem Steuerfeld zur Resonanz verhelfen. Der Parallelkreis ist jedoch so stark bedämpft, dass sich eine Feinabstimmung des Kondensators nicht so stark auswirkt, wie wir das von den im Abschnitt 1.4 beschriebenen Messungen kennen. Wir können zwar eine Motorspule nach dieser Methode – auf dem Tisch – auf das Resonanzverhalten prüfen, das Ergebnis wird allenfalls in der Nähe des Betriebsverhaltens liegen. Eine einzelne Spule steht in Wechselwirkung mit den anderen Spulen, der Wechselstromwiderstand ist auch von der Belastung der übrigen Spulen abhängig, so dass wir auch hier nur mit vergleichenden Messungen weiter kommen.

Die Liste mit möglichen Maßnahmen wird nicht länger, denn der Motor ist bezüglich des Drehverhaltens sehr robust. Das ist mit dem Verhalten von Oszillatoren zu vergleichen: Die wollen schwingen, man muss nur kontrollieren, ob sie richtig schwingen. Auch der Motor ist nicht zu bremsen: Er braucht die Wechselspannungen für die beiden Spulensätze und einen Phasenschieber-Kondensator. Im Prüfstand reicht das. Nur im Gerät eingebaut und betrieben, wird auch der Parallelkondensator des Steuerfeldes wichtig. Die Steuerwechselspannung kommt über die Motorröhre etwas hochohmig daher und würde an den Motorspulen ziemlich zusammenbrechen. Der Parallelkondensator befördert die beiden Motorspulen in die Nähe der Resonanz, wodurch deren Wechselstromwiderstand deutlich wächst, so dass die Steuerwechselspannung nun wirken kann. Man beachte die in diesem Abschnitt (10.4.1) **fettgedruckten** Hinweise.

Für den wichtigeren Kondensator des Festfeldes hat man auch mehr Geld ausgegeben, er ist in einem Aluminiumbecher verbaut. Das hat noch andere Gründe, die wir mit den folgenden Messungen am Prüfstand finden:

An der Serienschaltung des Phasenschieberkondensators und der Festfeldspulen liegen 233 Volt. An den beiden Spulen in Reihe messen wir **306 Volt~** und am Kondensator **426 Volt~**. Das wären ja eigentlich 732 Volt~.
Nun ist ein Ausflug in die Geheimnisse der Wechselstromtechnik fällig.

10.4.2 Ein kurzer Ausflug in die Wechselstromtechnik

Die Reihen- oder Parallelschaltungen von induktiven, kapazitiven und reellen Widerständen zählen zu den Klassikern der Wechselstromtechnik, deren Darstellung in keinem einschlägigen Lehrbuch oder Lexikon (7, 10) fehlt.

Wir versuchen zunächst mit den bereits erprobten Messungen weiter zu kommen. Die Eigenkapazität der Spulen (s. Abschnitt 1.4.1) liegt noch im zweistelligen pF-Bereich und kann in dieser Anwendung vernachlässigt werden. Hier ist auch festzustellen, dass die Induktivität durch die Magnetisierung des Eisens beeinflusst wird. Besser gelingt die Bestimmung der Induktivität der Spulen nach dem Resonanzverfahren bei verschiedenen Frequenzen.

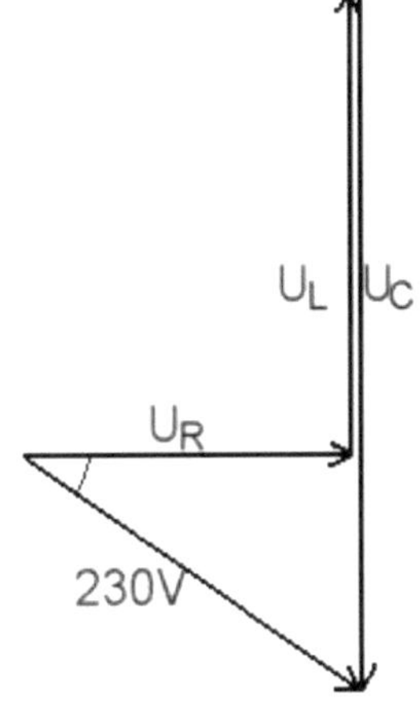

Wir haben es mit drei verschieden Widerstandsarten zu tun. Da ist zunächst der reelle Verlustwiderstand der Spulen (Kupfer- und Eisenverluste) zu nennen, den wir nicht kennen. Die Messung des Gleichstromwiderstandes der Spulen reicht nicht. Wir beschränken uns daher auf eine grafische Darstellung. Man kann die Spannungswerte beispielhaft mit dem Signal des Funktionsgenerators ermitteln. Das ist zu empfehlen, wenn man weniger Erfahrungen im Umgang mit hohen Spannungen hat. Man kann direkt am Gerät messen, das hat den Vorteil, dass keine Messschnüre mit blanken Klemmen auf dem Tisch herumliegen können. Das ist der Fall, wenn man mit einem Motorprüfstand arbeitet, aber man hat die Möglichkeit verschiedenes zu probieren. Die nebenstehende Skizze zeigt die Zusammenhänge der verschiedenen Teilspannungen im Stromkreis des Festfeldes bezüglich ihrer Werte. Man erkennt auch das beschriebene Problem des Serienresonanzkreises: Die Spannungen an den Spulen und am Kondensator wären gleich, U_R betrüge dann 230 Volt. Der Strom durch den Widerstand R würde entsprechend größer (Strommaximum bei Serienresonanz). Die hier ermittelten Spannungswerte am Kondensator und an der Spule des Festfeldes sind beispielhaft zu werten. Sie werden von der zugeführten Wechselspannung, die bei fehlender Umschaltmöglichkeit höher sein wird, wesentlich beeinflusst. Am Kondensator des Festfeldes können dann 500 Volt erreicht werden, was an der Grenze der

Spannungsfestigkeit des originalen Kondensators liegt.

Damit könnten wir mit dem Thema "Automatik" abschließen. Aber nur, wenn alle Motorspulen die Prüfung bestanden haben. Die Suchlauf-Motore sind über viele Jahre austauschbar, so dass ein Schrottchassis Ersatz bieten kann. Auch mit ebenfalls defektem Motor, denn ein bis zwei Spulen werden sicher noch brauchbar sein. Spulen des Lautstärkemotors können nicht als Ersatz verwendet werden. Im schlimmsten aller anzunehmenden Fälle muss eine Spule neu bewickelt werden. Aber auch das ist machbar.

10.5 Motorspulen neu wickeln

Die Demontage des Motors ist einfach, in wenigen Minuten zu bewerkstelligen. Man löst zwei Masseverbindungen, eine befindet sich am Mitnehmer zur Antriebswelle der Getriebekupplung, eine weitere verbindet den Motorsockel mit dem Chassis. Dann wird das Getriebe abgenommen (ausgenommen die 7er Serie, s. Abschnitt 10.1). Jetzt löst man den Statorblock mit den Spulen. **Im Bild** (rechts oben) weist eine Markierung (v) auf eine der acht Halteklammern der Spulen, die sich leicht entfernen lassen.

10.5.1 Die Spulenkörper

Dann haben wir es mit dem schwierigsten Teil der Prozedur zu tun: Die durchgebrannte Spule, die es zu entfernen gilt, sitzt möglicherweise fest auf dem Eisen. Das Material des Spulenkörpers ist spröde geworden und bricht leicht. Hat man den Spulenkörper schließlich auf dem Tisch, findet man eventuell an der Innenseite weggebrannte Stellen, was im **Bild rechts** zu sehen ist. Hier muss sich der Restaurateur etwas einfallen lassen, es gibt kein Patentrezept für eine Reparatur, weil die Schäden von Fall zu Fall anders aussehen. Ist die innere Struktur des Spulenkörpers noch halbwegs vorhanden, aber eine ausreichende Isolierung zum Eisen nicht mehr gewährleistet, verwendet der Verfasser das hauchdünne  Teflonband, dass Installateure zur Abdichtung von Gewinden verwenden. Dieses kann mehrlagig gewickelt werden.

Wer häufig Spulen wickelt, wird eine geeignete Vorrichtung beschaffen oder anfertigen. Das ist in unserem Umfeld eher unwahrscheinlich, man wird versuchen, mit vorhandenem Material zu arbeiten.

Die **Abbildung rechts** zeigt eine Anordnung, mit der Motorspulen erfolgreich gewickelt, bzw. vorher auch abgewickelt werden konnten. Ein Dremel als

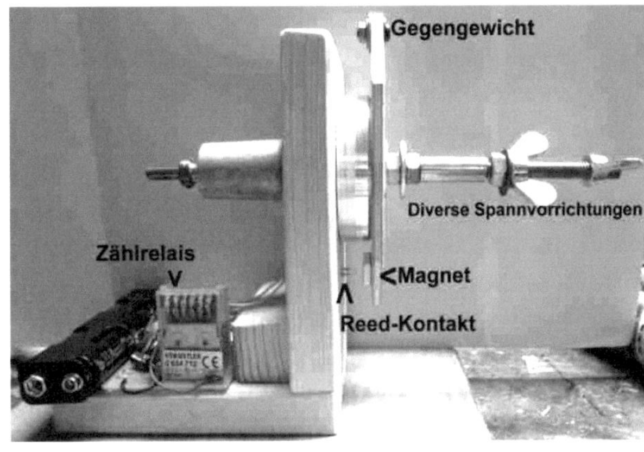

Antrieb, über eine Rutschkupplung (Kabelhülse) mit einem Lagerbock verbunden. Angeflanscht wurde eine Scheibe aus leichtem Holz, die Masse der Anordnung sollte gering gehalten werden.

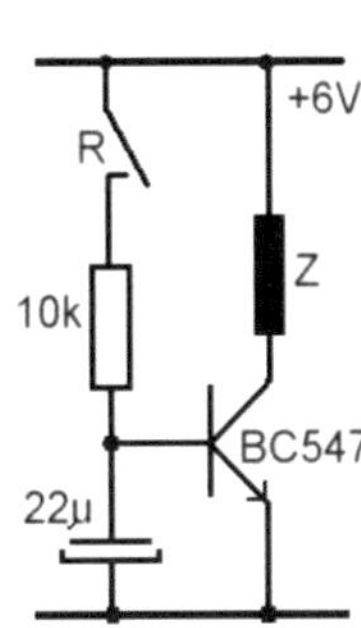

Auf der Scheibe ist ein Magnet mit einem entsprechenden Gegengewicht montiert. Ein Reed-Kontakt nimmt die Drehimpulse ab und treibt ein Zählrelais (s. im **Bild links**). Mit der Anordnung konnte mit einigen hundert Umdrehungen / Minute gewickelt werden. Die maximale Zählfrequenz des Relais (Hengstler 634 712) beträgt 10 Hz. Man wählt eine kleines Gebinde CuL-Draht 0,1 mm, damit die Masse der Vorratspule ebenfalls gering bleibt. Das ist bei einem plötzlichen Stopp wichtig.

Fertig ist man nach 5700 Windungen.

10.5.2 Anfang und Ende

der zu wickelnden Spule sind etwas mühsam zu handhaben. Man versucht zunächst die Isolierhülsen (gelb = innen, rot = außen) zu retten (s. im **Bild rechts**). Als Ersatz kann evtl. ein Schrumpfschlauch verwendet werden. Die Enden der Wicklung müssen zugentlastet und lötbar gemacht werden.pulendraht wird dazu zurück – und wieder

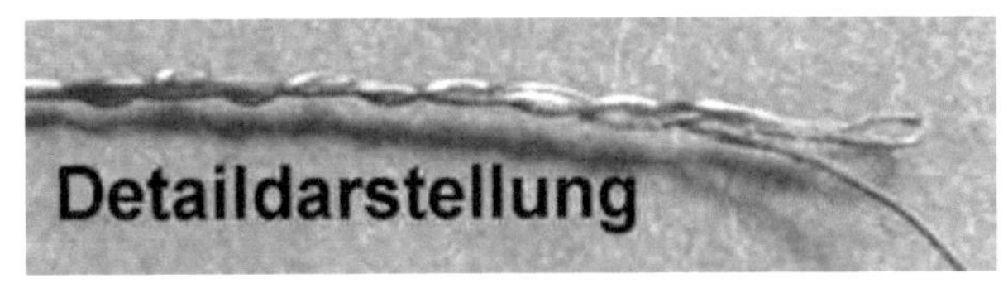

zum Ende geführt, so dass die Enden dreifach ausgeführt sind. Die Schleife wird verdrallt, wie im Bild sichtbar. Beim Verzinnen der Enden muss darauf geachtet werden, dass alle drei Adern erwischt werden.

10.5.3 Ergänzende Hinweise

Das Projekt "Motor reparieren " kann länger dauern. Im Bereich des Läufers sitzt ein winziger Ring auf der Welle, der Geräusche verhindern soll. Dieser sollte sofort sichergestellt werden, damit er nicht verloren geht. Am Beispiel einer Demontage der Antriebswelle für die Sendereinstellung folgt ein Beispiel für die Dokumentation bei komplexen Demontagen:

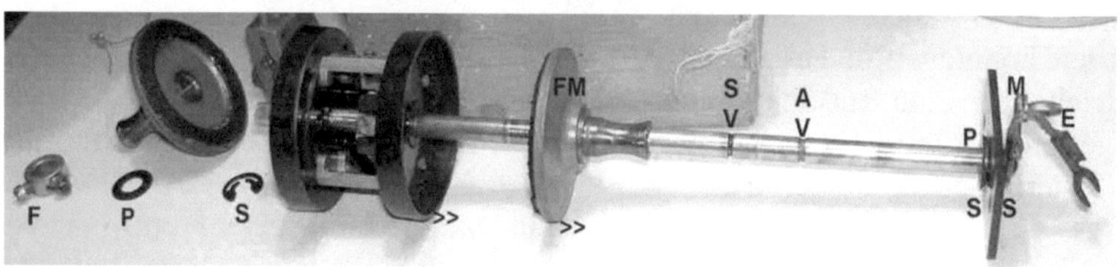

Man wird die Automatikfunktionen zunächst im UKW-Bereich herstellen, denn nur dort gibt es genügend, mit ausreichender Feldstärke einfallende Sender. Aber wir machen keine halben Sachen und prüfen den ...

Sendersuchlauf in den AM-Bereichen.

Dazu verwenden wir eines der im Abschnitt 1.5.1 gezeigten Kabel zum Einstreuen der Empfangsfrequenzen. Eine passende Suchspule, am Funktionsgenerator angeschlossen, eignet sich ebenfalls. Während die Einstellung der Automatikfunktionen im Mittelwellenbereich meist gelingt, ist das im Kurzwellenbereich nicht immer der Fall. Sender und Störungen liegen zu dicht beieinander. Spätestens hier wird die zitierte Aussage, dass es keine zwei gleichen Geräte gäbe (s. S. 176), verständlich.

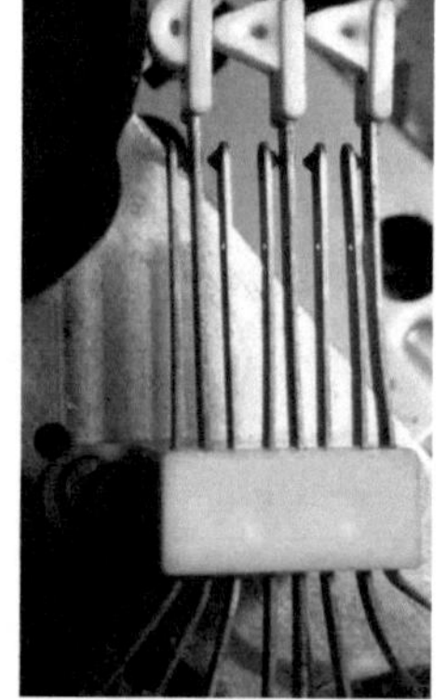

Es bleibt noch anzumerken, dass bei vielen Automatik-modellen der Empfang auf Mittelwelle schwach oder gar nicht möglich ist. Das liegt meistens an dem robust aussehenden, neben der Ferritantenne montierten, Kontaktsatz (siehe im **Bild rechts).**

Auf die unbedingt erforderliche Prüfung aller im Schaltplan vermerkten **Spannungen und Ströme** wird in diesem Abschnitt nicht immer hingewiesen, weil dies als eine im ersten Band grundsätzlich abgehandelte Voraussetzung betrachtet wird.

Anhang A   Stichwortverzeichnis

Anhang B

Literaturverzeichnis der herangezogenen Quellen

1) **TELEFUNKEN Laborbuch Band 1** (TELEFUNKEN GMBH, Ulm/Donau 1962) Format: 11cm x 15,5cm, 405 Seiten

2) **TELEFUNKEN Laborbuch Band 2** (TELEFUNKEN GMBH, Ulm/Donau 1962) Format: 11cm x 15,5cm, 384 Seiten

3) **Röhren-Handbuch** von Ing. Ludwig Ratheiser (Franzis Verlag München / Technischer Verlag Erb Wien, 1955) Format: 22cm x 30cm, 296 Seiten

4) **Elektronenröhren und ihre Schaltungen** von Martin Kulp (Vandenhoeck & Ruprecht, 1961)

5) **FUNKSCHAU** Ausgaben der 50er Jahre (s. im Text)

6) **FUNKSCHAU 1960: Funktechnische Arbeitsblätter** Mv01: Phasenmessung mit Lissajous-Figuren (3. 1960)

7) **Zweikreis-Empfänger** (H. Sutaner, 1959 Franzis Verlag München) erschienen in der "radio PRAKTIKER bücherei" Format: 12 x 17,5 cm, 65 Seiten

8) **Taschenbuch der Elektrotechnik** (Kories / Schmidt-Walter, 2006) Verlag Harri Deutsch GmbH, Format: 14,5 x 20cm, 752 Seiten

9) **Pu 40: Der Schwingkreis** SIEMENS AG 1973 (Programmierte Unterweisung)

10) **MEYERS ENZYKLOPÄDISCHES LEXIKON** in 25 Bänden (1978)

11) **Nachrichtentechnik** kurz und bündig (E. Pohl) Vogel Verlag 1975

12) **Wikipedia:** http://de.wikipedia.org/wiki/Quarzoszillator und: http://www.axtal.com/data/buch/Kap6.pdf (Stand 2013)

13) **Taxliste** Ausgabe 11, Franzis-Verlag München 1963/64 (Bewertungsliste für gebrauchte Rundfunk-, Fernseh- und Tonbandgeräte)

Weiterführende Literaturempfehlungen

(L1) Telefunken Laborbuch Band 3

(L2) FUNKSCHAU 1960: Funktechnische Arbeitsblätter Mv02:Bestimmung des Frequenzverhältnisses (und des Phasenwinkels) zweier Spannungen mit Lissajous-Figuren.

(L3) FUNKSCHAU 1958: "Die Berechnung von Drosseln, Netztransformatoren und Nf-Übertragern" (Otto Limann)
http://www.radiomuseum.org/forumdata/users/5100/Drosseln_Netztrafos_Uebertrager_O
L_rm_v10.pdf

(L4) Nf–Ausgangsübertrager für Röhren–Endstufen (1)
http://www.radiomuseum.org/forumdata/users/72/file/Ausgangsuebertrager_v11.pdf

(L5) Einsatzmöglichkeiten des 1 MHz Quarzoszillators.
http://www.radiomuseum.org/forum/1_mhz_am_oszillator_teil_2.html

(L6) Ferrarismotor
http://de.wikipedia.org/wiki/Ferrarisläufer

Es ist geplant, weitere der hier aufgeführten Beiträge aus der Fachliteratur über die im Vorwort gezeigte Internetpräsenz des Verfassers zugänglich zu machen. Die hier aufgeführten Verweise auf Webseiten (URL) können dann dort direkt angeklickt werden.

Die aktuellen Ausgaben der **FUNKSCHAU** findet man unter: **www.funkschau.de**

Radios von Gestern
Ernst Erb, Verlag: Vth;.; 5., Aufl. Großformat, 456 Seiten
ISBN: 978-3-88180-866-8

Radiokatalog I
Ernst Erb, Verlag: Vth; 2. Auflage. Großformat, 400 Seiten
ISBN: 978-3-88180-686-2

Radiokatalog II
Ernst Erb, Verlag: Vth; 1. Auflage, Großformat, 400 Seiten
ISBN: 978-3-88180-652-7

Umfassende technische Informationen und Schaltbilder von ca. 240. 000 Radios
(Stand: 2013) findet man im **virtuellen Radiomuseum** (ca.12.500 Mitglieder).
Hier sind auch Ihre Beiträge gefragt und willkommen.

Mehr als 2.000 Mitglieder (2013) lesen die "Funkgeschichte" von der

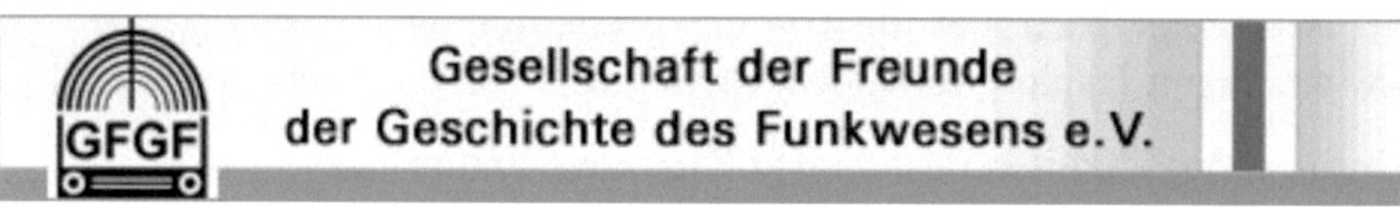

www.gfgf.org

Bezugsquellen
Der Verfasser deckt seinen Bedarf an Bauteilen seit Jahrzehnten vorzugsweise bei
www.bürklin.de und www.conrad.de

Eine vollständige Liste mit Bezugsquellen zu erstellen ist unmöglich. Man findet
diese über das Internet, auch bei Ebay gibt es seriöse Quellen für Rundfunkröhren.

Röhrenfreunde, die nicht nur Radios im Sinn haben, werden bei www.btb-elektronik
fündig.

Anhang C: Sicherheitshinweise

Aus: **Radios der 50'er Jahre** Restauration, Wiederinbetriebnahme und Reparatur

Die Radios der 50er und 60er Jahre entsprachen zum Zeitpunkt des "in Verkehr bringens" den einschlägigen Vorschriften zur elektrischen Sicherheit für Rundfunkgeräte, würden aber heute kaum in dieser Form auf den Markt gebracht werden können, weil sie den heutigen Vorschriften zur elektrischen Sicherheit nicht mehr genügen. Aber die Haftung der Hersteller zur Produktsicherheit (Produkthaftung) ist erloschen (verjährt).

Die Inbetriebnahme alter Radios erfolgt also auf eigene Gefahr.

Früher wusste jeder um den Umgang mit diesen Geräten, heute ist das vermutlich in Vergessenheit geraten. Achten Sie daher bei der Aufstellung auf einen Abstand zur Wand, die Luft muss durch die Geräterückwand zirkulieren können. Denken Sie immer daran, dass im Gerät hohe Temperaturen auftreten und sich die Gehäuse erwärmen, ganz besonders bei den kleinen Radios. Lassen Sie das Gerät niemals bei Abwesenheit eingeschaltet. Ziehen Sie bei längerer Abwesenheit den Netzstecker, bzw. benutzen Sie für Ihre Röhrenradios grundsätzlich eine schaltbare Steckerleiste (manche Radios werden mit dem eingebauten Netzschalter nur einpolig vom Netz getrennt). Jahrzehnte alte Bauteile können unter ungünstigen Umständen "abfackeln", bevor sie ihren Geist aufgeben.

Wenn es sich um einen ersten Versuch der Inbetriebnahme bei einem noch unbekannten Gerät handelt, ist Vorsicht geboten. Mehr als 40 Jahre alte Bauteile können nicht bemerkbare Fehler haben. Kondensatoren können Partikel der Vergussmasse ausstoßen, im Extremfall explodieren (auch Folienkondensatoren!) Elektrolytkondensatoren haben ein Ventil zum Ausstoß des Elektrolyts. Eine Schutzbrille gehört daher zur Ausstattung des Reparaturplatzes. (Sie muss unbedingt aufgesetzt werden, wenn am offenen Gerät unter Spannung gearbeitet wird. Erst nach mehrstündigem erfolgreichen Dauertest des technisch generalüberholten Gerätes wird das Risiko geringer.)

Achten Sie besonders darauf, dass die vorschriftsmäßigen Sicherungen im Gerät verwendet werden, Flohmarktgeräte sind gelegentlich mit Draht oder stark überhöhten Werten "gesichert".

Unter ungünstigen Umständen kann dies zu einem Brand führen!

Der Laie, der nicht in der Lage ist die wichtigsten Ströme und Spannungen zu messen, darf nicht versuchen ein Gerät, bei dem die Sicherung auslöst, in Betrieb zu nehmen.

Bei den meisten Geräten lässt sich die Rückwand ohne Verwendung von Werkzeugen abnehmen. Stellen Sie sicher, dass dies Ihre Kinder nicht entdecken.

Bei Geräten mit U-Röhren (deren Bezeichnung mit dem Buchstaben "U" beginnt) ist besondere Vorsicht geboten: Es handelt sich um sog. Allstromgeräte, die sowohl mit Wechselstrom als auch mit Gleichstrom betrieben werden können. Ein Relikt aus früheren Zeiten. Es gibt keine Entkopplung von der Netzspannung.

Hier darf der Laie niemals den Stecker bei abgenommenen Schutzdeckeln einstecken.

Nehmen Sie niemals ein Ihnen noch unbekanntes Gerät in Betrieb, solange Sie nicht wissen, ob es sich um ein Allstromgerät handelt. Hier müssen unbedingt die Isolierungen aller Befestigungsschrauben und auch die Madenschrauben der Drehknöpfe überprüft werden. Kein von außen berührbares Metallteil darf mit dem Chassis Kontakt haben. Bei Flohmarktgeräten ist mit solchen Sicherheitsmängeln zu rechnen, weil manchmal zugunsten des äußeren Eindrucks unsachgemäß geflickt wurde. PHILETTA's sind sowohl begehrte Flohmarktgeräte als auch typische Allstromgeräte.

Bei diesen Geräten sollten Sie unbedingt den Netzstecker ziehen, wenn das Gerät nicht in Betrieb ist und "kleine" (setzen Sie die Grenze nicht zu niedrig an) Kinder im Haus sind. Die Verwendung von Kindersicherungen an den Steckdosen sollte ohnehin selbstverständlich sein.

Aber auch bei einigen kleinen Wechselstromgeräten wurde manchmal aus Kostengründen auf einen Transformator für die Hochspannung verzichtet, sodass dieses Gefahrenpotential nicht allein an den U-Röhren erkennbar ist. Man kann den mit dem Chassis verbundenen Kontaktstift des Netzsteckers kennzeichnen und den Stecker immer so einstecken, dass der Null-Leiter (der ebenfalls gekennzeichneten Steckdose) mit dem Chassis verbunden ist.

Obwohl die Anschlusskabel der Radios meistens mit einem Schuko-Stecker nachgerüstet wurden, darf der Schutzkontakt nicht angeschlossen werden.

Die in einem Radio erzeugte Anodengleichspannung kann in bestimmten Betriebszuständen mehr als 350 Volt betragen. Daher muss sehr konzentriert gearbeitet werden. Arbeiten Sie niemals unter Zeitdruck oder Ablenkung, wenn der Netzstecker eingesteckt oder das Gerät eingeschaltet ist. Auch der Autor dieser Anleitung bekommt hin und wieder "einen gewischt", trotz aller Vorsichtsmaßnahmen (durch die schutzgeerdete Arbeitsleuchte zum Beispiel). Benutzen Sie nach Möglichkeit 12 Volt Halogenleuchten ohne schutzgeerdete Teile. Sorgen Sie dafür, dass der gesamte Arbeitsplatz stromlos ist, wenn Sie diesen verlassen, auch bei sehr kurzfristiger Abwesenheit.

Nicht umsonst ist auf der Rückwand fast aller alten Radiogeräte der folgende Hinweis zu finden:

Vor Abnehmen der Rückwand Netzstecker ziehen!

Nur der Fachmann weiß, was er berühren darf und was nicht. Nur der Fachmann ist in der Lage, die Gefährdungen auszuschließen und auch ein Messgerät mit Schutzleiterverbindung so anzuschließen, dass der Fehlstromschalter nicht auslöst. Auch wenn die Chassis der meisten Wechselstromgeräte von der Netzspannung entkoppelt sind, kann man sich – wegen möglicherweise defekter Bauteile – darauf nicht verlassen.

Prüfen Sie daher auch bei Wechselstromgeräten, ob das Chassis Verbindung mit dem Stromnetz hat. Dazu reicht ein üblicher Spannungsprüfer, wobei der Netzstecker auch "andersherum" eingesteckt, also umgepolt werden muss.

Bei vielen Geräten liegt die Primärwicklung ein- oder beidseitig am Chassis, typischerweise über einen 5 nF Kondensator. Diese Kondensatoren sind sehr häufig defekt. Man kann diesen Kondensator auch ersatzlos weglassen, wenn ein geeigneter Ersatz (mit hoher Wechselspannungsfestigkeit!) nicht beschaffbar ist. Bei älteren Geräten liegt der Empfängereingang u. U. über einen Kondensator direkt am Netz – die so genannte Netzantenne. Auch dieser Kondensator muss sorgfältig geprüft werden.

Anhang D
Über das Internet erreichbare Ergänzungen zum ersten Band
www.radios-der-50er-jahre.de

Inhaltsverzeichnis, Stand 2014:

Bauteile:
Schirmung eines (Koppel-) Kondensators
Reparaturen am Lautsprecher (11/2008 ergänzt)
Reparatur eines Flachgleichrichters (5/2007 ergänzt)
Kondensatoren wechseln
Abnutzung eines Saphirs
Leuchtwinkel der Abstimmanzeigeröhren (1/2007)
Reparaturen an Bandfiltern (08/2010 ergänzt)
Prüfen und Reparatur des Drehkondensators (4/2008)
Netzschalter: Ersatz eines Saba Seilzugschalters (im RMorg - 1/2012)

Baugruppen:
Justierungen am GRUNDIG Stationsspeicher (1954/55)... (7/2008)
Reinigung des LOEWE-OPTA UKW-Tuners
Ausbau der SABA- Getriebekupplung
Ausgangstrafo im SABA Freiburg 9: Defekt und Reparatur (im RMorg - 12/2010)
Einfache Messungen am Netztransformator (im RMorg - 9/2011)

Technische Besonderheiten:
Der SABA-Sendersuchlauf, weitere Hinweise
Der Motor der SABA-Automatic: Analyse und Reparatur (im RMorg - 1/2010)
Der Motor der SABA-Automatic: Spulen wickeln (im RMorg - 6/2010)
Die Motorelektronik im Konstanz Automatic 8 (im RMorg - 8/2011)
Das TEFI Schallbandsystem (im RMorg)
Philips: Anmerkungen zur eisenlosen Endstufe (im RMorg - 6/2011)

Geräte:
PHILIPS Capella 673A - ein Restaurationsbeispiel
Anmerkungen zur Schatulle M57 (im RMorg - 3/2009)
Schatulle H42 - zwei Versionen (im RMorg - 12/2009)
Stern-Sonneberg Erfurt 4 - eine kritische Würdigung (im RMorg)
PHILIPS Philetta B2D33A - Hinweise zur Restauration (im RMorg - 3/2010)
Wiederinbetriebnahme eines hochwertigen Gerätes und Vorbereitung ... (1/2008)

Schaltungstechnik:
Brummkompensation (12/2008)
Schaltungsbeispiele
Übung: Schaltplan lesen, analysieren (10/09)
Übung: Beschreibung eines 5-stufigen Tonverstärkers (im RMorg - 08/2011)

Fehler suchen:
Kein Empfang im UKW-Bereich (2/2007)
Noch einmal die Ersteinschaltung: Das Gerät unbekannter Herkunft, kein Ton, es
raucht, usw... (3/2007) und Teil 2:
Signalverfolgung - von der Ersteinschaltung zur Kür (12/2008)
Verborgene Fertigungsfehler bei schwallgelöteten Platinen. (4/2007)
Verbastelt oder nicht verbastelt? (3/2007)
Spurensuche (10/2010)
Ersteinschaltung: Nützliche Utensilien (im RMorg - 1/2010)

Verschiedenes, Hinweise:
Der sichere Umgang mit Allstromgeräten
Tip(p)s aus der FUNKSCHAU der 50er Jahre (12/2009)
Diverse, alternative bzw. ergänzende Tipps (3/2009)
Fundstellen (ab 04/2008)
Hinweise von Lesern (ab 11/2007)

Einige Beiträge gehen auf Leserfragen zurück, andere wurden in dem vorliegenden
Band 2 berücksichtigt.

Die Verknüpfungen zum RMorg werden am Bildschirm sichtbar.

Anhang E

Anhang E enthält Beiträge, die den Seminaren zugeordnet werden können, sie sind eher als Ergänzungen zum ersten Band zu verstehen.

E1: Der einfache Tonverstärker

Die Abbildung zeigt den Nf-Verstärker eines Gerätes mit Standardröhrenbestückung.

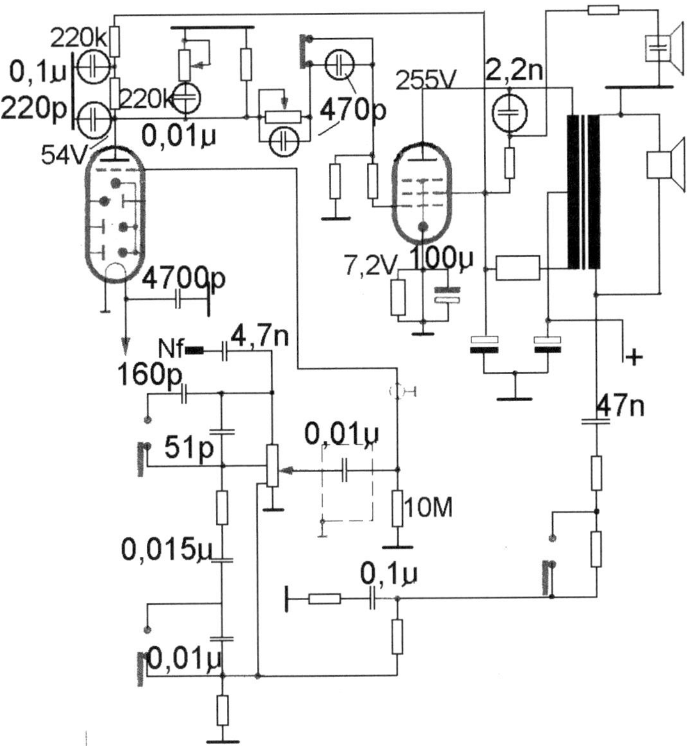

Die Klangformung findet im Signalweg zwischen beiden Röhren und im Gegenkopplungsweg statt. Das entspricht dem im Abschnitt 4.3.1 d dargestellten Schema.

Die Kondensatoren im Bereich der Anodenspannung sind mit einem Kreis markiert. Diese sollten, sofern es sich um Papierkondensatoren (Wickel) handelt, aus Sicherheitsgründen ersetzt werden. Die Kondensatoren im unteren Bereich des Schaltbildes dienen der Klangformung. Wenn man mit dem Klang zufrieden ist, kann man diese Kondensatoren belassen. Bei komplexeren Klangregelnetzwerken ist ein Ersatz auch dieser Kondensatoren zu empfehlen.

Wie mühsam auch die Suche nach einfachen Fehlern in einer Werkstatt
anno 1955 sein konnte, zeigte der folgend wiedergegebene Beitrag aus der
FUNKSCHAU Heft 6 / 1955:

Verzerrung in einer Niederfrequenzstufe

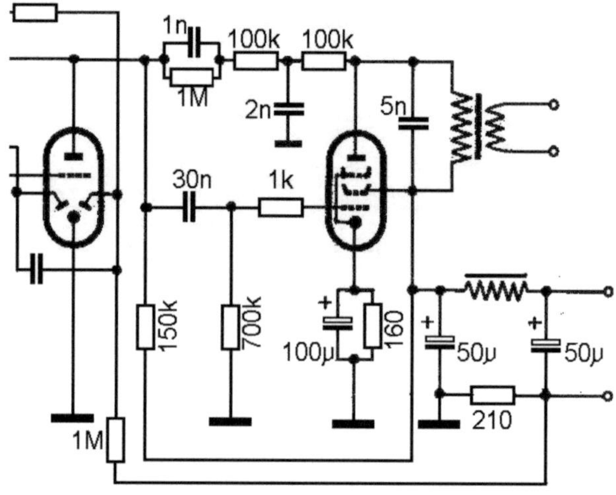

Bei einem Mittelklassensuper wurde folgender Fehler beanstandet: Wenn man Zimmerlautstärke einstellte, hatte man, trotz offener Tonblende (s. Bild), den bekannten „Kellerton", und bei größerer Lautstärke verzerrte das Gerät ganz eigenartig.

Die Fehlersuche begann mit der Überprüfung der Endröhre und der Niederfrequenztriode. Beide Röhren waren in Ordnung. Es bestand ferner die Vermutung, daß die Endröhre vielleicht noch einen Vakuumfehler besaß, der erst nach längerer Betriebszeit auftritt. Die Röhren wurden ausgewechselt, jedoch ohne Erfolg. Versuchsweise wurde ein anderer Lautsprecher mit Übertrager angeschlossen. Anschließend wurden sämtliche Spannungen gemessen, auch der Katodenkondensator und der Kopplungskondensator wurden überprüft.

Bei der Nf-Triode stimmten ebenfalls alle Spannungen. Die Röhren wurden aus den Fassungen herausgezogen und die Isolationswiderstände der einzelnen Anschlüsse wurden gemessen. Auch hier war jedoch alles in Ordnung. Nun blieb nichts anderes übrig als sämtliche Kondensatoren und Widerstände einzeln zu prüfen. Dabei stellte sich folgendes heraus: Der Arbeitswiderstand der Triode, 150 kΩ, war schadhaft, die Triode bekam aber über die Gegenkopplungswiderstände doch die Spannung von der Anode der Endröhre! Hierbei wirkten die Widerstände 1 MΩ und 100 kΩ als Arbeitswiderstand für die Triode, wobei der 1-MΩ-Widerstand mit 1 nF überbrückt wurde. Deshalb hatte das Gerät bei Zimmerlautstärke einen dumpfen Ton. Bei größerer Lautstärke aber wirkte die Gegenkopplung, und es trat die eigenartige Verzerrung ein.

Nach Beseitigung des Fehlers arbeitete das Gerät wieder einwandfrei. Da in den meisten Fällen die Reparaturwerkstätten die Spannungen mit einem Multizett, UVA oder einem Multavi an den Geräten messen, wäre es ratsam, in solchen Fällen die Gegenkopplung abzulöten und dann nochmal zu messen. In diesem Fall hatte man damit bei der Fehlersuche Erfolg.

E2: Tonwiedergabe im TA-Betrieb

An den Tonabnehmer-Eingang wurden Platten-spieler oder Tonbandgeräte angeschlossen. Es gab jedoch noch keine Plattenspieler mit magnetischen Systemen, die eine geringere Signalspannung abgeben und einen so genannten Entzerrer-Vorverstärker brauchen.

Wir möchten vielleicht einen mp3-Spieler anschließen. Da wird zuerst ein Adapter erfor-derlich, den man bei HSE Schmidt Elektronik (www.hse-radio.de) beziehen kann.

Der Lautstärkesteller muss dabei wesentlich weiter aufgedreht werden, was zunächst kein Problem darstellt. Aber dann funktioniert die gehörrichtige Lautstärke nicht so, wie vorgesehen. Wir können das mit den Klangstellern einigermaßen ausgleichen.

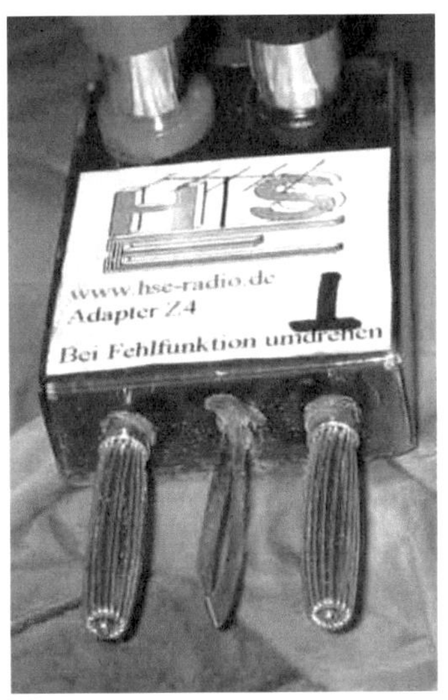

Zum Betrieb eines modernen Plattenspielers sollten wir einen Entzerrer-Vorverstärker benutzen. CONRAD bietet einen Vorverstärker an, der sowohl mit, als auch ohne Entzerrer arbeitet. Das heißt, auch als Mikrofon- oder mp3-Vorverstärker genutzt werden kann.

In der FUNKSCHAU 1955 Heft14 ist eine leicht nachbaubare Schaltung der Firma ELAC abgedruckt (s. im **Bild rechts**). Die Entzerrerschaltung zwischen beiden Röhren kann für den Mikrofon / mp3 – Betrieb über-brückt werden. Die Strom-aufnahme beträgt nur wenige mA.

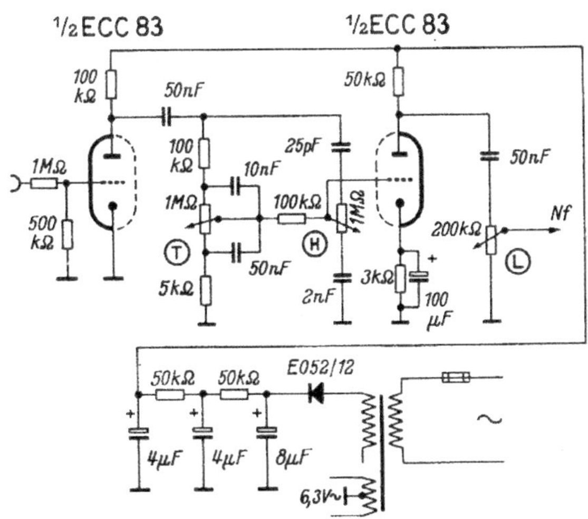

Bild 3. Die Schaltung des Vorverstärkers PV 1 der Electroacustic GmbH, Kiel

E 3 Kein Empfang im UKW-Bereich – alles andere funktioniert

so lautet eine relativ häufige Feststellung von noch weniger erfahrenen Radiofreunden, die dann als Frage nach der möglichen Ursache per email formuliert – oder in einem Forum veröffentlicht wird. Meistens fehlen weitere aufschlussreiche Angaben, bzw. werden diese schrittweise nachgereicht, was eine zielführende online-Beratung erschwert. Zu diesen Angaben zählen zum Beispiel:

Was hört man aus dem Lautsprecher in Abhängigkeit von der Betätigung des Lautstärkestellers und der Senderwahl (über den gesamten Bereich!)? In welcher Weise reagiert die Abstimmanzeige? Welche Messgeräte sind vorhanden? (Und schlimmstenfalls: Riecht oder raucht es, wenn ja wo?)

Die in folgender Reihenfolge vorgeschlagenen Maßnahmen richten sich vor allem an den technisch noch weniger erfahrenen und messtechnisch einfach ausgestatteten Radiofreund(in). Daher wird hier auch nicht auf die Problematik eines eventuell erforderlichen Nachgleichs nach Reparaturen der Schaltungstechnik im Hf-Bereich eingegangen, es geht hier lediglich darum, die grundsätzliche Funktion im UKW-Bereich wieder herzustellen, bzw. die noch offenen Fragen möglichst präzise stellen zu können.

1. Die UKW Röhre(n) wird zuerst als mögliche Ursache gegen eine Referenzröhre getauscht. Die Oszillatortriode hat einen relativ hohen Anodenstrom und ist daher auch eher von Ausfällen betroffen. Weitere einfache Prüfungen: Glüht der Heizfaden, bzw. wird die Röhre *(die Röhren)* warm?

2. Störungen der Mechanik und des Antenneneingangs Spätestens jetzt muss geprüft werden, ob die Bewegung des Abstimmknopfes auch am Drehkondensator bzw. am Spulenvariometer ankommt, ob sich diese Teile auch wirklich bewegen *(Prüfungen im Bereich der Mechanik werden besser bereits im Zuge der Reinigungsarbeiten, vor dem ersten Einschalten des Gerätes durchgeführt)*. Die gut sichtbare und unkomplizierte Leitungsführung des Antennenkabels von der Eingangsbuchse zum UKW-Tuner kann eigentlich nur durch Gewalteinwirkung zu Schaden gekommen sein. Der Vollständigkeit halber sei darauf hingewiesen, dass bei fehlendem Antennensignal der UKW-Tuner stumm bleibt.

3. Dann prüft man die dem UKW-Tuner zugeführte Anodenspannung, die an den Anschlüssen am UKW-Kästchen *(außen)* gemessen werden kann. Es gibt nur wenige Anschlüsse: Heizspannung 6,3 Volt~, Anodengleichspannung, Zf-Ausgang *(geschirmt)* und Antenneneingang, so dass man den richtigen Anschluss auch ohne Stromlaufplan *(Schaltbild)* findet. Die Masseverbindung wird meistens durch ein Erdungsband *(gelötet)* hergestellt. Die Heizspannung kann durch einen

Blick auf den Heizfaden oder durch Anfassen des Glaskolbens geprüft *(natürlich auch gemessen)* werden. Fehlt die Anodenspannung, so kommt der entsprechende Tastenkontakt oder ein in Reihe liegender Widerstand als Ursache in Frage. Ist der Widerstand durchgeschmort, muss vor weiteren Maßnahmen die Ursache für dessen Tod *(ein Kurzschluss?)* gefunden werden *(das gilt grundsätzlich für alle Widerstände im Bereich der Anodengleichspannung)*.

4. Prüfen des Oszillators *(man kann die Reihenfolge der Maßnahmenvorschläge 3. und 4. auch umkehren)* Ein nicht schwingender Oszillator zählt zu den häufigsten Ursachen, wenn auch beim Durchdrehen des Drehknopfes absolut kein Geräusch feststellbar ist. Lautes Krachen beim Durchdrehen deutet auf einen schwingenden Oszillator hin, dessen Funktion durch Plattenschlüsse oder verschmutzte Schleifkontakte des Drehkondensators beeinträchtigt wird. Der Nachweis der Oszillatorschwingung mit einfachen Mitteln kann wie folgt erreicht werden: Stellen Sie das zu prüfende Radio auf eine Empfangsfrequenz von 90 MHz ein. Nehmen Sie ein *(Taschen)*-Radio, und suchen Sie im Bereich 100 bis 101 MHz nach einem unmodulierten Signal, der Abstimmanzeiger des kleinen Radios muss ausschlagen. *(Die Oszillatorfrequenz liegt – mit wenigen Ausnahmen – um 10,7 MHz über der Empfangsfrequenz)*. Glauben Sie das Signal gefunden zu haben, drehen Sie zur Bestätigung an dem Radio mit defektem UKW-Bereich den Abstimmknopf etwas hin und her. Schwingt der Oszillator, kann eigentlich nicht viel fehlen. Schwingt der Oszillator nicht – und die UKW-Röhre ist in Ordnung, kommen folgende Ursachen in Frage: Jemand hat den Oszillatorkreis so stark verstellt, dass dieser nicht anschwingen kann oder sehr weit verschoben schwingt. Neben Kontaktproblemen liegt die Ursache für einen nicht schwingenden Oszillator oft an den Trimmerkondensatoren, keramische Kondensatoren können leicht Schäden durch mechanische Einflüsse erleiden, und so weiter, die Liste würde nun etwas länger werden, nun wird auch das Öffnen des UKW-Kästchens unumgänglich. Vom Versuch des Nachweises der Oszillatorschwingung im UKW-Bereich durch den Anschluss eines Messgerätes sollte der Anfänger Abstand nehmen.

5. Nun müssen wir das UKW-Kästchen öffnen - sofern wir es nicht mit einem UKW-Tuner in offener Bauweise *(z.B. bei einer Philetta)* zu tun haben. Spätestens jetzt brauchen wir den Stromlaufplan. Zuerst sollte man jetzt prüfen, ob die Anodengleichspannung auch wirklich an den Anoden der UKW-Röhre(n) ankommt. Fehlt diese, untersucht man die involvierten Kontakte, Widerstände und Kondensatoren. Das Spulenvariometer oder der Drehkondensator könnte auch einen mechanischen Defekt haben Es sei nochmals sei darauf hingewiesen, dass allein eine Verschmutzung von Bauteilen im Hf-Bereich als Ursache von

Störungen in Frage kommen kann.

Der folgend abgebildete Schaltplan zeigt die wichtigsten Prüfstellen.

(K1) Hier wird die Anodenspannung zwischen AM-Oszillator (schwingt nicht im FM-Betrieb) und UKW-Tuner umgeschaltet.

(K2) Umschaltung AM / FM

(12) Hier wird die dem UKW-Tuner zugeführte Anodenspannung gemessen, sofern K1 in der UKW-Position steht.

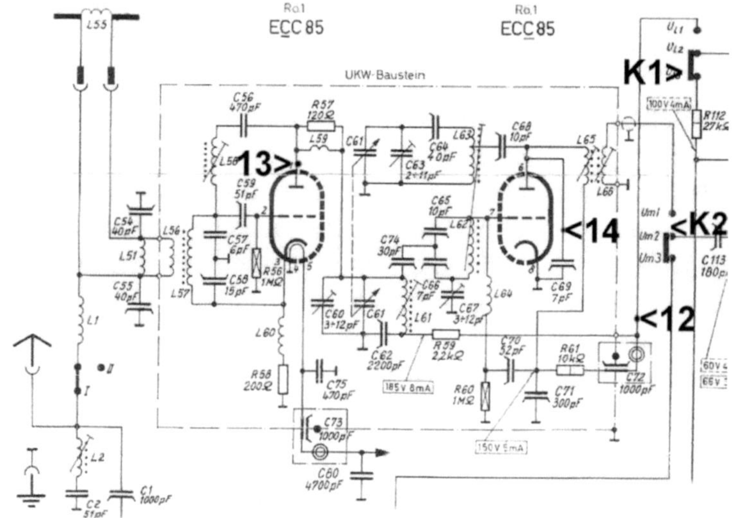

(13) und **(14)** Wenn der UKW-Bereich immer noch stumm bleibt, der Oszillator eventuell nicht schwingt, muss in den meisten Fällen das Kästchen geöffnet werden. Man prüft, ob die Spannungen auch wirklich an den Anoden ankommen.

(Auszug aus den im Anhang D aufgelisteten Ergänzungen zum ersten Band)

1960:

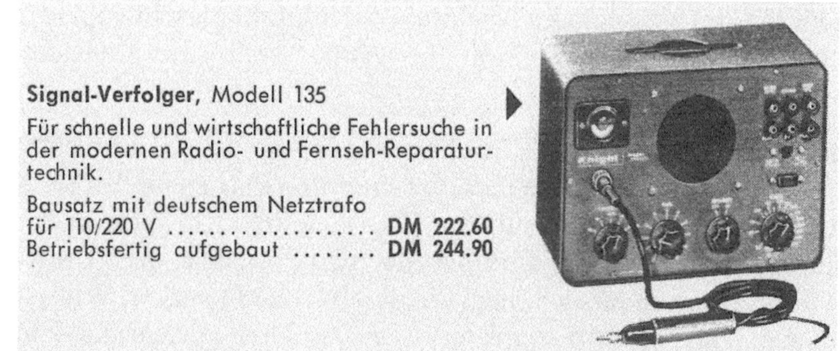

E 4 Messpunkte im Zf-Verstärker

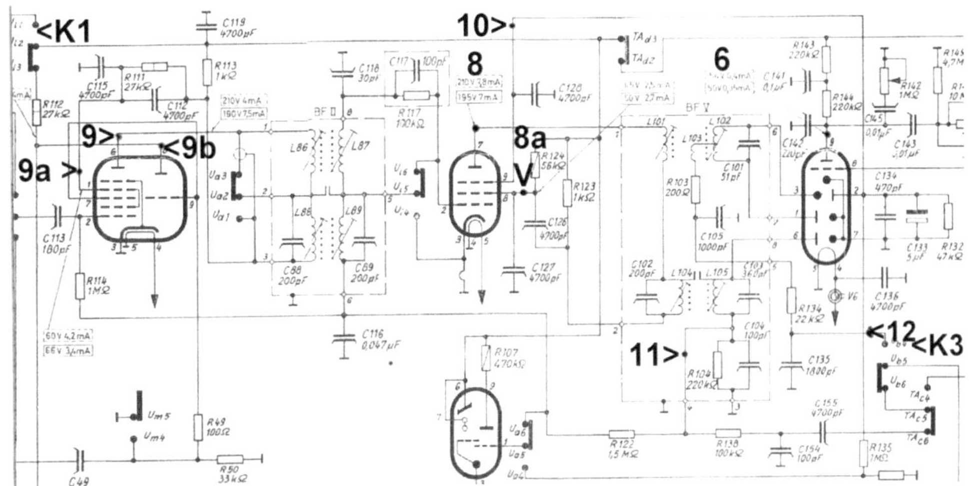

(8), **(8a)**, **(9)**, **(9a)** An den Zf-Röhren werden die Gleichspannungen an den Anoden und an den Schirmgittern gemessen. Dies gilt auch für eine eventuell vorhandene weitere Zf-Röhre. An den Anoden der Zf-Röhren **(8)** und **(9)** kann auch die der Gleichspannung überlagerte Zf nachgewiesen werden. Dazu ist ein Oszilloskop erforderlich. Man stellt den Tastkopf des Oszilloskops auf die hochohmige Position (Faktor 10), um den Zf-Kreis nicht zu sehr zu belasten. Trotzdem wird dieser durch den Tastkopf verstimmt, ein eventuell empfangener Sender verstummt. Im AM-Betrieb kann auf diese Weise auch die Oszillatorschwingung an der Anode der Triode **(9b)** nachgewiesen werden. Im FM-Bereich wird dies nicht gelingen, weil der Oszillator infolge der Verstimmung durch den Tastkopf aussetzt. **(9b)** Hier misst man die Anodenspannung an der AM-Oszillatorröhre, vorausgesetzt, **K1** befindet sich in der Position eines AM-Bereiches.

(10) Hier liegt die (negative!) Regelspannung im FM-Bereich. **(11)** Hier wird die (negative!) Regelspannung mit überlagerter Tonfrequenz der AM-Bereiche gemessen. **(12)** Hier misst man die Tonfrequenzspannung im FM-Bereich.

Schlechte Tastenkontakte sind eine häufige Ursache für fehlende Spannungen. Man misst daher zweckmäßig bei der Fehlersuche auch an den Anschlussstiften der Kontakte! **(K1)** Hier wird die Anodenspannung zwischen AM-Oszillator (schwingt nicht im FM-Betrieb) und UKW-Tuner umgeschaltet. **(K3)** Hier wird der Signaleingang des Tonverstärkers zwischen dem FM-Signal und den AM-Signalen umgeschaltet.

(Auszug aus den im Anhang D aufgelisteten Ergänzungen zum ersten Band)

E 5 Reparaturen an Bandfiltern ...

...sind bei den Radios der 50er und 60er Jahre selten erforderlich. Die Filter sind gut geschützt in einem Gehäuse untergebracht, es werden hochwertige Styroflex- oder Keramikkondensatoren eingesetzt. Eventuelle Kapazitätsveränderungen sind so gering, dass diese durch die veränderliche Induktivität der Spulen ausgeglichen werden können.

Bei Geräten aus der Vorkriegsepoche kann dies anders aussehen. Die scheibenförmigen Kondensatoren im **Bild rechts** wiesen teils einen erhöhten Kapazitätswert, teils einen durch Risse (s. im Foto) verminderten Wert auf. Eine größere Abweichung kann nicht mehr durch die Spulen kompensiert werden, weil sich dann auch die Kopplung der Kreise verändern würde. Ein Abgleich auf eine andere Zwischenfrequenz ist nicht sinnvoll, weil diese dann innerhalb eines Empfangsbereiches liegen würde und der Gleichlauf nicht mehr sichergestellt wäre. Rechts im Bild sieht man den Ersatz mit keramischen Kondensatoren. Die Werte müssen möglichst

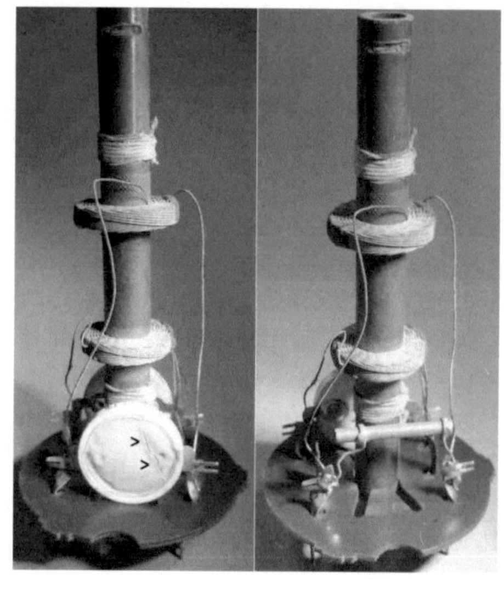

genau stimmen, so dass man sich auch mit Parallel- oder Serienschaltungen behelfen muss. Hier darf gebastelt werden, denn das Ganze verschwindet ja wieder unter der Haube.

Noch unangenehmer ist ein fest sitzender Ferritkern mit abgeplatztem Kopf, so dass kein Schraubendreher mehr greift. Bei fest sitzenden Kernen operiert man vorsichtig mit einem erhitzten Schraubendreher.
Leicht reparabel sind aus der Hülse gerutschte Ferritkerne bei **PHILIPS** Bandfiltern (FM-Bereich), s. Bild unten.

Das z.B. ist der Fall, wenn sich beim Drehen kein Maximum finden lässt.

Die **AM-Filter** (links im Bild rechts) sind bei PHILIPS dagegen wie üblich aufgebaut, mit einem drehbaren Ferritkern, der einen Schlitz für den Schraubendreher hat. Links im Bild sieht man ein Filter für Chassismontage, rechts eines für Leiterplattenmontage. Letztere sind im Fehlerfall leicht auszubauen, weil keine Bauteile abgelötet werden müssen und beide Spulenträger nacheinander ausgelötet werden können. Vorher entfernt man den Abschirmbecher (zwei Lötstellen), der sich trotz formschlüssiger Sperren (s.

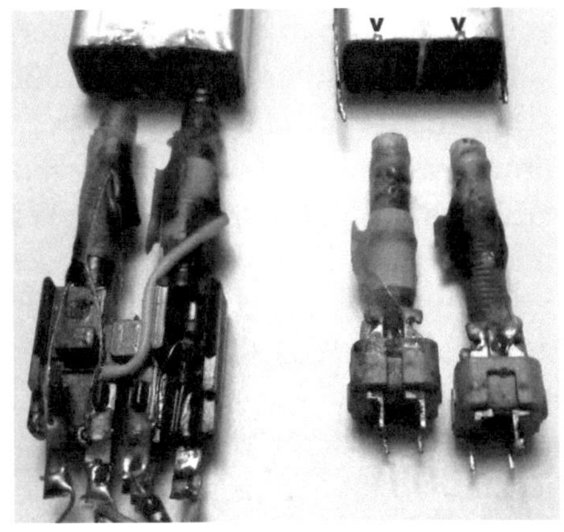

Markierungen) mit dem Blatt eines Schraubendrehers leicht abheben lässt. Es lohnt sich, auch Bandfilter bei einer Verschrottung zu retten, weil ein Austausch schneller zum Erfolg führt. Reparieren kann man das Filter später immer noch.

Gewöhnungsbedürftig sind die bei **SIEMENS (S&H)** so genannten Abgleichhalme. Sie wurden in den AM-Spulen der Bandfilter zum Abgleichen verwendet. Es gibt kein Gewinde, sie werden in den äußeren Halm eingeführt und dann in der richtigen Position fixiert. Das herausstehende Ende wird bündig abgetrennt. Wird ein Nachgleich erforderlich, muss die Fixierung gelöst und der Halm heraus gezogen werden. Das ist etwas schwierig, es besteht die Gefahr, dass der äußere Halm dabei beschädigt wird. Zum Lösen der Fixierung wird ein Spiralbohrer empfohlen, zum Herausziehen des Halmes eine Pinzette (man verwendet in ähnlichen Fällen auch ein an einem Ende mit Sekundenkleber benetztes Wattestäbchen, die Watte wird vorher entfernt). Der Halm kann nicht wieder verwendet werden, daher liegen ab Werk jedem Gerät in einem kleinen Tütchen neue Halme bei. Positiv ist anzumerken, dass sichtbar ist, ob sich der Kern noch in der Werkseinstellung befindet. Über die Löcher wurden im Werk noch Tesafilmstreifen geklebt.

Weil in den Bandfiltern hochwertige Styroflexkondensatoren verwendet wurden, ist ein Nachgleich in den meisten Fällen nicht erforderlich. Im Bild wurde der Halm der oberen Spule bereits entfernt. Neue Halme (im Bild ganz unten) sind so lang, dass sie von Hand eingeführt und bewegt werden können. Das Bild links zeigt den Ausbau eines Bandfilters, hier bei einer Schatulle H42. Die Anschlüsse sind bereits entfernt worden, Oben im Bild sieht man die Halteklammern, die einge-drückt werden müssen, um das Filtergehäuse ausbauen zu können. Der Wiedereinbau macht wenig Probleme, die Anschlüsse sind am Sockel und im Schaltplan gekenn-zeichnet. Um das Gehäuse des ausgebauten Filters abziehen zu können, biegt man dieses am unteren Rand etwas auf. Man sollte in jedem Fall die Kondensatoren prüfen, die bei einer Abweichung von mehr als 10 Prozent vom Sollwert ersetzt werden sollten.

Wer selbst Zf-Verstärker experimentell aufbauen und erforschen möchte, ist mit dem **SABA Filter** mit einstellbarer Kopplung gut bedient. Alle Bauteile innerhalb des Gehäuses sind gut erreichbar, bzw. austauschbar.

Das Bild links zeigt ein Steuerfilter (SABA), das von außen nicht von normalen Bandfiltern zu unterscheiden ist.

Im *Abschnitt 10.2* (Band 1) findet man die Darstellung des Innen-lebens, das sich aber deutlich von normalen Bandfiltern unterschei-det. Die sekundärseitige Ver-drahtung des Steuerfilters sieht sehr unübersichtlich aus, weil, im Vergleich mit normalen Ratiofiltern, die Sekundärseite ohne Umschaltung zwischen den AM/FM-Bereichen auskommen muss. Die beiden Sekundärkreise sind in Reihe geschaltet.

Im Bild sind die werkseitig abgeklebten Löcher für die Einstellung des Kopplungsgrades zu erkennen.

(Auszug aus den im Anhang D aufgelisteten Ergänzungen zum ersten Band)

200

E 6   Verborgene Fertigungsfehler bei schwallgelöteten Platinen.

Bei den Röhrenradios der 50er und 60er Jahre findet man hin und wieder verborgene Fertigungsfehler, die sich erst nach Jahrzehnten bemerkbar machen. Im Buch (Band 1) werden Beispiele von keramischen Trimmern und Drahtwiderstän-

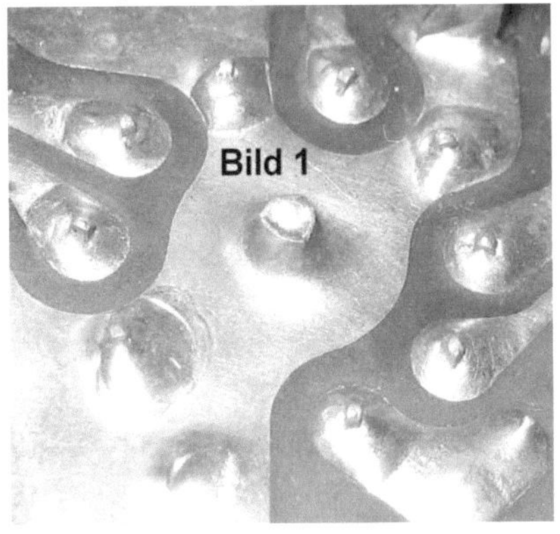

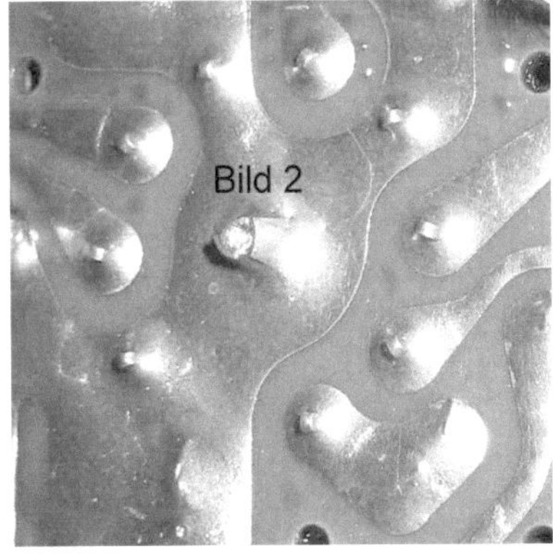

den oder UKW-Drosseln gezeigt. Sehr verbreitet sind vor allem Probleme bei schwallgelöteten Platinen. Dieses Verfahren wurde bei den deutschen Radioherstellern ab ca. 1959/60 schrittweise in der Produktion eingeführt. Schrittweise auch deshalb, weil die Einführung dieser neuen Fertigungstechnik von ähnlichen Geburtswehen begleitet war, wie Jahrzehnte später bei Einführung der SMD-Technologie. Dies wird im Vergleich von Bild 1 (Lötzinn unzureichend geflosssen) und Bild 2 (Lötzinn geflossen) deutlich: Beide Bilder zeigen die Lötstellen der gleichen Röhre (EABC80) zweier identischer Geräte aus derselben Fertigung, die Seriennummern liegen dicht beieinander. Dabei muss der Platine insgesamt schon eine gute Qualität bescheinigt werden (es gibt auch schlechtere Beispiele). Bei den Bildern 1 und 2 wurde die Platine bereits mit Zahnbürste und Aceton gereinigt. Trotzdem sind die Fehler manchmal nur mit einer Lupe zu sehen.

Vor einer Wiederinbetriebnahme eines solchen Radios müssen bei der üblichen

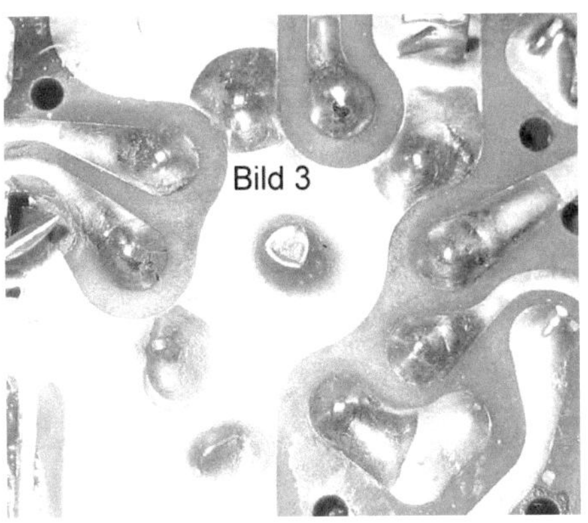

Sichtkontrolle die Lötstellen besonders kontrolliert – und später bei bereits eingeschaltetem Gerät die Platine Stück für Stück abgedrückt werden. Das Ergebnis dieser Maßnahme war bei dem Gerät im Bild 1 positiv, der Ton wechselte in der Qualität zwischen 0 und 100 Prozent. **Bild 3** zeigt die nachgelötete Röhrenfassung des Bildes 1, überflüssig zu bemerken, dass das Radio anschließend in jeder Beziehung seinen Reparateur überzeugte.

Das übliche Wackeln an den Baugruppen und Teilen reicht hier nicht aus, denn schmale Leiterbahnen können, unter den Lötmittelresten verborgen, Risse aufweisen. Zu den unliebsamen Folgen der Schwalllötung gehören auch mit Schmutz durchsetzte, leitend gewordene Lötmittelreste und schlechte (kalte) Lötstellen. Diese Lötstellen bestanden zunächst die Endprüfung, wurden im Laufe der Zeit durch Korrosion auffällig. Dies führt dann zu Wackelkontakten bzw. Übergangswiderständen, die die ohnehin heißen Sockelstifte

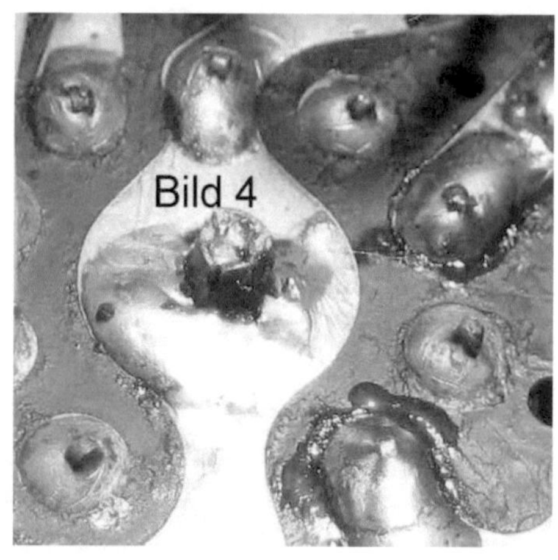

weiter aufheizen können. Nicht selten sind daher die Platinen bei den Lötstellen der Endröhren schwarz gefärbt, die Lötmittelreste sind verbrannt. Die Röhrenfassungen mit besonders hoher Bauform (s. im großen Bild ganz unten) sollten dem entgegen wirken. Bei den ersten Radios mit "gedruckter Schaltung" findet man daher die Endröhre auch noch im Chassis belassen vor. Bild 4 zeigt die noch nicht gereinigten Lötstellen der Endröhre (EL84) des Gerätes nach Bild 1. Es wird also auch deutlich, dass Qualitätsprobleme der Schwalllötung in der Regel die gesamte Platine betreffen, lag doch in einer falschen Temperatur des Lötbades eine der möglichen Ursachen.

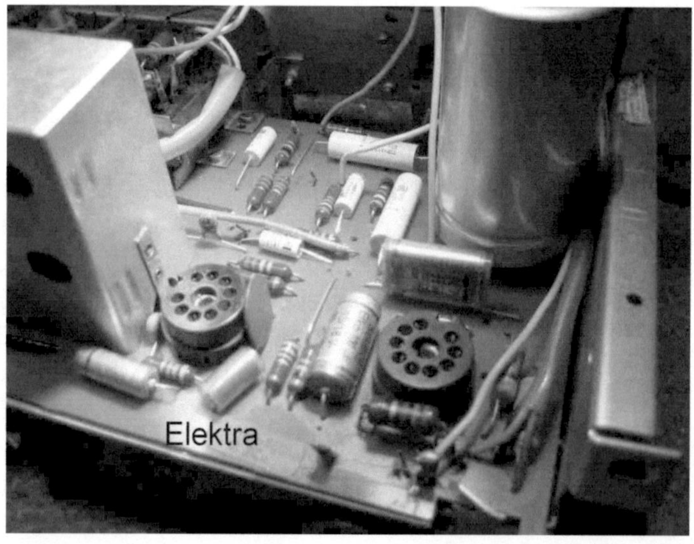

(Auszug aus den im Anhang D aufgelisteten Ergänzungen zum ersten Band)

Radios der 50er Jahre (Band 1)

Ausgabe 2004, 216 Seiten, Format: 22 x 17 x 1,8 cm, 24 €
ISBN: 978-3-8330-0357-8   (ISBN alt: 3-8330-0357-X)

Dieses Buch wurde für Nichtfachleute geschrieben.
Für solche, die mit der Funktion von Röhrenradios nicht vertraut sind. Aber es ist kein Lehrbuch. Der Laie wird zur Vertiefung und zum Einstieg in Grundlagen, Lehrbücher hinzuziehen müssen. Wer aber mit den Grundlagen der Elektrotechnik vertraut ist, dem sollte diese Unterlage ausreichen. Viele Radiofreunde haben sich schon mit Hilfe dieser Anleitung in die Geheimnisse der Reparaturpraxis eingearbeitet und erfolgreich ihre Radios nicht nur *"zum Laufen"* gebracht, sondern auch zu Klangwundern und Schmuckstücken im Wohnzimmer gemacht.

Inhaltsverzeichnis zum Band 1